高等学校规划教材

铁矿粉烧结原理与工艺

主　编　龙红明
副主编　袁晓丽　刘自民

北　京
冶　金　工　业　出　版　社
2021

内 容 简 介

本书共分为8章，主要内容包括铁矿粉烧结基本原理与生产工艺两部分。基本原理部分主要包括烧结的原燃料、烧结过程的物理化学原理、烧结过程的成矿机理、烧结自动控制原理等，生产工艺部分按烧结工艺流程，从原料配料、混合、布料、点火、烧结、冷却、整粒等各环节介绍其工艺、设备以及工艺优化的途径与方法，以及烧结矿质量评价指标及检测方法；最后介绍烧结的新技术与新工艺、烧结工艺的节能与环保等内容。

本书可作为高等院校和职业技术学院冶金工程专业的教材，也可作为冶金行业职工技术培训教材和技术资料。

图书在版编目(CIP)数据

铁矿粉烧结原理与工艺/龙红明主编．—北京：冶金工业出版社，2010.8(2021.9 重印)
高等学校规划教材
ISBN 978-7-5024-5332-9

Ⅰ.①铁…　Ⅱ.①龙…　Ⅲ.①铁粉—烧结—高等学校—教材
Ⅳ.①TF124.3

中国版本图书馆 CIP 数据核字(2010)第130694号

出 版 人　苏长永
地　　址　北京市东城区嵩祝院北巷39号　邮编　100009　电话　(010)64027926
网　　址　www.cnmip.com.cn　电子信箱　yjcbs@cnmip.com.cn
责任编辑　杨　敏　美术编辑　彭子赫　版式设计　孙跃红
责任校对　石　静　责任印制　禹　蕊
ISBN 978-7-5024-5332-9
冶金工业出版社出版发行；各地新华书店经销；北京虎彩文化传播有限公司印刷
2010年8月第1版，2021年9月第5次印刷
787mm×1092mm　1/16；11.5印张；304千字；172页
39.00元

冶金工业出版社　投稿电话　(010)64027932　投稿信箱　tougao@cnmip.com.cn
冶金工业出版社营销中心　电话　(010)64044283　传真　(010)64027893
冶金工业出版社天猫旗舰店　yjgycbs.tmall.com
(本书如有印装质量问题，本社营销中心负责退换)

前　言

铁矿粉烧结是钢铁冶金过程中一个重要的工艺环节，其原理复杂，涉及各种铁矿粉与燃料、熔剂的多种物理化学反应，是一个典型的非线性、大滞后的工艺过程。而且其工艺流程长，设备庞大，工艺技术参数多，一直是广大冶金工作者关注的对象。在高校教学过程中，编者认为缺乏一本能深入浅出、通俗易懂、紧跟行业最新动态的介绍包括烧结基本原理、工艺技术、节能环保、自动控制的教材。根据教学的需要，且随着近几年钢铁行业突飞猛进的发展，出版一本这样的教材非常必要。

为了适应冶金行业的快速发展和技术进步，培养高素质的冶金工程应用技术人才，编者结合多年的教学实践经验编写了这部教材。本教材具有如下特点：(1) 侧重基本原理与工艺技术相结合，内容深度适宜，深入浅出，通俗易懂，深入细致地介绍“为什么”，而不是泛泛而谈“是什么”，可以满足以本科为主的不同层次人员的需求。(2) 紧跟冶金行业的发展动态。近几年，我国烧结工艺技术取得重大进展，在基本原理的基础上介绍最新的铁矿粉烧结技术与工艺是本教材的重要特点。(3) 增加了环境保护、节能方面的知识，如目前脱硫等环保问题已成为国内外研究的热点，而此前的教材均缺少这方面的内容。(4) 增加了烧结自动控制原理内容，适合目前行业发展的需要，近年来自动检测技术与计算机控制技术的发展为烧结自动控制注入了新的活力，这方面的原理与应用知识也是本教材的重要特色。

本书由龙红明（安徽工业大学）、袁晓丽（重庆科技学院）和刘自民（马鞍山钢铁公司技术中心）合作编写。其中，龙红明负责第 1 章、第 2 章、第 5 章和第 8 章的编写，袁晓丽负责第 3 章和第 4 章的编写，刘自民负责第 6 章和第 7 章的编写。该教材在教学中已多次试用，产生良好的效果。并且三位编者都有为钢铁厂工程技术人员培训的宝贵经验，这能够使编者从学生的角度出发组织、编写本书，本教材的出版可望为读者提供烧结方面有价值的参考资料。

在编写过程中，编者参考了诸多同行的研究工作和成果，得到冶金工业出版社的支持、课题组老师与研究生的帮助、家人的理解与鼓励，在此一并表示诚挚的谢意！

由于作者的学识及水平所限，书中难免有不妥之处，恳请同行与读者不吝赐教，并提出宝贵的建议或意见。

编 者

2010 年 6 月

目　录

1 概　　述

1.1　烧结的目的与意义

随着钢铁工业的快速发展，天然富矿在产量和质量上都远远不能满足高炉冶炼的要求，而大量贫矿经选矿后得到的精矿粉却不能直接入炉冶炼，只能通过人工方法将这些粉矿制成块状的人造富矿供高炉使用。目前生产人造富矿的方法主要有烧结法和球团法。烧结法生产的人造富矿称为烧结矿，球团法生产的人造富矿称为球团矿，烧结矿和球团矿统称为熟料。

铁矿粉在一定的高温作用下，部分颗粒表面发生软化和熔化，产生一定量的液相，并与其他未熔矿石颗粒作用，冷却后，液相将矿粉颗粒黏结成块，这个过程称为烧结。显然，烧结过程是一个高温物理化学反应的造块过程。

铁矿粉烧结是目前最重要的造块技术。由于开采时产生大量铁矿粉，特别是贫铁矿富选促进了铁精矿粉的生产发展，使铁矿粉烧结成为规模较大的造块作业。其物料的处理量约占钢铁联合企业的第二位（仅次于炼铁生产），能耗仅次于炼铁及轧钢而居第三位，成为现代钢铁工业中重要的生产工序。铁矿粉烧结要求烧结矿有很好的物理、冶金性能。由于现代炼铁设备的大型化，炉料倒运次数多、落差大，要求烧结矿有较高的冷强度，如抗压强度等。烧结矿经历冶炼中的高温过程，要求具备一定的热强度，即在高温还原气氛下抗压、耐磨及耐急热爆裂性能；烧结矿在高炉内经历物理化学反应，要求它具有良好的冶金性能，如还原性、软化性、熔滴性等。铁矿粉烧结技术的困难还在于追求合理的经济效果，因此，铁矿粉烧结是一门技术复杂的专门学科。

随着炼铁“精料”的研究工作越来越深入，烧结矿朝着品位高、成分稳定、粒度均匀、强度高、冶金性能好的方向发展。在烧结料中加入一定数量的石灰石或生石灰、消石灰，可生产出具有一定碱度的自熔性烧结矿、高碱度烧结矿。高炉冶炼这种原料时可不加或少加熔剂，从而进一步降低焦比，提高生产率。综上所述，烧结具有如下重要意义：

（1）通过烧结可为高炉提供化学成分稳定、粒度均匀、还原性好、冶金性能高的优质烧结矿，为高炉优质、高产、低耗、长寿创造了良好的条件；

（2）可去除有害杂质，如硫、锌等；

（3）可扩大炼铁原料来源，利用工业生产的废弃物，如高炉炉尘、轧钢皮、硫酸渣、钢渣等，对钢铁冶金过程减少排放、发展循环经济发挥着重要作用。

在长期的生产实践中，人们发现经过选矿、烧结处理后的人造富矿能进一步地使矿物富集和去除有害杂质，使高炉生产率提高，焦比下降。对高炉炼铁来说，烧结矿比天然矿石有许多优点，如铁含量高、气孔率大、易还原、有害杂质少、含碱性熔剂等，且对原料要求不像球团矿那么严格，所以烧结生产发展得十分迅速，在世界上得到了广泛应用。

1.2　烧结生产的发展、现状与趋势

1.2.1　烧结生产的发展历史

烧结生产的历史已有一个多世纪。它起源于资本主义发展较早的英国、瑞典和德国。大约在1870年前后，这些国家就开始使用烧结锅。美国在1892年也出现烧结锅，1905年美国曾用

大型烧结锅处理高炉炉尘。世界钢铁工业上第一台带式烧结机于1910年在美国投入生产。烧结机的面积为8.325m^2（1.07m×7.78m），当时是用来处理高炉炉尘的，每天生产烧结矿140t。它的出现，引起烧结生产的重大革新，从此带式烧结机得到了广泛的应用。但在1952年以前，由于钢铁工业发展缓慢，天然富矿入炉率还占很大比例，所以烧结生产的发展也不快。烧结工业的迅速发展是近几十年的事。

日本烧结工艺完善，设备先进，技术可靠，自动化水平高，是世界上烧结技术发展最快的国家，单机平均烧结面积达218m^2，400m^2以上的烧结机11台。世界上最大的烧结机为648m^2（前苏联），包括机上冷却面积的带式烧结机最大则为700m^2（巴西）。

在1949年以前，我国钢铁工业十分落后，烧结生产更为落后，1926年3月在鞍山建成4台21.63m^2带式烧结机，日产最高1200t；1930年又扩建2台；1935年和1937年又相继建成4台59m^2的烧结机。至此共建有10台烧结机，总面积为330m^2，但工艺设备落后，生产能力很低，最高年产量仅十几万吨。

1949年以后，我国烧结工业有了很大发展，改建和扩建了鞍钢烧结厂，同时本钢、马钢、首钢、武钢、包钢、太钢、重钢、湘钢、攀钢、酒钢、水钢、邯钢、舞钢、宝钢等烧结厂相继建成投产。主要的带式烧结机规格有：24m^2、36m^2、50m^2、75m^2、90m^2、130m^2、182m^2、265m^2、400m^2、450m^2等。建国60年来，我国铁矿石烧结工业取得了很大成就。到2007年，全世界烧结机年生产能力已超过10×10^8t，其中我国的烧结矿产量占全世界产量的一半左右，相当于排名第2~第7名的6个国家产量之和。我国钢铁工业中人造富矿主要靠烧结法生产，占高炉用含铁炉料的80%以上。

1.2.2 烧结生产的现状及发展趋势

铁矿石烧结造块技术的进步为钢铁工业的快速发展已经并将继续提供强有力的支撑。目前，在信息技术和控制技术的迅猛发展和广泛应用的推动下，钢铁工业向高精度、连续化、自动化、高效化快速发展。其中，烧结生产的现状主要体现在以下几个方面。

1.2.2.1 设备大型化

据统计，我国现有烧结机近500台，其中在建和投产的180~660m^2烧结机125台，其烧结面积达38590m^2。已投产的大于360m^2的烧结机27台，其中京唐公司曹妃甸550m^2烧结机是最大的。太钢正在筹建660m^2烧结机，该烧结机在国际上可称为巨型烧结机。它采用了一系列先进的工艺技术，达到国际一流装备水平。至此，我国大中型烧结机面积在全国烧结机总面积之中已占明显优势，烧结矿的质量也得到明显提高。

2007~2008年我国重点钢铁企业烧结机装备情况见表1-1。

表1-1 2007~2008年我国重点钢铁企业烧结机装备情况

设备规格	2008年		2007年	
	台 数	年生产能力/t	台 数	年生产能力/t
130m^2及以上	149	37.651×10^7	125	30.396×10^7
90~129m^2	88	9.876×10^7	81	9.179×10^7
36~89m^2	154	10.923×10^7	154	10.923×10^7
19~35m^2	53	2.071×10^7	62	2.186×10^7
合 计	444	60.521×10^7	422	52.684×10^7

2009年，我国新投产21台烧结面积大于150m^2的烧结机，其中大于180m^2的有20台，大于360m^2的有11台。目前正在建设的烧结机有14台，其中11台大于360m^2，沙钢和宣钢在建烧结机为550m^2。这些说明我国加快了烧结机大型化的步伐。烧结机大型化会促进烧结质量的提高，降低工序能耗，减少污染物排放，降低单位面积投资和运行成本。

1.2.2.2 生产技术不断进步

我国烧结生产技术进步体现在如下几个方面：

（1）一批先进成熟的烧结生产技术得到全面推广。1）建立综合原料混均料场；2）自动称重配料；3）添加生石灰；4）采用小球烧结；5）烧结机科学布料；6）广泛采用铺底料；7）燃料分加；8）超厚料层烧结；9）低温烧结；10）高铁低硅烧结；11）热风烧结；12）取消热矿筛；13）烧结矿整粒。

（2）烧结机漏风率降低。20世纪70年代，我国烧结机漏风率在60%以上。目前新建的烧结机漏风率为30%左右，如宝钢2号烧结机系统漏风率在30%～48%。

采用一种液密封鼓风环式冷却机，其漏风率可降低到5%以下，可节能20%，还可取消原环冷机配套的一些辅助设备，节省投资。涟钢360m^2烧结机和济钢460m^2烧结机的环冷机漏风率仅为4.7%。

（3）烧结烟气脱硫。现在我国有35台烧结机安装了烟气脱硫设施，年脱硫量为8×10^4t。2008年7月工信部提出3年内要增加脱硫量20×10^4t，提高环保水平。

目前，烧结烟气脱硫成熟的工艺技术有20多种，但尚未有一个标准的、适合于每个企业的技术装备，均要根据每个企业的具体情况来进行选择。评价烧结烟气脱硫工艺技术设备好坏的标准是：脱硫效率、设备的寿命和作业率、投资、运行费、副产品的价值和综合利用、占地、维护和操作等因素。

烧结机点火器之后的约1/3风箱烟气含SO_2较低，温度高，可以不进行烟气脱硫，将这部分烟气回用于烧结，实现热风烧结，可提高烧结矿质量，降低固体燃耗。所以，烧结烟气脱硫不必是全量烟气脱硫，这样可以降低投资和运行费约1/3，提高经济效益。

1.2.2.3 自动化水平不断提高

烧结生产过程的自动化水平与烧结矿产量、质量的稳定息息相关。随着工业自动化技术、信息技术和控制技术的快速发展，在硬件方面，大量的数字、智能仪表提高了信息检测的精度，先进的自动执行设备逐渐取代传统的人工操作。随着计算机软件技术和人工智能技术的应用逐渐深入，模糊控制、专家系统和神经网络在一些厂家的应用取得初步成效，由现场总线到车间网、工厂网、企业综合网络系统构成的企业信息高速公路在少数大型钢铁公司开始实施。

同时，随着建设资源节约型、环境友好型社会的要求越来越高，烧结生产在资源、环保方面面临着新的巨大挑战，今后的烧结技术发展必须要解决好如下问题：

（1）铁矿石资源问题。近年来，随着中国成为世界上最大的钢铁生产国，国内铁矿石供应缺口越来越大，铁矿石的进口规模也相应扩大，而进口价格也水涨船高。根据中国钢铁联合网的数据，2000年以来我国进口铁矿石量及到岸价格见表1-2。

从表1-2中可以看出，进口铁矿石量及价格增长很快，特别是2003～2008年，铁矿石进口数量增加3倍，而进口额则增加近15倍，进口额的增长远远超过了数量的增长。2006年进口量首次超过了3×10^8t，而2008年则达到超过4.4×10^8t，价格则飙升到136.5美元/t。从总体上看，如此大的增幅不仅给钢铁企业带来巨大的经济压力，而且给烧结生产带来了很大影响，由于矿源紧张，许多钢铁厂有时处在“等米下锅”的状态，而且“吃的”矿很杂。因此，必须对各种铁矿石进行合理的配矿研究和烧结性能研究，同时对价格相对低廉的难烧结矿石（如褐铁矿等）进行研究，从而保证烧结矿的优质、高产。

表 1-2 我国进口铁矿石量及到岸价格

年 份	进口量/t	进口额/千美元	进口均价/美元·t^{-1}	年 份	进口量/t	进口额/千美元	进口均价/美元·t^{-1}
2000 年	6.997×10^7	1857699	26.55	2005 年	27.526×10^7	18372783	66.75
2001 年	9.231×10^7	2502751	27.11	2006 年	32.600×10^7	20782500	63.75
2002 年	11.149×10^7	2769066	24.84	2007 年	38.309×10^7	33796199	88.22
2003 年	14.813×10^7	4056502	27.38	2008 年	44.356×10^7	60545940	136.5
2004 年	20.808×10^7	12699132	61.03				

（2）能源消耗问题。我国钢铁企业的能量消耗约占全国能量消耗总量的10%，作为钢铁生产重要组成部分的烧结生产，其能耗约占钢铁生产总能耗的10%～15%。烧结能耗主要包括固体燃料消耗、电力消耗、点火煤气消耗等。其中固体燃料消耗占烧结总能耗的75%～80%，电力消耗占13%～20%，点火热耗占5%～10%。当前，能源供不应求，制约了钢铁企业的可持续发展，降低了其经济效益，因此，余热回收利用、节能新设备的开发与应用等成为节能降耗的有效手段。

（3）环境保护问题。钢铁生产工序多、工艺流程长，是环境污染的“大户”，其中每吨钢耗水100～300t，产生废气10000m^3、粉尘100kg、废渣0.5t。对烧结而言，主要的污染物是烧结废气中的SO_2、NO_x、CO_2和具有生物毒性、免疫毒性和内分泌毒性的致癌物质二噁英。其中SO_2排放量占整个钢铁工业的33.26%，CO_2排放量占整个钢铁工业的10%。由于烧结废气量大，烟气含尘高，SO_2、NO_x、CO_2浓度低，后续处理成本高，给治理带来很大困难。

（4）烧结过程控制问题。从控制的角度来看，烧结过程是具有多变量、非线性、强耦合特征的工艺流程。传统的依靠人工“眼观—手动”的调节方法已经无法满足大型烧结设备的控制要求，需要更加精确和稳定的自动控制。目前新建和改建的烧结机都配备了集散控制系统，具备了基本检测和基础控制功能，进一步开发适应烧结过程特点的智能控制系统是目前需要解决的问题。

针对这些问题，必须加强对烧结过程机理的深入研究，才能从根本上提高烧结技术水平，减轻能源、环境等问题的压力，实现烧结工艺的可持续发展。

1.3 烧结生产工艺流程

按照烧结设备和供风方式的不同，烧结方法可分为鼓风烧结、抽风烧结和在烟气中烧结。

鼓风烧结是烧结锅，平地吹。这是小型厂的土法烧结，逐渐被淘汰。

抽风烧结分连续式和间歇式。连续式烧结设备有带式烧结机和环式烧结机等；间歇式烧结设备有固定式烧结机和移动式烧结机，固定式烧结机如盘式烧结机和箱式烧结机，移动式烧结机如步进式烧结机。

在烟气中烧结包括回转窑烧结和悬浮烧结。

目前，广泛采用带式抽风烧结机，因为它具有生产率高，原料适应性强，机械化程度高，劳动条件好和便于大型化、自动化等优点，所以世界上有90%以上的烧结矿是这种方法生产的。

带式抽风烧结过程是将混合料（铁矿粉、燃料、熔剂及返矿）配以适量的水分，混合、制粒后，铺在带式烧结机的炉箅上，点火后用一定负压抽风，使烧结过程自上而下地进行。烧结矿从烧结台车上卸下，经破碎、冷却、制粒、筛分，分出成品烧结矿、返矿和铺底料。图1-1所示为现行常用的烧结生产工艺流程。

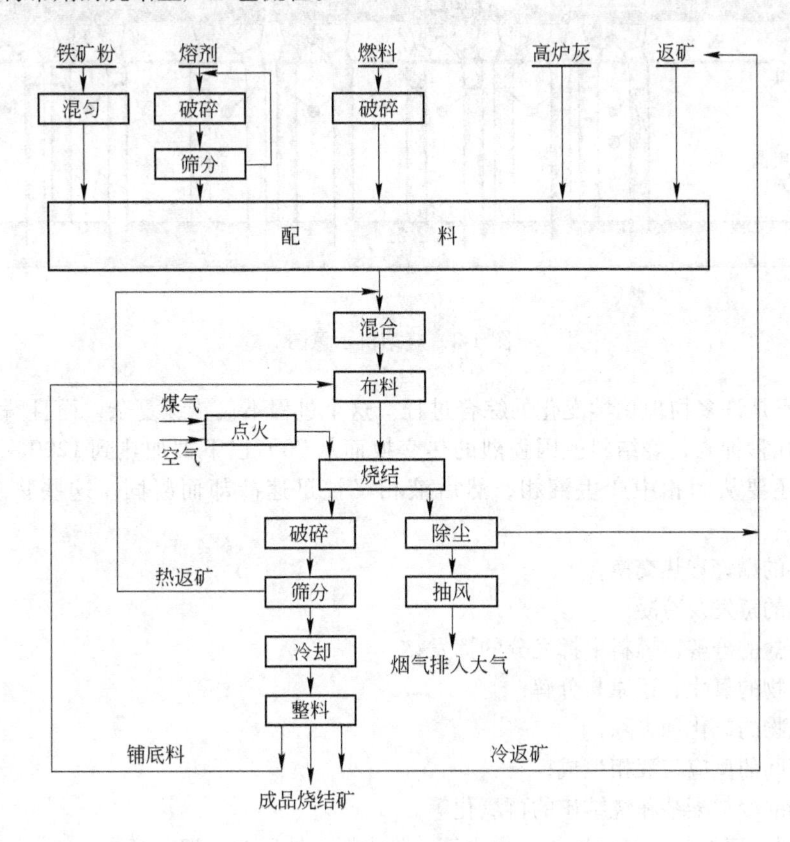

图1-1 现行常用的烧结生产工艺流程

较典型的烧结生产工艺流程可分为8个工序系统：

（1）受料工序系统，主要包括翻车机系统、受料槽、精矿仓库、熔剂仓库、燃料仓库等，其任务是担负进厂原料的接受、运输和储存。

（2）原料准备工序系统，包括含铁原料的中和、燃料的破碎、熔剂的破碎和筛分，其任务是为配料工序准备好符合生产要求的原料、熔剂和燃料。

（3）配料工序系统，包括配料间的矿槽、圆盘给料机、称量设施等；根据规定的烧结矿化学成分和使用的原料种类，通过计算，各原料按计算的重量进行给料，以保证混合料和烧结矿化学成分稳定及燃料量的调整。

（4）混合、制粒工序系统，主要包括冷热返矿圆盘、一次混合，混合料矿槽、二次混合等工序。其任务是加水、润湿混合料，再用一次混合机将混合料混匀，二次混合机造成小球后预热。

（5）烧结工序系统，包括铺底料、布料、点火、烧结等。主要任务是将混合料烧结成合格的烧结矿。其示意图如图 1-2 所示，此部分是烧结工艺的核心，前面的工序都是准备烧结的原料，而后面的工序都是对烧结矿产品进行处理及相关的辅助工序。

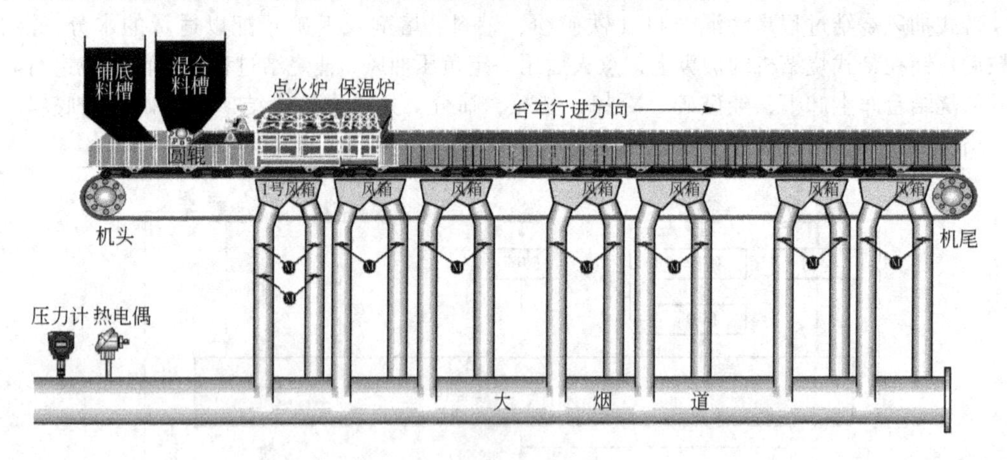

图 1-2　烧结机示意图

烧结过程是许多物理化学变化的综合过程。这个过程不仅错综复杂，而且瞬息万变，在几分钟甚至几秒钟内，烧结料就因强烈的热交换而从 70℃以下被加热到 1200 ~ 1400℃，与此同时，它还要从固相中产生液相，然后液相又被迅速冷却而凝固。这些物理化学变化包括：

1）燃料的燃烧和热交换；

2）水分的蒸发及冷凝；

3）碳酸盐的分解，燃料中挥发分的挥发；

4）铁矿物的氧化、还原与分解；

5）硫化物的氧化和去除；

6）固相间的反应与液相生成；

7）液相的冷却凝结和烧结矿的再氧化等。

（6）抽风工序系统，包括风箱、集尘管、除尘器、抽风机、烟囱等。

（7）成品处理工序系统，包括热破碎、热筛分、冷却、冷破碎、冷筛分及成品运输系统。该工序的任务在于分出 5 ~ 50mm 的成品烧结矿、10 ~ 20mm 的铺底料、小于 5mm 的冷返矿（部分厂为小于 3 ~ 6mm）。

（8）环保除尘工序系统，主要是用电除尘器系统将烧结机尾部卸矿处、热筛、冷却、返矿及整粒系统各处扬尘点的废气经过除尘器净化后排入大气，粉尘经过润湿后加入烧结混合料中再烧结。其任务是担负烧结生产的环境保护。

以宝钢 2 号烧结机（495m^2）为例，其工艺流程如图 1-3 所示。共有 17 个原料矿槽，混合料经过一混、二混后由皮带输送至混合料槽，混合料和来自成品皮带的铺底料通过布料器均匀地布在烧结台车上，在点火、保温、抽风等作用下完成烧结，在机尾卸料，由单辊破碎机破碎后进入环形鼓风冷却机，后经双系列的成品筛分、整粒系统分出成品烧结矿送往高炉，而返矿则进入配料矿槽重新配料烧结。

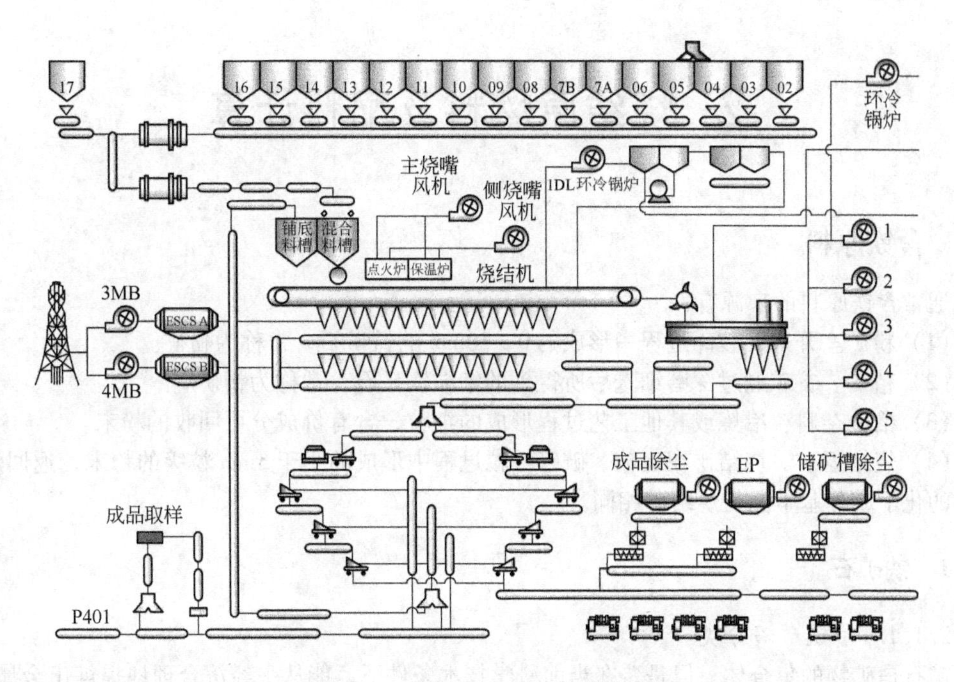

图 1-3 宝钢 2 号烧结机工艺流程

2 烧结原燃料及配料计算

2.1 含铁原料

通常含铁原料的来源有：

（1）粉矿。开采、破碎过程中形成的0~10mm的铁矿石，常称为粉矿。

（2）精矿。贫矿经过深磨细选后所得到的细粒铁矿石，常称为精矿。

（3）冶金杂料。冶炼或其他工艺过程形成的细粒、含有价成分可回收的粉末。

（4）烧结返矿。烧结矿在运输、破碎整粒过程中形成的小于5mm粒级的粉末，返回烧结。返矿的化学成分基本上与烧结矿相同。

2.1.1 铁矿石

2.1.1.1 铁矿石分类

矿石是矿物的集合体。但是，在当前科学技术条件下，能从中经济合理地提炼出金属来的矿物才称为矿石。矿石的概念是相对的。例如铁元素广泛地、程度不同地分布在地壳的岩石和土壤中，有的比较集中，形成天然的富铁矿，可以直接利用来炼铁；有的比较分散，形成贫铁矿，用于冶炼既困难又不经济。

随着选矿和冶炼技术的发展，矿石的来源和范围不断扩大。如含铁较低的贫矿，经过富选也可用来炼铁；过去认为不能冶炼的攀枝花钒钛磁铁矿，已成为重要的炼铁原料。

矿石中除了用来提取金属的有用矿物外，还含有一些工业上没有提炼价值的矿物或岩石，统称为脉石。对冶炼不利的脉石矿物，应在选矿和其他处理过程中尽量去除。

自然界中含铁矿物很多，目前已经知道的有300多种，但是能作为炼铁原料的只有20多种。它们主要由一种或几种含铁矿物和脉石组成。根据含铁矿物的性质，主要有4类铁矿，即磁铁矿、赤铁矿、褐铁矿和菱铁矿。铁矿石的分类及特性见表2-1。

表2-1 铁矿石的分类及特性

矿石名称	含铁矿物名称和化学式	矿物中的理论铁的质量分数/%	矿石密度/$t \cdot m^{-3}$	颜色	条痕	实际铁的质量分数/%	有害杂质	强度及还原性
磁铁矿（磁性氧化铁矿石）	磁性氧化铁 Fe_3O_4	72.4	5.2	黑色或灰色	黑色	45~70	硫、磷高	坚硬，致密，难还原
赤铁矿（无水氧化铁矿石）	赤铁矿 Fe_2O_3	70.0	4.9~5.3	红色至淡灰色，甚至黑色	红色	55~60	少	较易破碎，较易还原

续表 2-1

矿石名称	含铁矿物名称和化学式	矿物中的理论铁的质量分数/%	矿石密度/$t \cdot m^{-3}$	颜色	条痕	实际铁的质量分数/%	有害杂质	强度及还原性
褐铁矿（含水氧化铁矿石）	水赤铁矿 $2Fe_2O_3 \cdot H_2O$	66.1	4.0~5.0	黄褐色、暗褐色至黑色	黄褐色	37~55	磷高	疏松，大部分属软矿石，易还原
	针赤铁矿 $Fe_2O_3 \cdot H_2O$	62.9	4.0~4.5					
	水针铁矿 $3Fe_2O_3 \cdot 4H_2O$	60.9	3.0~4.4					
	褐铁矿 $2Fe_2O_3 \cdot 3H_2O$	60.0	3.0~4.2					
	黄针铁矿 $2Fe_2O_3 \cdot 2H_2O$	57.2	3.0~4.0					
	黄赭石 $Fe_2O_3 \cdot 3H_2O$	55.2	2.5~4.0					
菱铁矿（碳酸盐铁矿石）	碳酸铁 $FeCO_3$	48.2	3.8	灰色或黄褐色	灰色或黄色	30~40	少	易破碎，最易还原（焙烧后）

由于它们的化学成分、结晶构造及生成的地质条件不同，所以各种铁矿石具有不同的外部形态和物理特征，其烧结性能也各不相同。

A 磁铁矿

磁铁矿又称为“黑矿”，其化学式为 Fe_3O_4，理论铁的质量分数为72.4%，晶体呈八面体，组织结构比较致密坚硬，一般呈块状，硬度达5.5~6.5，密度为4.9~5.2t/m^3，其外表呈钢灰色或黑灰色，具黑色条痕，难还原和破碎；其显著特性是具有磁性，易用电磁选矿方法分选富集。

在自然界中，由于氧化作用，可使部分磁铁矿氧化成赤铁矿，成为既含 Fe_2O_3 又含 Fe_3O_4 的矿石，但仍保持原磁铁矿结晶形态，这种现象称为假象化，多称为假象赤铁矿或半假象赤铁矿。假象就是 Fe_3O_4 虽然氧化成 Fe_2O_3，但它仍保留原来磁铁矿的外形。它们一般可用 $w(TFe)/w(FeO)$ 的比值来区分：$w(TFe)/w(FeO) = 2.33$，为纯磁铁矿石；$w(TFe)/w(FeO) < 3.5$，为磁铁矿石；$w(TFe)/w(FeO) = 3.5 \sim 7.0$，为半假象赤铁矿石；$w(TFe)/w(FeO) > 7.0$，为假象赤铁矿石。其中，$w(TFe)$ 为矿石中的总铁的质量分数，又称全铁，%；$w(FeO)$ 为矿石中的 FeO 的质量分数，%。

磁铁矿中主要脉石有石英、硅酸盐和碳酸盐，有时还含有少量黏土。此外，矿石中还可能含黄铁矿和磷灰石，甚至还含有黄铜矿和闪锌矿等。

一般开采出来的磁铁矿铁的质量分数为30%~60%。当铁的质量分数大于45%，块度大于5~8mm时，可直接供高炉冶炼，称为富矿，粒度小于5~8mm的称为富矿粉，可送烧结造块；当铁的质量分数低于45%或含有有害杂质数量超过规格值时，皆须经过选矿获得精矿去杂后造块。

磁铁矿可烧性良好，因其在高温处理时氧化放热，且 FeO 易与脉石成分形成低熔点化合物，所以造块节能、结块强度好。

B　赤铁矿

赤铁矿又称为“红矿”，其化学式为 Fe_2O_3，理论铁的质量分数为70%，铁呈高价氧化物，为氧化程度最高的铁矿。赤铁矿的组织结构多种多样：由非常致密的结晶体到疏松分散的粉体；矿物结构成分也具多种形态，晶形为片状和板状。外表呈片状，具有金属光泽，明亮如镜的称为镜铁矿砂；外表呈云母片状，但泽度不如前者的称为云母状赤铁矿；质地松软，无光泽，含有黏土杂质的称为红色土状赤铁矿（又称为铁赭石）；以胶体沉积形成鲕状、豆状和肾形集合体赤铁矿，其结构一般皆较坚实。

结晶的赤铁矿外表为钢灰色或铁黑色，其他为暗红色。但所有赤铁矿的条痕检测皆为暗红色。赤铁矿密度为4.8～5.3t/m^3，硬度视赤铁矿类型而不一样。结晶赤铁矿硬度为5.5～6.0，其他形态的硬度较低。赤铁矿中硫和磷杂质的质量分数比磁铁矿中少。呈结晶状的赤铁矿，其颗粒内孔隙多，从而易还原和破碎。但因其铁氧化程度高而难形成低熔点化合物，所以其可烧性较差，造块时燃料消耗比磁铁矿高。

对低品位赤铁矿一般用浮选法提高其含铁品位，所获得的精矿供烧结球团造块。

C　褐铁矿

褐铁矿为含结晶水的赤铁矿（$m Fe_2O_3 \cdot n H_2O$）。因含结晶水量不同，褐铁矿可分为5种，即水赤铁矿（$2Fe_2O_3 \cdot H_2O$）、针赤铁矿（$Fe_2O_3 \cdot H_2O$）、水针铁矿（$3Fe_2O_3 \cdot 4H_2O$）、黄针铁矿（$Fe_2O_3 \cdot 2H_2O$）、黄赭石（$Fe_2O_3 \cdot 3H_2O$）。自然界中的褐铁矿绝大部分以褐铁矿($2Fe_2O_3 \cdot 3H_2O$）形态存在，其理论铁的质量分数为59.8%。

褐铁矿的外观为黄褐色、暗褐色至黑色，呈黄色或褐色条痕，密度为3.0～4.2t/m^3，硬度为1～4，无磁性。褐铁矿是由其他理石风化而成，其结构松软，密度小，含水量大，气孔多，且在温度升高时结晶水脱除后又留下新的气孔，所以还原性比前两种铁矿高。

自然界中褐铁矿富矿很少，一般铁的质量分数为37%～55%，其脉石主要为黏土、石英等，但杂质硫、磷的质量分数较高。当含铁品位低于35%时，需进行选矿处理。目前，褐铁矿主要用重力选矿和磁化焙烧—磁选联合法处理。

褐铁矿因含结晶水和气孔多，所以烧结时收缩性很大，使产品质量降低，只有延长高温处理时间，产品强度才可相应提高，但会导致燃料消耗增大，加工成本提高。

D　菱铁矿

其化学式为 $FeCO_3$，理论铁的质量分数为48.2%，FeO 的质量分数为62.1%。在碳酸盐内的一部分铁可被其他金属混入而部分生成复盐，如 $(Ca,Fe)CO_3$、$(Mg,Fe)CO_3$ 等。在水和氧作用下，易转变成褐铁矿而覆盖在菱铁矿矿床的表面。在自然界中分布最广的是黏土质菱铁矿，其夹杂物为黏土和泥沙。

常见的致密坚硬的菱铁矿外表呈灰色或黄褐色，风化后则转变为深褐色，具有灰色或黄色条痕，具有玻璃光泽，密度为3.8t/m^3，硬度为3.5～4，无磁性。

对含铁品位低的菱铁矿可用重选法和磁化焙烧—磁选联合法，也可用磁选—浮选联合法处理。在高温下，这类矿石中的碳酸盐会分解，可使产品中铁的质量分数大大提高。但在烧结时，因收缩量大，导致产品强度降低和设备生产能力降低，燃料消耗也因碳酸盐分解而增加。

2.1.1.2　铁矿石质量评价

铁矿石质量直接影响高炉冶炼效果，必须严格要求。通常从以下几方面评价。

A 矿石品位

品位即铁矿石中铁的质量分数，它决定着矿石的开采价值和入炉前的处理工艺。入炉品位愈高，愈有利于降低焦比和提高产量，从而提高经济效益。经验表明，若矿石中铁的质量分数提高1%，则焦比降低2%，产量增加3%。因为品位提高，意味着酸性脉石大幅度减少，冶炼时可少加石灰石造渣，因而渣量大大减少，既节省热量，又促进炉况顺行。例如鞍山地区的酸性贫铁矿，铁的质量分数为30%，SiO_2 的质量分数为50%，富选后精矿品位达到60%，SiO_2 的质量分数降低到14%；铁的质量分数提高1倍，SiO_2 的质量分数降低近3/4。而生产1t生铁的渣量和熔剂用量减少到原来的1/8。可见提高品位对冶炼的影响是很大的。

矿石的贫富一般以其理论铁的质量分数的70%来评估。实际铁的质量分数超过理论铁的质量分数的70%称为富矿。但这并不是绝对固定的标准。因为它还与矿石的脉石成分、杂质含量和矿石类型等因素有关。如对褐铁矿、菱铁矿和碱性脉石矿铁含量的要求可适当放宽，因为褐铁矿、菱铁矿受热分解出 H_2O 和 CO_2 后品位会提高。碱性脉石矿含 CaO 高，冶炼时可少加或不加石灰石，其品位应按扣去 CaO 的铁含量来评价。

B 脉石成分

脉石中含有碱性脉石，如 CaO、MgO；也有酸性脉石，如 SiO_2、Al_2O_3。一般铁矿石含酸性脉石居多，即其中 SiO_2 高，需加入相当数量的石灰石造成碱度 $w(CaO)/w(SiO_2)$ 为1.0左右的炉渣，以满足冶炼工艺的需求。因此，希望酸性脉石含量愈少愈好。而 CaO 的质量分数高的碱性脉石具有较高的冶炼价值。如某铁矿成分（%）为：$w(Fe)$ 45.30，$w(CaO)$ 10.05，$w(MgO)$ 3.34，$w(SiO_2)$ 11.20。自然碱度 $w(CaO)/w(SiO_2) = 0.9$，$w(CaO+MgO)/w(SiO_2) = 1.2$，接近炉渣碱度的正常范围，属自熔性富矿。脉石中的 MgO 还有改善炉渣性能的作用，但这类矿石不多见。脉石中的 Al_2O_3 的质量分数也应控制，若 Al_2O_3 的质量分数过高，当超过20%时，炉渣难熔而不易流动，给冶炼造成困难。因此，可采取提高 MgO 的质量分数来解决炉渣流动性的问题。

C 有害杂质和有益元素的含量

有害杂质通常指 S、P、Pb、Zn、As 等，它们的含量愈低愈好。Cu 有时有害，有时有益，视具体情况而定。入炉铁矿石中有害杂质的危害及界限含量见表2-2。

表2-2 入炉铁矿石中有害杂质的危害及界限含量

元 素	名 称	允许含量(质量分数)/%	危害及某些说明	
S	硫	<0.3	使钢产生“热脆”，易轧裂	
P	磷	0.2~1.2	对碱性转炉生铁	磷使钢产生“冷脆”；烧结及炼铁过程皆不能除磷
		0.05~0.15	对普通铸造生铁	
		0.15~0.6	对高磷铸造生铁	
Zn	锌	<0.1	锌900℃挥发，上升后冷凝沉积于炉墙，使炉墙膨胀，破坏炉壳。烧结可除去50%~60%的锌	
Pb	铅	<0.1	铅易还原，密度大，与铁分离沉于炉底，破坏砖衬，铅蒸气在上部循环累积，形成炉瘤，破坏炉衬	
Cu	铜	<0.2	少量铜可改善钢的耐腐蚀性；但铜过多使钢热脆，不易焊接和轧制；铜易还原并会进入生铁	

续表 2-2

元　素	名　称	允许含量(质量分数)/%	危害及某些说明
As	砷	<0.07	砷使钢"冷脆"，不易焊接；生铁中 $w(As) < 0.1\%$；炼优质钢时，铁中不应有砷
Ti	钛	$w(TiO_2)$ 为 15～16	钛降低钢的耐磨性及耐腐蚀性；使炉渣变黏，易起泡沫；$w(TiO_2)$ 过高的矿可作为宝贵的钛资源
K，Na	钾，钠	<0.2	易挥发，在炉内循环累积，造成结瘤，降低焦炭及矿石的强度
F	氟	<2.5	氟高温下气化，腐蚀金属，危害农作物及人体，CaF_2 侵蚀破坏炉衬

硫是对钢铁危害大的元素，它使钢材具有热脆性。"热脆"就是硫几乎不熔于固态铁，而是与铁形成 FeS，FeS 与 Fe 形成的共晶体熔点为 988℃，低于钢材热加工的开始温度（1150～1200℃）。热加工时，分布于晶界的共晶体先行熔化而导致开裂。因此，矿石含硫愈低愈好。国家标准规定生铁中 $w(S) \leqslant 0.07\%$，优质生铁 $w(S) \leqslant 0.03\%$，就是要严格控制钢中硫含量。高炉炼铁过程可去除 90% 以上的硫。但脱硫需要提高炉渣碱度，渣量增加，导致焦比增加而产量降低。根据鞍钢经验，矿石中硫的质量分数每增加 0.1%，焦比升高 5%。一般规定矿石中 $w(S) \leqslant 0.06\%$ 的为一级矿，$w(S) \leqslant 0.2\%$ 的为二级矿，$w(S) > 0.3\%$ 的为高硫矿。对于高硫矿石，可以通过选矿和烧结的方法降低硫含量。硫可改善钢材的切削加工性能，在易切削钢中，$w(S)$ 可达 0.15%～0.3%。

磷是钢材中的有害成分，它使钢具有冷脆性。磷能溶于 α-Fe 中（可达 1.2%），固溶并富集在晶粒边界的磷原子使铁素体在晶粒间的强度大大增高，从而使钢材的室温强度提高而脆性增加，称为冷脆。磷在钢的结晶过程中容易偏析，而又很难用热处理的方法来消除，也使钢材冷脆的危险性增加。但含磷铁水的流动性好，充填性好，对制造畸形复杂铸件有利。磷也可改善钢材的切削性能，所以在易切削钢中磷的质量分数可达 0.08%～0.15%。矿石中的磷在选矿和烧结过程中不易除去，在高炉冶炼过程中磷几乎全部进入生铁。因此，生铁中磷的质量分数取决于矿石中磷的质量分数，要求铁矿石中磷的质量分数愈低愈好。

铅（Pb）、锌（Zn）和砷（As）在高炉内都易还原。铅不溶于铁而密度又比铁大，还原后沉积于炉底，破坏性很大。铅在 1750℃时沸腾，挥发的铅蒸气在炉内循环能形成炉瘤。锌还原后在高温区以锌蒸气形式大量挥发上升，部分以 ZnO 形式沉积于炉墙，使炉墙胀裂并形成炉瘤。砷可全部还原进入生铁，它可降低钢材的焊接性并使之"冷脆"。生铁中砷的质量分数应小于 1%，优质生铁不应含砷。铁矿石中的铅、锌、砷常以硫化物形态存在，如方铅矿（PbS）、闪锌矿（ZnS）、毒砂（FeAsS）。烧结过程中很难排除铅、锌，因此要求其含量越低越好。一般要求铅、锌的质量分数分别不应超过 0.1%。含铅高的铁矿石可以通过氯化焙烧和浮选方法使铅铁分离。含锌高的矿石不能单独直接冶炼，应该与含锌少的矿石混合使用，或进行焙烧、选矿等处理，降低铁矿石中的锌含量。烧结过程中能部分去除矿石中的砷，可以采用氯化焙烧方法排除。通常要求铁矿石中砷的质量分数不超过 0.07%。

钢中铜的质量分数若不超过 0.3%，可增加钢材抗蚀性；超过 0.3% 时，则降低其焊接性，并有热脆现象。铜在烧结中一般不能去除，在高炉中又全部还原进入生铁。所以钢铁中铜的质量分数取决于原料中铜的质量分数。一般铁矿石允许铜的质量分数不超过 0.2%。对于一些难选的高铜氧化矿，可采用氯化焙烧法回收铜，同时可炼高铜（$w(Cu) > 1.0\%$）铸造生铁，它具有很好的力学性能和耐腐蚀性能。

此外，一些铁矿石还含有碱金属钾、钠，它们在高炉下部高温区大部分被还原后挥发，到上部又氧化而进入炉料中，造成循环累积，使炉墙结瘤。因此，矿石中含碱金属量必须严格控制。我国普通高炉碱金属（$K_2O + Na_2O$）入炉量限制为 5 ~ 7kg/t(Fe)，国外高炉碱金属（$K_2O + Na_2O$）入炉限制量为低于 3.5kg/t(Fe)。

氟在冶炼过程中以 CaF_2 形态进入渣中。CaF_2 能降低炉渣的熔点，增加炉渣流动性，当铁矿石中含氟高时，炉渣在高炉内过早形成，不利于矿石还原。矿石中氟的质量分数不超过 1% 时对冶炼无影响，当氟的质量分数达到 4% ~5% 时，需要注意控制炉渣的流动性。另外，高温下氟挥发对耐火材料和金属构件有一定的腐蚀作用。

铁矿石中常共生有 Mn、Cr、Ni、Co、V、Ti、Mo；包头白云鄂博铁矿还含有 Nb、Ta 及稀土元素 Ce、La 等。这些元素有改善钢铁性能的作用，所以称有益元素。当它们在矿石中的质量分数达到一定数值时，如 $w(Mn) \geqslant 5\%$，$w(Cr) \geqslant 0.06\%$，$w(Ni) \geqslant 0.2\%$，$w(Co) \geqslant 0.03\%$，$w(V) \geqslant 0.1\% \sim 0.15\%$，$w(Mo) \geqslant 0.3\%$，$w(Cu) \geqslant 0.3\%$，则称为复合矿石，经济价值很大，应考虑综合利用。

对于铁矿石中一些有害杂质，如果含量较高，如 $w(Pb) \geqslant 0.5\%$，$w(Zn) \geqslant 0.7\%$，$w(Sn) \geqslant 0.2\%$ 时，应视为复合矿石综合利用。因为这些杂质本身也是重要的金属。

D 矿石的粒度和强度

入炉铁矿石应具有适宜的粒度和足够的强度。粒度过大会减少煤气与铁矿石的接触面积，使铁矿石不易还原；过小则增加气流阻力，同时易吹出炉外形成炉尘损失；粒度大小不均，则严重影响料柱透气性。因此，大块应破碎，粉末应筛除，粒度应适宜而均匀。一般要求矿石粒度在 5 ~40mm 范围，并力求缩小上下限粒度差。

铁矿石的强度是指铁矿石耐冲击、摩擦的强弱程度。随着高炉容积不断扩大，入炉铁矿石的强度也要相应提高，否则易生成粉末、碎块，一方面增加炉尘损失，另一方面使高炉料柱透气性变坏，引起炉况不顺。

E 铁矿石的还原性

铁矿石还原性是指铁矿石被还原性气体 CO 或 H_2 还原的难易程度，它是评价铁矿石质量的重要指标。还原性愈好，愈有利于降低焦比，提高产量。改善矿石还原性（或采用易还原矿石）是强化高炉冶炼的重要措施之一。影响铁矿石还原性的因素主要有矿物组成、矿石结构的致密程度、粒度和气孔率等。

F 铁矿石化学成分的稳定性

铁矿石成分的波动会引起炉温、炉渣碱度和性质以及生铁质量的波动，造成炉况不顺，使焦比升高，产量下降。同时，炉况的频繁波动使高炉自动控制难以实现，因此，国内外都严格控制炉料成分的波动范围。稳定矿石成分的有效方法是对矿石进行混匀处理。

2.1.1.3 铁矿石的预处理

根据上述质量要求，一般的铁矿石很难完全满足要求，需在入炉前进行必要的准备处理。对天然富矿（如铁的质量分数为 50% 以上），需经破碎、筛分，获得合适而均匀的粒度。对于褐铁矿、菱铁矿和致密磁铁矿，还应进行焙烧处理，以去除其结晶水和 CO_2，提高品位，疏松其组织，改善还原性，提高冶炼效果。

对贫铁矿的处理要复杂得多。一般都必须经过破碎、筛分、细磨、精选，得到铁的质量分数为 60% 以上的精矿粉，经混匀后进行造块，变成人造富矿，再按高炉粒度要求进行适当破碎，筛分后入炉。

由于天然富矿资源有限，而其冶金性能又不如人造富矿优越，所以绝大多数现代高炉都用人造富矿，或大部分用人造富矿、兑加少数天然富矿冶炼。在这种情况下，钢铁厂便兼有人造富矿和天然富矿两种处理流程。

A 破碎、筛分

破碎和筛分是铁矿石准备处理工作中的基本环节，通过破碎和筛分使铁矿石的粒度达到“小、匀、净”的标准。对贫矿而言，破碎使铁矿物与脉石单体分离，以便选矿。铁矿物嵌布愈细密，破碎粒度要求愈细。

破碎的常要设备有：颚式破碎机、锥式破碎机、辊式破碎机，球磨机和棒磨机。筛分的常用设备有固定条筛、圆筒筛、振动筛等。

B 焙烧

焙烧是在适当的气氛中，使铁矿石加热到低于其熔点的温度，在固态下发生物理化学变化的过程。

例如，氧化焙烧就是在空气充足的氧化性气氛中进行，以保证燃料完全燃烧和矿石的氧化。多用于去除 CO_2、H_2O 和 S（碳酸盐和结晶水分解，硫化物氧化），使致密矿石的组织变得疏松，易于还原。

菱铁矿的焙烧。在 500～900℃之间按下式分解：

$$4FeCO_3 + O_2 = Fe_2O_3 + 2CO_2\uparrow$$

褐铁矿的脱水。在 250～500℃之间发生下述反应：

$$2Fe_2O_3 \cdot 3H_2O = 2Fe_2O_3 + 3H_2O\uparrow$$

氧化焙烧还可使矿石中的硫氧化：

$$3FeS_2 + 8O_2 = Fe_3O_4 + 6SO_2\uparrow$$

还原焙烧则是在还原气氛中进行，主要目的是使贫赤铁矿中的 Fe_2O_3 转变为具有磁性的 Fe_3O_4，以便磁选。反应式为：

$$2Fe_2O_3 + CO = 2Fe_3O_4 + CO_2\uparrow$$

$$2Fe_2O_3 + H_2 = 2Fe_3O_4 + H_2O\uparrow$$

氯化焙烧则是为了回收赤铁矿中的有色金属，如锌、铜、锡等，或去除其他有害杂质。

C 选矿

选矿是依据矿石的性质，采用适当的方法，把有用矿物和脉石机械地分开，从而使有用矿物富集的过程。通过选矿可使矿石品位提高，去除部分有害杂质（如硫等），回收复合矿中的一些有用元素（如钒、铬等），使贫矿资源得到有效利用。

通过选矿获得的有用矿物富集品称为精矿，如铁精矿、铁钒精矿等；而主要由脉石组成的其余部分称为尾矿，一般废弃。在一些复合铁矿石中，常有一些有用元素富集于尾矿中（如钒钛磁铁矿中的钛、包头矿中的稀土元素等），必须将它们进一步精选出来。有用矿物含量介于精矿和尾矿之间的中间产品称为中矿，也需进一步选分，以提高金属回收率。现代常用于精选铁矿石的方法主要有 3 种：

（1）重选。利用含铁矿物和脉石密度的差异来选别。当两者粒度相近而在介质中沉落时，密度大的含铁矿物将迅速沉降而与脉石分开。常用的介质为水。有时还用密度大于水的液体作介质，此时称为重液选。

（2）磁选。利用有用矿物和脉石导磁性不同的特点进行选分。如以纯铁的磁导率为

100%，则强磁性的磁铁矿为40.2%，中磁性的钛铁矿为24.7%，弱磁性的赤铁矿为1.32%，无磁性的黄铁矿、石英、脉石等在0.5%以下。在磁场作用下，强磁性的颗粒（如Fe_3O_4）便同弱磁性（如Fe_2O_3）或无磁性（如石英）的颗粒分开。赤铁矿若用磁选则需事先进行磁化焙烧。一般用干式磁选机处理粗粒矿石，用湿式磁选机处理细粒矿石。按磁场强度，高于320kA/m的称为强磁选机，在72～320kA/m之间的称为弱磁选机。

（3）浮选。利用矿物具有不同的亲水性进行选分。浮选前矿物要磨碎到一定粒度，使有用矿物和脉石矿物基本达到单体分离。在细磨矿浆中进行充气搅拌时，亲水性强者其颗粒表面易于被水润湿而下沉；亲水性弱者其颗粒表面难以被水润湿而浮起，从而使有用矿物和脉石分离。为了提高浮选效果，常使用各种浮选药剂来调节和控制浮选过程。如有在矿粒表面形成薄膜、控制润湿、促进浮起的捕集剂，有形成气泡和稳定泡沫、保证浮起者不下沉的气泡剂等。由于浮选剂的多种作用，可以根据需要来选别矿物，因此浮选特别适用于处理复合矿和有色金属矿石。

有些矿石性质复杂，往往需要用几种方法联合起来选矿，以最大限度地综合回收利用其中的有用金属元素。

2.1.2 其他含铁原料

上一节主要介绍了铁矿石，即粉矿和精矿。在钢铁企业生产过程中，常产生许多含铁杂料，类别较多，可充分回收利用作为炼铁原料。这类杂料包括高炉尘、转炉尘、轧钢皮（又称为铁鳞）、黄铁矿烧渣（又称为硫酸渣）等。

（1）高炉尘。它的铁的质量分数一般为30%～60%，粒度为0～1mm，另外含有较多的碳和碱性氧化物，实际上是矿粉、熔剂和焦粉的混合物。

（2）转炉尘。它是在炼钢时的吹出物，是铁水在吹炼时部分金属铁被氧化成Fe_2O_3，全铁含量较高。

（3）轧钢皮。铁的质量分数达70%～80%，它是轧钢时加工钢锭表层氧化脱皮物，杂质最少，有时甚至是纯金属铁皮，其粒度皆较粗。此外，还有金属切削时产生的铸铁屑等。

（4）黄铁矿烧渣。它是制造硫酸时的副产品，其量较多，铁的质量分数一般为40%～55%，颗粒度较宽并呈多孔性。硫酸渣通常有红、黑两种颜色。红色的含Fe_2O_3多，粒度较粗，为沸腾炉产物，铁含量较低。黑色的含Fe_3O_4较多，粒度细，铁含量较高，为由旋风除尘器捕集物。但总的来看，其硫含量较高，在造块时应进一步脱除。常用硫酸渣的化学成分见表2-3。用烧结球团法对单一硫酸渣造块时，因其收缩大，使造块产品强度深受影响，所以一般与其他主要铁矿石配合使用，一般配入量仅占5%～10%，这样可保证原造块产品的产量、质量稳定。

表2-3 常用硫酸渣的化学成分 （%）

编号	$w(TFe)$	$w(S)$	$w(SiO_2)$	$w(Al_2O_3)$	$w(CaO)$	$w(MgO)$	$w(Cu)$	$w(Pb)$	$w(Zn)$	备注
1	48～50	1～0.5	14～17							矿灰
2	31	0.3	41							矿渣
3	47	0.5	15				0.16	0.07		矿灰
4	48～50	0.92	18.6				0.069			灰渣混合
5	53.14	0.54	16.19	3.66	1.90	1.94				灰渣混合

2.2　熔剂

熔剂的主要作用是使矿物中的脉石造渣。由于铁矿石的脉石成分绝大多数以 SiO_2 为主，所以常用 CaO 和 MgO 的碱性熔剂。常用碱性熔剂的矿物有石灰石（$CaCO_3$）、生石灰（CaO）和白云石（$CaCO_3 \cdot MgCO_3$）。近年来，国内一些烧结厂根据各自的原料条件使用蛇纹石作为调节 MgO 的有效手段，以探求生产中 MgO 的有效配加方式，同时也可以调节 SiO_2 的质量分数。

（1）石灰石（$CaCO_3$）。石灰石理论 CaO 的质量分数为56%。在自然界中石灰石都含有铁、镁、锰等杂质，所以一般 CaO 的质量分数仅为50%～55%。石灰石呈块状集合体，硬而脆，易破碎，颜色呈白色或乳白色。有时其成分中常含有 SiO_2 和 Al_2O_3 杂质。

（2）白云石（$CaCO_3 \cdot MgCO_3$）。它具有方解石和碳酸镁中间产物性质。白云石中理论 $CaCO_3$的质量分数为54.2%（CaO 的质量分数为30.4%），$MgCO_3$ 的质量分数为45.8%（MgO 的质量分数为21.8%），呈粗粒块状，较硬，难破碎，颜色为灰白或浅黄色，有玻璃光泽。在自然界中的分布没有石灰石普遍。

（3）生石灰（CaO）。由石灰石燃烧后制成。理论 CaO 的质量分数为85%左右，易破碎。生石灰遇水后变成消石灰（$Ca(OH)_2$），其 CaO 的质量分数为70%～80%，分散度大，具有黏性，密度小。由于烧结矿中 SiO_2 的质量分数降低，石灰石加入量减少，国内部分烧结厂使用生石灰与轻烧白云石取代传统的石灰石加白云石的操作。

（4）蛇纹石。蛇纹石是一种层状高镁、高硅矿物，它是由一层硅氧四面体与一层氢氧镁石八面体结合而成，其化学式为 $Mg_6(Si_4O_{10})(OH)_8$，理论 MgO 的质量分数为43.6%，SiO_2 的质量分数为43.3%，H_2O 的质量分数为13.1%。蛇纹石的颜色随所含杂质成分不同而呈现程度不同的绿色，如浅绿、黄绿、暗绿及黑绿，也有呈灰白色的。

2.3　燃料

在烧结生产中所使用的燃料主要为固体燃料和气体燃料。国外还用液体燃料，我国基本上不用。

2.3.1　固体燃料

固体燃料具体分为焦炭和煤两种：

（1）焦炭。实际用于烧结作为燃料的主要是焦粉。它是炼铁厂和焦化厂焦炭的筛下物（即碎焦和焦粉），其质量用工业分析和化学性质来评定。工业分析包括固定碳、挥发分、灰分含量，也有的包括水分和硫含量。燃料性质与粒度组成及化学性质有关，化学性质主要指其燃烧性和反应性。燃烧性是表示碳与氧在一定温度下的反应速度；反应性是表示碳与 CO_2 在一定温度下的反应速度。这些反应速度愈快，则表示燃烧性和反应性愈好。一般情况下碳的反应性与燃烧性成正比关系。

对焦粉质量要求为：一般是要求固定碳含量高，灰分和硫含量低，粒度为0～3mm，对其机械强度和灰分软熔温度没有明确要求。

（2）煤。当供烧结作燃料时，粒度一般破碎成0～3mm，选用含固定碳高（70%～80%）、挥发分低（小于2%）、灰分少（6%～10%）的无烟煤，结构致密，呈黑色，具亮光泽，含水分很低。它常作焦粉代用品以降低生产成本。烟煤绝不能在抽风烧结中使用。

2.3.2 气体燃料

气体燃料主要用于烧结料点火。

气体燃料包括天然气、焦炉煤气、高炉煤气和混合煤气。

气体燃料根据其燃烧吨热值可分为3类：高发热值燃料（大于15072kJ/m^3），中热值燃料（6280～15073kJ/m^3）和低发热值燃料（小于6280kJ/m^3）。天然气发热值为31400～62800kJ/m^3，属高发热值气体燃料。

高炉煤气是炼铁过程中从高炉上部排出的副产物，主要成分CO的体积分数达25%～31%，发热值为3559～4600kJ/m^3，经清洗排除煤气中水分和灰尘后即可使用。高炉煤气成分与冶炼时所用燃料类型、冶炼焦比、生铁品种和操作制度有关。在一般用焦炭冶炼情况下，其高炉煤气成分波动范围见表2-4。

表2-4 高炉煤气成分波动范围

成 分	CO_2	CO	CH_4	H_2	N_2
体积分数/%	9.0～15.5	25～31	0.3～0.5	2～3	55～58

焦炉煤气是炼焦炉排出的副产品。其含可燃成分多且高，如H_2、CO和CH_4，总计可达75%以上，发热值高。经清洗除煤焦油后即可使用。焦炉煤气成分波动范围见表2-5。

表2-5 焦炉煤气成分波动范围

成 分	H_2	CO	CH_4	C_mH_n	CO_2	N_2	O_2
体积分数/%	54～59	5.5～7	23～38	2～3	1.5～2.5	3～5	0.3～0.7

烧结厂在我国皆位于高炉和焦炉附近，通常将两者产生的煤气按一定比例制成混合煤气，其发热值取决于两者混合的比例。我国部分钢铁厂所用的混合煤气发热值在5360～6700kJ/m^{3}范围，混合煤气的化学组成见表2-6。

表2-6 混合煤气的化学组成

成 分	CO_2	CO	CH_4	H_2	N_2
体积分数/%	11.2～15.5	13.5～25.2	2.8～16.8	7.8～38.6	52.7～23.8

2.4 配料计算

2.4.1 配料的目的与意义

烧结厂处理的原料种类繁多，且物理化学性质差异甚大。为了保证烧结矿的物理性能和化学成分稳定，符合冶炼要求，同时使烧结料具有良好透气性以获得较高的生产率，必须把不同成分的含铁原料、熔剂和燃料等，按烧结过程及烧结矿质量的要求进行精确配料。

配料是烧结的前期工序，它分两步获得烧结所用的混合料。第一步是将各种铁矿石按一定配比混合，形成中和矿；第二步是将第一步得到的中和矿、烧结后的返矿、熔剂、固体燃料等按一定比例混合，形成烧结混合料，混合料经过烧结过程后得到烧结矿。配料的目的在于：根据不同种类的矿石化学成分，将原料进行合理的搭配，使混合料符合烧结生产的要求。因此，配料是一项极其重要的工作，烧结配料的准确与否，将直接影响烧结矿的化学成分。

关于烧结配料优化的研究从20世纪80年代就开始了。目前运用最多的是线性规划方法，优化的内容主要是烧结矿的化学成分。随着研究的不断深入，烧结矿的物理性能、冶金性能也被加入到了优化模型中来。随之而来的问题是变量、约束条件数目增多，优化问题规模变大。随着计算机控制与软件技术的发展，用于烧结配料的方法越来越多，如蒙特卡洛法，它是一种随机抽样方法，它以概率模型求解最优值；而遗传算法则是模拟生物在自然环境里的遗传和进化过程而形成的一种自适应全局优化概率搜索算法。这两种方法都被很多研究者提出并正逐步应用于烧结配料优化。

2.4.2 配料计算方法

2.4.2.1 经验配料法

经验配料法是生产现场的一种简易配料计算方法，它的特点是计算速度快，但误差比较大，现在采用得比较少。其计算的思路为：

（1）根据原料种类和化学成分，以及烧结矿化学成分指标设置配料比，如铁矿72%，生石灰1.5%，石灰石10%，白云石7%，焦粉5.7%；

（2）根据烧结矿化学成分化验结果验证；

（3）根据上一个班的生产情况、现在的生产情况，再估计一个配料比进行验算，再进行调整；

（4）当验算结果与烧结矿质量指标相符合时，确定为最终的配料比。

2.4.2.2 简单理论配料计算

这种计算方法的特点是准确、快速，适用于少量原料种类（≤3种），其计算步骤为：

（1）假设生产100kg烧结矿需要的各种原料用量（kg），如铁矿1为x，铁矿2为y，石灰石为z，高炉灰为m，焦粉（或煤）为n。

（2）计算原料的烧残率：

$$a_i = 100 - I_{g_i} - 0.9w(\mathrm{S})_i \tag{2-1}$$

式中 a_i——第i种原料的烧残率，%；

I_{g_i}——第i种原料的烧损，%；

$w(\mathrm{S})_i$——第i种原料中硫的质量分数（脱硫率以90%计算），%。

（3）列平衡方程。

1）铁平衡方程：

$$w(\mathrm{Fe})_{烧} = (w(\mathrm{Fe})_x x + w(\mathrm{Fe})_y y + w(\mathrm{Fe})_z z + w(\mathrm{Fe})_m m + w(\mathrm{Fe})_n n)/100 \tag{2-2}$$

式中 $w(\mathrm{Fe})_x, w(\mathrm{Fe})_y, w(\mathrm{Fe})_z, w(\mathrm{Fe})_m, w(\mathrm{Fe})_n$——各原料中全铁的质量分数，%；

$w(\mathrm{Fe})_{烧}$——烧结矿中全铁的质量分数，%。

即：

$$w(\mathrm{Fe})_x x + w(\mathrm{Fe})_y y + w(\mathrm{Fe})_z z = 100w(\mathrm{Fe})_{烧} - mw(\mathrm{Fe})_m - nw(\mathrm{Fe})_n \tag{2-3}$$

2）碱度平衡方程：

$$R = \frac{w(\mathrm{CaO})_x x + w(\mathrm{CaO})_y y + w(\mathrm{CaO})_z z + w(\mathrm{CaO})_m m + w(\mathrm{CaO})_n n}{w(\mathrm{SiO_2})_x x + w(\mathrm{SiO_2})_y y + w(\mathrm{SiO_2})_m m + w(\mathrm{SiO_2})_n n} \tag{2-4}$$

式中 $w(\mathrm{CaO})_x, w(\mathrm{CaO})_y, w(\mathrm{CaO})_z, w(\mathrm{CaO})_m, w(\mathrm{CaO})_n$——各原料中CaO的质量分数，%；

$w(\mathrm{SiO_2})_x, w(\mathrm{SiO_2})_y, w(\mathrm{SiO_2})_z, w(\mathrm{SiO_2})_m, w(\mathrm{SiO_2})_n$——各原料中$SiO_2$的质量分数，%；

R——烧结矿碱度。

即：

$$(w(CaO)_x - Rw(SiO_2)_x)x + (w(CaO)_y - Rw(SiO_2)_y)y + (w(CaO)_z - Rw(SiO_2)_z)z$$
$$= (Rw(SiO_2)_m - w(CaO)_m)m + (Rw(SiO_2)_n - w(CaO)_n)n \tag{2-5}$$

3）氧平衡方程。失氧（FeO 的增加）：

$$\Delta w(FeO) = (Q_{烧} w(FeO)_{烧} - \sum Q_i w(FeO)_i)/100 \tag{2-6}$$

式中 $Q_{烧}$——烧结矿质量，kg；

$w(FeO)_{烧}$——烧结矿中 FeO 的质量分数,%；

Q_i——第 i 种原料的质量，kg；

$w(FeO)_i$——第 i 种原料中 FeO 的质量分数,%。

又：

$$\Delta w(O_2) = \frac{1}{9}\Delta w(FeO) \tag{2-7}$$

失氧(烧结矿失重)：

$$\Delta w(O_2) = \sum Q_i \frac{a_i}{100} - Q_{烧} \tag{2-8}$$

即：

$$\frac{1}{9}(Q_{烧} w(FeO)_{烧} - \sum Q_i w(FeO)_i)/100 = \sum Q_i \frac{a_i}{100} - Q_{烧} \tag{2-9}$$

整理可得：

$$(9a_x + w(FeO)_x)x + (9a_y + w(FeO)_y)y + (9a_z + w(FeO)_z)z$$
$$= 100w(FeO)_{烧} + 90000 - m(9a_m + w(FeO)_m) - n(9a_n + w(FeO)_n) \tag{2-10}$$

（4）求解。联立式 2-3、式 2-5、式 2-10 可以求解出：

铁矿 1 的配比 $= x/(x + y + z + m + n)$

铁矿 2 的配比 $= y/(x + y + z + m + n)$

石灰石的配比 $= z/(x + y + z + m + n)$

2.4.2.3 线性规划数学模型

A 模型的建立

a 目标函数

铁矿石的种类很多，如何在众多的铁矿石中选出适合烧结配料的部分铁矿石，并使其成本最低是很关键的。

设 P_i 代表第 i 种原料的价格；x_i 代表第 i 种原料在总配料中的比例；i 取值从 1 到 n，n 指本期配料使用的原料种类数。计算 1t 配料成本如下。

第 i 种原料的成本为：

$$C_i = P_i x_i$$

总成本为：

$$C = \sum C_i = \sum P_i x_i$$

其中，i 取值为 1，2，…，n。目标函数即为：

$$\mathrm{Min}C = \sum C_i = \sum P_i x_i \tag{2-11}$$

b　约束条件

（1）化学成分约束。配料首先要满足烧结对TFe、Al_2O_3、CaO、SiO_2、S、P等各种化学成分的要求。即：

$$\sum_{i=1}^{n} x_i a_j^i \leqslant b_j \tag{2-12}$$

$$\sum_{i=1}^{n} x_i a_j^i \geqslant d_j \tag{2-13}$$

式中　a_j^i——物质 i 中成分 j 的质量分数；

b_j，d_j——分别为烧结矿中各成分的上限和下限约束。

（2）烧结矿的碱度约束。烧结矿的碱度约束可以表示为：

$$\frac{w(\mathrm{CaO})}{w(\mathrm{SiO_2})} \leqslant b \tag{2-14}$$

$$\frac{w(\mathrm{CaO})}{w(\mathrm{SiO_2})} \geqslant d \tag{2-15}$$

式中　b，d——分别为烧结矿碱度控制的上限和下限。

（3）其他约束条件。各原料还要满足最大供应量的约束，以及原料总量为100%的等式条件。等式条件为：

$$0 \leqslant x_i \leqslant X_i \tag{2-16}$$

$$\sum_{i=1}^{n} x_i = 1 \tag{2-17}$$

式中　X_i——原料 i 的最大供应量。

B　模型的求解

求解的方法很多，可以采用VB、VC等程序设计语言编制程序代码计算，也可以直接用MATLAB语言的各种工具箱如线性规划法、蒙特卡洛法、遗传算法工具箱等实现，还可以用Excel电子表格求解。下面以用MATLAB语言编写最简单的线性规划法程序为例说明。

通过在MATLAB中建立M文件，对上述参数赋值，并调用linprog函数，可对规划问题进行求解。

函数linprog可使用的参数很丰富，现逐一说明：

格式 x = linprog(f,A,b)%求 minf'*x 线性规划的最优解。

x = linprog(f,A,b,Aeq,beq)%等式约束，若没有不等式约束，则 A = [ ]，b = [ ]。

x = linprog(f,A,b,Aeq,beq,lb,ub)%指定x的范围，若没有等式约束，则 Aeq = [ ]，beq = [ ]。

x = linprog(f,A,b,Aeq,beq,lb,ub,x0)%设置初值 x_0。

x = linprog(f,A,b,Aeq,beq,lb,ub,x0,options)%options为指定的优化参数。

[x,fval] = linprog(…)%返回目标函数最优值，即 fval = f'*x。

[x,lambda,exitflag] = linprog(…)%lambda为解x的Lagrange乘子。

[x,lambda,fval,exitflag] = linprog(…)%exitflag为终止迭代的错误条件。

[x,fval,lambda,exitflag,output] = linprog(…)%output为关于优化的一些信息。

下面以某钢铁厂的原料条件为例计算，原料条件见表2-7～表2-9，烧结矿化学成分要求见表2-10。

表 2-7 各种含铁原料化学成分的含量

原 料	价格/元·t^{-1}	$w(TFe)$/%	$w(SiO_2)$/%	$w(CaO)$/%	$w(MgO)$/%	$w(Al_2O_3)$/%	$w(FeO)$/%	$w(S)$/%	$w(P)$/%	烧损/%	$w(H_2O)$/%
OYD-S	390	58.65	5.12	0.05	0.09	1.57	0.27	0.02	0.147	9.62	5.08
OHA-S	700	63.61	3.16	0.04	0.09	2.05	0.58	0.022	0.051	2.53	1.60
ZBG-S	50	47.59	3.44	0.08	0.48	1.41	6.28	0.004	0.044	19.0	8.10
ONE-S	690	63.51	4.09	1.85	0.19	2.32	0.51	0.02	0.154	2.08	3.20
钢渣	100	20.06	10.81	40.87	6.47	0.34	10.83	0.1	0.3	9.69	5.20
峨口铁精矿	800	66.61	5.32	0.41	0.28	0.37	28.59	0.3	0.023	1.28	8.08
云南精矿	750	61.13	9.16	0.43	0.40	1.93	23.72	0.024	0.074	1.59	8.10
程潮精矿	700	66.05	2.51	0.88	1.41	1.03	26.50	0.022	0.051	2.53	1.60
卡拉加斯矿	850	66.54	1.21	0.028	0.045	0.85	0.80	0.004	0.055	1.88	0.02

表 2-8 焦粉的化学性质

名 称	价格/元·t^{-1}	$w(TFe)$/%	$w(SiO_2)$/%	$w(MgO)$/%	$w(CaO)$/%	$w(Al_2O_3)$/%	$w(S)$/%	$w(H_2O)$/%	烧损/%
焦 粉	480	1.08	4.39	0.07	0.54	4.34	0.37	5.48	80.41

表 2-9 熔剂的化学性质

配 料	价格/元·t^{-1}	$w(TFe)$/%	$w(SiO_2)$/%	$w(MgO)$/%	$w(CaO)$/%	$w(Al_2O_3)$/%	$w(FeO)$/%	$w(H_2O)$/%	烧损/%
蛇纹石	88	5.02	38.19	36.29	0	0.98	0	1.09	13.72
白云石	80	0.19	1.34	20.27	31.61	0.31	0	7.19	44.14
石灰石	85	0.01	0.39	0.32	55.12	0.08	0	1.06	42.77
生石灰	470	0	0.08	0.75	90.61	0.03	0	0	2.54

表 2-10 烧结矿化学成分要求

名 称	$w(TFe)$/%	R	$w(Al_2O_3)$/%	$w(MgO)$/%	$w(P)$/%	$w(SiO_2)$/%
指 标	57~59	1.8~2.2	<2.5	>2.0	<0.1	<5.5

目前，钢铁厂所产烧结矿的TFe的质量分数在57%~59%左右。根据高炉的造渣要求，烧结矿的碱度限定在1.8~2.2之间。由于进口矿特别是澳大利亚矿和印度矿的大量使用，高炉入炉原料中Al_2O_3增多，一般高炉渣中Al_2O_3的质量分数控制在10%左右，如果超过15%，会对高炉炉渣的黏度、稳定性及脱硫产生较大的影响，如果控制不好则会造成料柱的透气性变差、炉温下降等一系列破坏炉况的事故发生。MgO也是影响高炉造渣的重要因素，适当增加MgO可以起到降低炉渣黏度，增强炉渣脱硫、排碱能力的作用。所以，根据目前钢铁厂高炉操作、配料情况计算得出烧结矿中Al_2O_3的质量分数应该小于2.5%，MgO的质量分数应该稍大于2.0%。由于高炉炼铁和铁水预处理可以脱硫，所以，对烧结矿中硫的质量分数要求可以适当放宽。但是，为以后炼钢工序做铺垫，对烧结矿的磷的质量分数则要严格控制，所以应该控制烧结矿中磷的质量分数小于0.1%。为了降低焦比，并缩短炼钢的冶炼时间，就要减少生铁中硅含量，从原料角度入手直接控制烧结矿中$w(SiO_2) < 5.5\%$是控制硅含量最有效的途径。具体的约束不再一一列举。

设OYD-S、OHA-S、ZBG-S、ONE-S、钢渣、峨口铁精矿、云南精矿、程潮精矿、卡拉加斯精矿、蛇纹石、白云石、石灰石、生石灰、焦粉的含量分别为xi（i=1、2、3、…、14），

MinC 为最低成本价，单位统一换算为千克，则所得烧结矿配矿 linprog 函数模型的标准型为：

$$\text{MinC} = 0.390x1 + 0.700x2 + 0.050x3 + 0.690x4 + 0.100x5 + 0.800x6 + 0.750x7 + 0.700x8 + 0.850x9 + 0.088x10 + 0.080x11 + 0.085x12 + 0.470x13 + 0.480x14$$

在 M-file 中输入的表达式如图 2-1 所示。将该 M-file 以 aaa. m 文件名保存在 matlab 的 work 目录下，直接在 matlab 命令窗口中输入 aaa 即可运行，当出现“Optimization terminated.”提示就说明有最优解，matlab 命令窗口下的运行结果如图 2-2 所示，**x** 矩阵即为各原料的配比，1000kg 原料的最低配料成本为 561.137 元。随着生产的变化，通过不断调整不等式约束矩阵 **b**，最后就可以得到满足经济、生产指标条件的最优解，不再一一赘述。

```
Editor - C:\Program Files\MATLAB71\work\aaa.m
File Edit Text Desktop Window Help
1  f=[0.39;0.7;0.05;0.69;0.1;0.8;0.75;0.7;0.85;0.088;0.08;0.085;0.28;0.48];
2  A=[1,0,0,0,0,0,0,0,0,0,0,0,0,0;-1,0,0,0,0,0,0,0,0,0,0,0,0,0
3     0,1,0,0,0,0,0,0,0,0,0,0,0,0;0,-1,0,0,0,0,0,0,0,0,0,0,0,0
4     0,0,1,0,0,0,0,0,0,0,0,0,0,0;0,0,-1,0,0,0,0,0,0,0,0,0,0,0
5     0,0,0,0,1,0,0,0,0,0,0,0,0,0;0,0,0,0,-1,0,0,0,0,0,0,0,0,0
6     0,0,0,0,-1,0,0,0,0,0,0,0;0,0,0,0,0,-1,0,0,0,0,0,0,0,0;
7     0,0,0,0,0,0,0,-1,0,0,0,0;0,0,0,0,0,0,0,0,1,0,0,0,0;
8     0,0,0,0,0,0,0,0,-1,0,0,0;0,0,0,0,0,0,0,0,0,1,0,0,0;
9     0,0,0,0,0,0,0,0,0,-1,0,0;0,0,0,0,0,0,0,0,0,0,1,0,0;
10    0,0,0,0,0,0,0,0,0,0,-1,0,0;0,0,0,0,0,0,0,0,0,0,0,1,0;
11    0,0,0,0,0,0,0,0,0,0,0,-1,0;0,0,0,0,0,0,0,0,0,0,0,0,1;
12    0,0,0,0,0,0,0,0,0,0,0,0,-1;
13    0.5865,0.6361,0.4759,0.6351,0.2006,0.6661,0.6113,0.6605,0.6654,0.0502,0.0019,0.0001,0.0062,0.0108;
14    -0.5865,-0.6361,-0.4759,-0.6351,-0.2006,-0.6661,-0.6113,-0.6605,-0.6654,-0.0502,-0.0019,-0.0001,-0.0062,-0.0108;
15    0.00147,0.00051,0.00044,0.00154,0.003,0.00023,0.00074,0.00051,0.00055,0,0,0,0,0;
16    0.0002,0.00022,0.00004,0.0002,0.001,0.003,0.00024,0.00022,0.00004,0,0,0,0,0.0037;
17    0.0157,0.0205,0.0141,0.0232,0.0034,0.0037,0.0193,0.0103,0.0085,0.0098,0.0031,0.0008,0.0003,0.0434;
18    0.0512,0.0316,0.0344,0.0409,0.1081,0.0532,0.0916,0.0251,0.0121,0.3819,0.0134,0.0039,0.0008,0.0439;
19    0.0009,0.0009,0.0048,0.0019,0.0647,0.0028,0.0040,0.0141,0.00045,0.3629,0.2027,0.0032,0.0075,0.0007;
20    -0.0009,-0.0009,-0.0048,-0.0019,-0.0647,-0.0028,-0.0040,-0.0141,-0.00045,-0.3629,-0.2027,-0.0032,-0.0075,-0.0007;
21    0.0006,0.0004,0.0008,0.0185,0.4087,0.0041,0.0043,0.0088,0.00028,0,0.3161,0.5512,0.9061,0.0054;
22    -1,-1,-1,-1,-1,-1,-1,-1,-1,-1,-1,-1,-1,-1;1,1,1,1,1,1,1,1,1,1,1,1,1,1];
23 b=[40;-30;15;-5;8;-5;10;-1;-3;-3;-5;5;-1;6;-1;6;-1;7;-1;5;-3;60;-57;0.1;0.3;3;5;3;-2;11;-99.9;100.1];
24 lb=[0;0;0;0;0;0;0;0;0;0;0;0;0;0];
25 [x,fval]=linprog(f,A,b,[],[],lb)
```

图 2-1　在 M-file 中输入的表达式

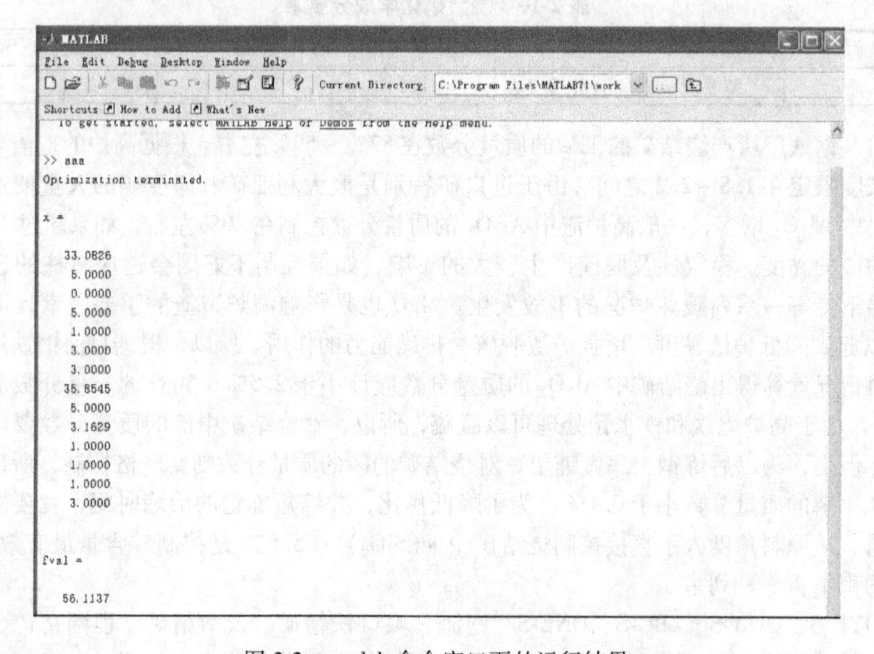

图 2-2　matlab 命令窗口下的运行结果

3 烧结过程物理化学原理

3.1 烧结过程概述

烧结是将粉状物料（如粉矿和精矿）进行高温加热，在不完全熔化的条件下烧结成块的方法。所得产品称为烧结矿，外形为不规则多孔状。烧结所需热能由配入烧结料内的碳与通入过剩的空气经燃烧提供，所以又称为氧化烧结。烧结矿主要靠液相黏结（又称为熔化烧结），固相黏结仅起次要作用。

烧结过程是复杂的物理化学反应的综合过程。在烧结过程中进行着燃料的燃烧和热交换，水分的蒸发和冷凝，碳酸盐和硫化物的分解和挥发，铁矿石的氧化和还原反应，有害杂质的去除，以及粉料的软化熔融和冷却结晶等，最后得到外观多孔的块状烧结矿。

由于烧结过程是由料层表面开始逐渐向下进行，因而沿料层高度方向有明显的分层性。按照烧结料层中温度的变化和烧结过程中所发生的物理化学变化的不同，可以将正在烧结的料层从上而下分为五层，依次为烧结矿层、燃烧层、预热层、干燥层、过湿层。点火后五层相继出现，不断往下移动，最后全部变为烧结矿层。烧结过程各层（见图3-1）的主要反应为：

（1）烧结矿层为烧结矿的冷却与再氧化过程（见图3-1中①）；

（2）靠近燃烧层的烧结矿层为熔体结晶（见图3-1中②）；

（3）干燥预热层、燃烧层与靠近燃烧层的烧结矿层为固相反应，氧化还原，铁的氧化物、碳酸盐、硫化物的分解（见图3-1中③）；

（4）燃烧层为燃料燃烧、液相熔体生成、高温分解（见图3-1中④）；

（5）干燥预热层为挥发、分解、氧化还原、水分蒸发（见图3-1中⑤）；

（6）过湿层为水汽冷凝（见图3-1中⑥）。

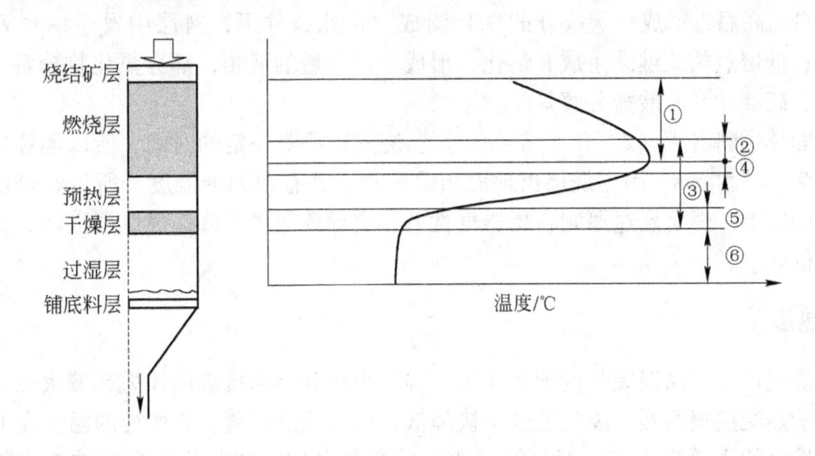

图 3-1 烧结过程各层分布

目前，各烧结厂使用的烧结机几乎都是采用抽风式的带式连续烧结机。把含铁原料、熔剂、燃料准备好后，在烧结配料室按一定的比例配料后，经过混合和制粒形成混合料，然后布到烧结台车上（在布混合料前先布铺底料），台车沿着烧结机的轨道向排料端移动。台车上的点火器对烧结料表面进行点火，于是烧结反应便开始。点火时和点火后，由于下部风箱强制抽风，通过料层的空气和烧结料中的焦炭燃烧所产生的热量使烧结混合料发生物理化学变化，形成烧结矿。到达烧结矿排料端时，便完成了烧结过程。图3-2所示为抽风烧结过程料层高度的分层情况。

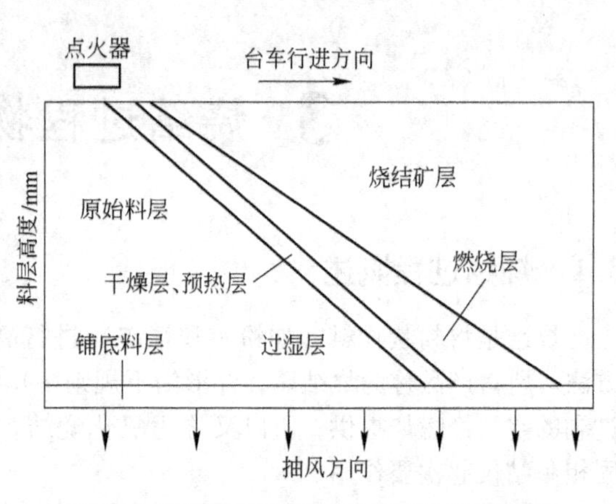

图3-2　抽风烧结过程料层高度的分层情况

3.1.1　烧结矿层

在烧结矿层中燃料燃烧已结束，形成多孔的烧结矿饼。

烧结矿层的主要变化是：高温熔融物凝固成烧结矿，伴随着结晶和析出新矿物；同时，抽入的冷空气被预热，烧结矿被冷却，与空气接触的低价氧化物可能被再氧化。

烧结矿层的温度在1100℃以下，随着燃烧层的下移和冷空气的通过，物料温度逐渐下降，熔融液相被冷却，凝固成多孔结构的烧结矿。烧结矿层逐渐增厚，整个料层透气性变好，真空度变低。

由于抽风对成矿冷却程度不同，烧结矿层可分为冷烧结矿和热烧结矿两层。冷烧结矿层的表层强度较差，其原因是烧结温度低，被抽入冷空气快速急冷，表层矿物来不及释放能量而析晶，因而玻璃质较多，内应力大，因而性脆。经过烧结机尾部卸矿时，表层矿物被击碎而筛去进入返矿，其厚度为40～50mm。随着厚料层的应用，通过烧结矿层的空气被炽热的烧结矿预热，热空气所携带的热量用于下层的混合料烧结，可减少燃料消耗。

3.1.2　燃烧层

被烧结矿层预热的空气进入燃烧层，与固体碳接触时发生燃烧反应，放出大量的热，产生1300～1500℃的高温，形成一定成分的气相组成。在此条件下，料层中发生一系列复杂的变化，主要有：低熔点物质继续生成并熔化，形成一定数量的液相；部分氧化物分解、还原、氧化，硫化物、硫酸盐和碳酸盐分解等。

由于从固体燃料着火（约700℃左右）到燃烧完毕需要一定的时间，所以燃烧层有一定的厚度，一般为15～50mm。因燃烧层出现液相熔融物，并有很高的温度，所以燃烧层对烧结过程有多方面的影响。燃烧层过厚则料层透气性差，会导致产量下降；燃烧层太薄，液相量黏结不好，强度低。

3.1.3　预热层

经过燃烧层产生的高温废气的加热作用，温度很快升高到接近固体燃料着火点，从而形成预热层。由于热交换很剧烈，废气温度很快降低，所以此层很薄，其所处的温度在150～700℃之间。该层发生的主要变化有：部分结晶水、碳酸盐分解，硫化物、高价铁氧化物分解、氧化，部分铁氧化物还原以及固相反应等。

3.1.4　干燥层

从预热层下来的废气将烧结料加热，料层中的游离水迅速蒸发。由于湿料的导热性好，料温很快升高到100℃以上，水分完全蒸发需要到120~150℃左右。

由于升温速度太快，干燥层和预热层很难截然分开，所以有时又统称为干燥预热层，其厚度只有20~40mm。当混合料中料球的热稳定性不好时，会在剧烈升温和水分蒸发过程中产生破坏现象，影响料层透气性。

3.1.5 过湿层

从表层烧结料烧结开始，料层中的水分就开始蒸发成水汽。大量水汽随着废气流动，若原始料温较低，废气与冷料接触时，其温度降到与之相应的露点（一般为60~65℃）以下，则水蒸气凝结下来，使烧结料的含水量超过适宜值而形成过湿层。

根据不同的物料，过湿层增加的冷凝水介于1%~2%之间。但在实际烧结时，发现在烧结料下层有严重的过湿现象，这是因为在强大的气流和重力作用下烧结水分比较高，烧结料的原始结构被破坏，料层中的水分向下机械转移，特别是那些湿容量较小的物料容易发生这种现象。

水汽冷凝使得料层的透气性大大恶化，对烧结过程产生很大的影响。所以，必须采取措施减少或消除过湿层出现。

3.2 烧结过程燃料燃烧与传热规律

3.2.1 烧结料层燃料燃烧基本原理

烧结过程中进行着一系列复杂的物理化学变化，这些变化的依据是一定的温度和热量需求条件，而创造这种条件的是混合料中固体碳的燃烧。烧结过程所用的固体碳主要是焦粉和无烟煤，它们燃烧所提供的热量占烧结总需要热量的90%左右。

烧结料中燃料所含的固体碳在温度达到700℃以上时即着火燃烧，发生如下反应：

$$2C + O_2 = 2CO \qquad \Delta H_r^{\ominus} = +9797\text{kJ/kg}$$

$$\Delta G_1^{\ominus} = (-53520 - 41.92T) \times 4.1868 \tag{3-1}$$

$$C + O_2 = CO_2 \qquad \Delta H_r^{\ominus} = +33411\text{kJ/kg}$$

$$\Delta G_2^{\ominus} = (-9425 - 0.27T) \times 4.1868 \tag{3-2}$$

$$2CO + O_2 = 2CO_2 \qquad \Delta H_r^{\ominus} = +23616\text{kJ/kg}$$

$$\Delta G_3^{\ominus} = (-135000 + 41.42T) \times 4.1868 \tag{3-3}$$

$$CO_2 + C = 2CO \qquad \Delta H_r^{\ominus} = -13816\text{kJ/kg}$$

$$\Delta G_4^{\ominus} = (40800 - 41.7T) \times 4.1868 \tag{3-4}$$

式3-1为不完全燃烧反应，式3-2为完全燃烧反应，式3-3为CO的燃烧反应，式3-4常称为歧化反应，也称为布都尔反应或碳素沉积反应。式3-1~式3-4的$\Delta G^{\ominus}$与温度的关系如图3-3所示。

从图3-3可知，式3-1的$\Delta G_1^{\ominus}$的负值较大，该反应的$\Delta G_1^{\ominus}$-T线斜率为负，这说明随着温度的升高，有利于反应向右进行。式3-2的$\Delta G_2^{\ominus}$-T线几乎与温度坐标平行，这说明温度对该反应进行程度的影响很小。式3-3的$\Delta G_3^{\ominus}$-T线斜率为正，这说明随着温度的升高，不利于反应向右进行，其平衡气相中CO的体积分数增大。式3-4的$\Delta G_4^{\ominus}$-T线斜率为负，随着条件不同可以正向进行，也可以逆向进行。式3-4在高温下向正方向进行，CO的体积分数增加；低温下向逆

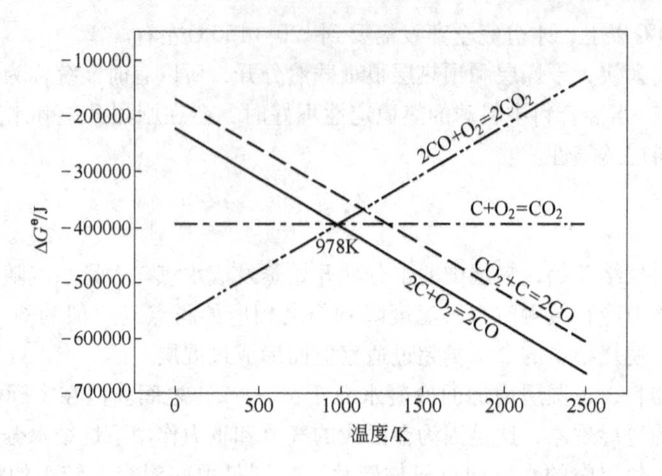

图 3-3　$\Delta G^{\ominus}$ 与温度的关系

方向进行，CO_2 的体积分数上升。

烧结料层是典型的固定床，与一般固定床燃料燃烧相比有很大的不同。具体为：

(1) 烧结料层中碳的质量分数少、粒度细而且分散，按质量计，燃料只占总料重的 3% ~ 5%，按体积计，燃料不到总料体积的 10%。

(2) 烧结料层中的热交换十分有利，固体碳颗粒燃烧迅速，且在一个厚度不大（一般为 30 ~ 40mm）的高温区内进行。高温废气降温很快，二次燃烧反应不会有明显的发展。

(3) 烧结料层中空气过剩系数一般较高（常为 1.4 ~ 1.5），所以废气中均含一定数量的氧。

所以，一般来说，在较低温度和氧含量较高的条件下，碳的燃烧以生成 CO_2 为主；在较高温度和氧含量较低的条件下，碳的燃烧以生成 CO 为主。烧结废气中，碳的氧化物是以 CO_2 为主，只含少量的 CO。图 3-4 所示为烧结试验过程中测得的废气中 O_2、CO_2 和 CO 体积分数的变化（试验所用燃料量为 7%）。从烧结开始直到烧结终点的前 2min，CO_2 和 CO 逐渐增加，然后迅速降到零，但 CO_2 比 CO 晚 1min 消失。最初废气中 O_2 的体积分数约为 9%，试验结束时又升到与空气中的氧气量一致。

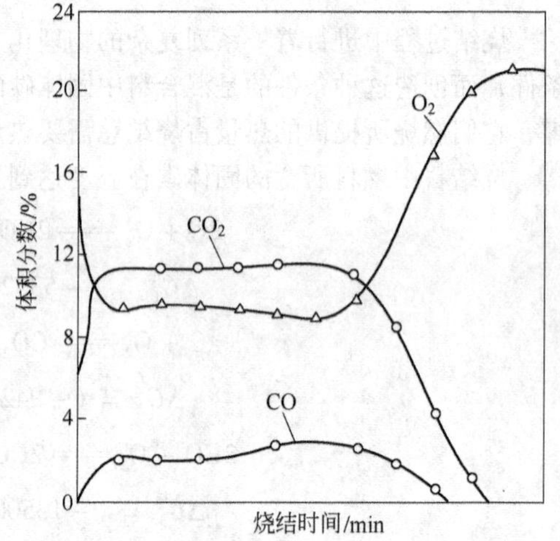

图 3-4　烧结试验过程中测得的废气中 O_2、CO_2 和 CO 体积分数的变化

在生产和研究中，常用燃烧比 $\varphi(CO)/\varphi(CO+CO_2)$ 来衡量烧结过程中碳的化学能利用程度，用废气成分来衡量烧结过程的气氛。显然，燃烧比越大，表明还原性气氛较强，能量利用差；反之，氧化气氛较强，能量利用好。还原性气氛较强时，CO 可以将 Fe_2O_3 还原为 Fe_3O_4，因此，烧结混合料中配碳量越高，烧结矿中亚铁含量越高。

3.2.2　烧结料层中温度分布和热交换

3.2.2.1　料层高度的温度变化、分布及热交换

假定料层为室温的含水料层，当热风达到某一料层时，料温逐渐上升至露点温度，水分蒸

发，温度不变；水分蒸发完后，料温继续上升，由于烧结料的热容量较小，温度上升很快，到700℃左右时，燃料着火，料温迅速升高。由于料温与热风温度差的减少，渣化反应、熔化的吸热，温度上升速度降低，料温缓慢升高达到最高温度。燃烧结束，料层温度开始降低，冷却之初，温差较大，降温较快，随着温差的减小，降温速度慢慢降低。

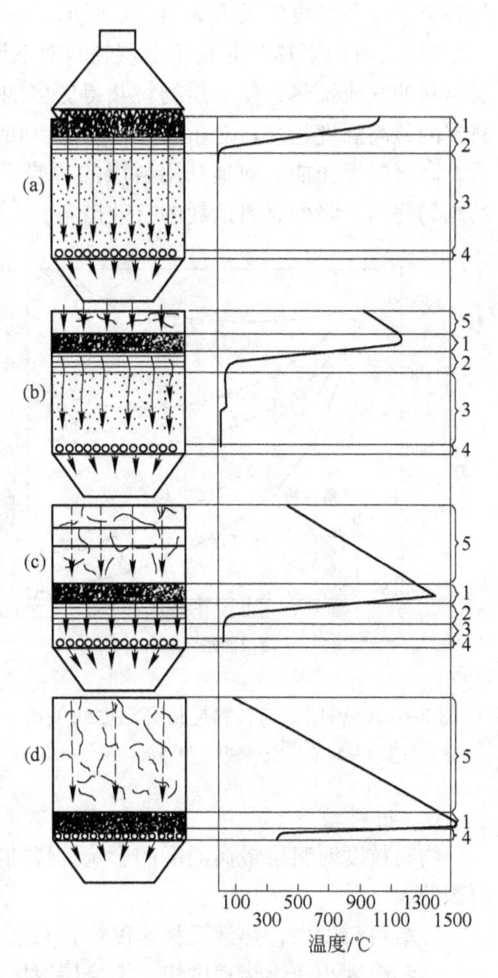

图 3-5 点火烧结后在不同的时间内沿料层高度的温度分布曲线

(a) 刚点火毕；(b) 点火终了后 1 ~ 2min；(c) 开始烧结后 8 ~ 10min；(d) 烧结终了前

1—燃烧层；2—干燥预热层；3—过湿层；4—铺底料层；5—烧结矿层

图 3-5 所示为点火烧结后在不同的时间内沿料层高度的温度分布曲线。从图 3-5 可知，这些温度曲线的形状变化趋势比较相似。料层几个层中，最高温度在燃烧层，一般最高达到 1300 ~ 1500℃，燃烧层的最高温度沿料层高度自上而下逐渐升高。随着燃烧层的下移，最高温度升高，高温保持时间延长，这主要由于上层烧结矿层相当于高炉中的热风炉，具有“自动蓄热”作用。根据试验可知，当燃烧层上的烧结矿层达 180 ~ 220mm 时，上层烧结矿层的“自动蓄热”作用可提供燃烧层总热量的 35% ~45%。

从温度分布曲线可知烧结料层的热交换规律。在燃烧层的上部区域主要是对流传热，烧结矿的热量与自上而下的冷空气进行热交换，这时，温差、传热面积是传热的主导因素。如果烧结料层孔隙度高，总表面积大，热交换就会进行得十分剧烈，可使气体温度升高很快。在燃烧层下部区域，炽热的气体将热量传给下层烧结料，使之干燥预热。由于热交换面积大，干燥预热层的热交换剧烈，气体温度迅速降低，它的高度一般小于 50mm，尽管距离很短，但气体可以从 1400 ~ 1500℃冷却到 50 ~ 60℃，而干燥预热层的温度迅速升高，预热层的升温速度最高可达 1700 ~ 2000℃/min，干燥层的升温速度最高可达 500℃/min。原因主要是气流速度大，温差大，对流传热量大。另一方面，由于料粒有很大的比表面积，彼此紧密接触，传导传热也在迅速进行。而对于燃烧带，由于燃烧层温度高，颗粒因熔融而密集以及空气通过等特点，热交换有三种形式，即对流、传导和辐射。

3.2.2.2 影响料层最高温度的因素

A 燃料用量

当烧结混合料中不加燃料时，点火以后，烧结各料层能达到的最高温度将由上至下逐渐降低。随着燃料用量的增加，料层温度提高，由上至下温度降低的幅度减小；到碳的质量分数为 2.5% 时，料层温度趋于稳定，到下层，还有温度上升趋势。正常烧结操作，料层温度在 1300℃以上，因此，由上至下温度升高是必然的。这就是“料层自动蓄热”的结果。燃料用量与各料层最高温度的关系如图 3-6 所示。

“料层自动蓄热”是由于上层物料对下层物料的加热（传导、辐射）和上层物料对通过下层物料的气流预热，使下层物料获得更多的热量，越是接近料层底部，料层积蓄的热量越多，料层的最高温度越高。对于燃料均匀的 400mm 料层，分 5 个区进行蓄热计算的结果如图 3-7 所示。高料层操作能有效地利用料层的“自动蓄热”作用，燃料自上而下合理的负偏析是料层的均匀烧结、降低燃料消耗的有效措施。

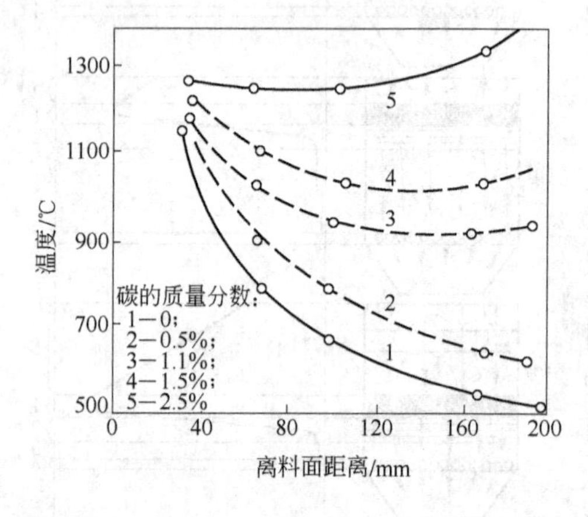

图 3-6　燃料用量与各料层最高温度的关系

（物料粒度 3～5mm，空气消耗 79.5m^3/(m^2 · min)）

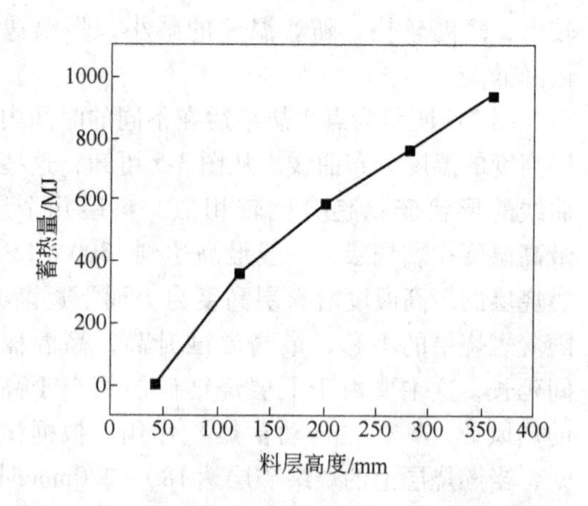

图 3-7　沿料层高度的蓄热量

B　物料粒度

物料粒度对料层最高温度的影响：烧结料表现为受热比表面积的大小，燃料表现为燃烧表面积的大小。

烧结料粒度大，热波迁移速度快，料层最高温度低（见图 3-8）。

燃料粒度小，燃烧速度快，燃烧层厚度小，热能集中，高温区相对窄，最高温度高（见图 3-9）。

C　返矿用量

当增加返矿用量时，由于它减少吸热反应，有助于提高高温区的温度。

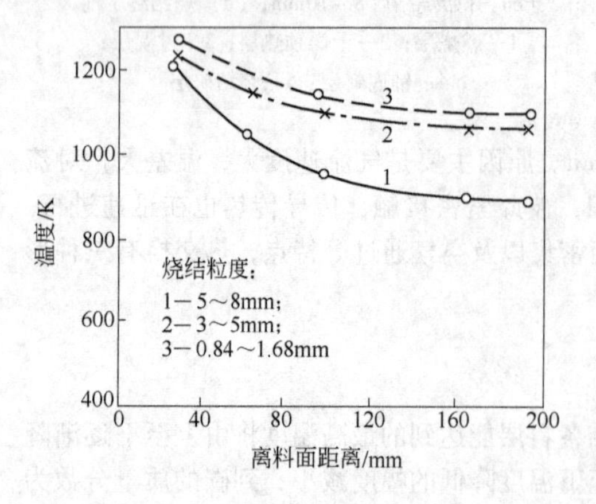

图 3-8　烧结粒度对料层各水平最高温度的影响

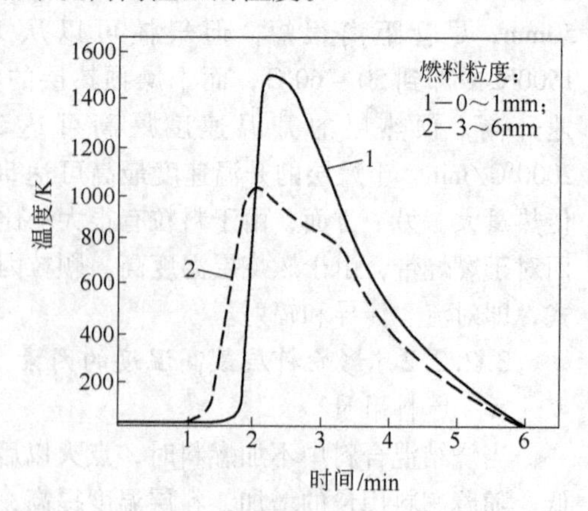

图 3-9　燃料粒度对料层中最高温度的影响

D 熔剂用量

当增加熔剂（如石灰石或白云石）用量时，由于其分解吸热反应，燃烧层温度会降低。

E 燃料的燃烧性能

固体燃料的燃烧性能也会影响高温区的温度和厚度。与焦粉相比，无烟煤孔隙度小很多，反应能力和可燃烧性比焦粉差，如果大量无烟煤粉代替焦粉时，会使高温区温度下降，高温区厚度增加，垂直烧结速度下降。某厂曾使用无烟煤粉完全代替焦粉，烧结矿成品率由53.5%下降到41.0%。而我国无烟煤来源充足，价格便宜，试验证明无烟煤粉代替焦粉20%～25%，对烧结矿的产量和质量没有大的影响。但是，当使用无烟煤粉做燃料时，必须注意改善料层透气性，适当降低燃料粒度，由于一般无烟煤粉含固定碳比焦粉低，所以需要适当增加固体燃料的使用总量。

F 燃烧速度与传热速度是否同步

在烧结过程中，烧结速度一般指燃烧层中温度最高点移动速度；燃烧速度指单位时间内碳与氧反应所消耗碳的质量；传热速度指气相与固相的热交换速度。烧结速度由燃烧速度和传热速度共同决定。烧结过程中，燃烧速度与传热速度是否同步对高温区温度水平和厚度影响也很大。当燃烧速度与传热速度同步时，上层烧结矿蓄积的热量被用来提高燃烧层燃料燃烧的温度，使物理热和化学热叠加在一起，因而达到最高的燃烧层温度；若燃烧速度小于传热速度，这时燃烧反应需要吸收该层通过大量空气带来的物理热之后，使高温区温度下降，高温区厚度增加；反之，如果燃烧速度大于传热速度，这时上部的物理热不能大量地用于提高下部燃料的燃烧温度，燃烧层温度也降低，厚度增加。实际生产中，两种速度同步的情况比较多，这样有利于燃料消耗的减少、料层温度的提高和燃烧层厚度的减薄。

3.3 水分在烧结过程中的作用与行为

烧结料中的水主要来自于矿石、熔剂和燃料的原始含水，混合料混合制粒加入的水分，烧结过程空气中带入的水分，结晶矿物在烧结过程中分解的化合水，以及点火燃料中碳氢化合物燃烧时产生的水。

3.3.1 水分的蒸发

烧结过程中水分蒸发的条件是：气相中水蒸气的实际分压（p_{H_2O}）小于该温度下的饱和蒸气压（p'_{H_2O}），即$p_{H_2O}<p'_{H_2O}$。饱和蒸气压随温度升高而增大。在热气体与湿料接触的开始阶段，水蒸气蒸发缓慢，物料含水量无大的变化。废气的热量主要用于预热物料，所以温度明显升高。当物料温度升到100℃时，饱和蒸气压p'_{H_2O}可达1.013×10^5Pa（即1atm），物料中水分迅速蒸发到废气中去；当物料的饱和蒸气压p'_{H_2O}等于总压$p_{总}$，即$p'_{H_2O}=p_{总}$时，水分便剧烈蒸发，出现沸腾现象。烧结过程中，废气压力约为0.912×10^5Pa（即0.9atm）。在温度为100℃时，$p'_{H_2O}>p_{H_2O}$，所以应在温度低于100℃时完成水分的蒸发过程。但实际上，在温度高于100℃的烧结料中仍有水分存在。原因是废气对混合料的传热速度快，最快可达到1700～2000℃/min，当料温达到水分蒸发的温度时，水分还来不及蒸发；此外，少量的分子水和薄膜水与固体颗粒的表面有巨大的结合力，不易逸出。

烧结料的水分蒸发量可按下式估算：

$$Q = tCF(p'_{H_2O} - p_{H_2O})p/p' \tag{3-5}$$

式中 Q——蒸发的水量，g；

t——干燥蒸发时间，h；

C——系数，当气流速度小于2m/s时，C为4.40g/m²，当气流速度大于2m/s时，C为6.93g/m²；

F——表面积，m²；

p——标准大气压，kPa；

p'——实际大气压，kPa；

p'_{H_2O}——饱和蒸气压，kPa；

p_{H_2O}——实际蒸气压，kPa。

从式3-5可知，蒸发水量Q与表面积F和废气中蒸汽的饱和蒸气压与物料蒸气分压之差有很大关系。由于烧结过程中上述两值都很大，所以蒸发水量很大，干燥层很薄。

3.3.2 水汽的冷凝

烧结过程中，从点火时起水分就开始受热蒸发，转移到废气中去，废气中的水蒸气的实际分压p_{H_2O}不断升高。当含有水蒸气的热废气穿过下层冷料时，由于存在着温度差，废气将大部分热量传给冷料，而自身的温度将大幅度下降，使物料表面饱和蒸气压p'_{H_2O}也不断下降。当实际分压p_{H_2O}等于饱和蒸气压p'_{H_2O}时，蒸发停止；当$p_{H_2O} > p'_{H_2O}$时，废气中的水蒸气就开始在冷料表面冷凝。水蒸气开始冷凝的温度称为“露点”。水蒸气冷凝的结果是使下层物料的含水量增加。当物料含水量超过物料原始含水量时称为过湿。

根据不同的烧结料温和物料特性，冷凝水量一般介于1%～2%之间，冷凝层厚度为20～40mm。烧结过程中水汽的冷凝会发生过湿现象，对烧结料层透气性非常不利。这部分过量的水分就有可能使混合料制成的小球遭到破坏，或者冷凝水会充塞粒子间空间，使料层阻力增大，烧结过程进行缓慢，甚至会中断燃烧层，出现“熄火”，引起烧结矿的产量和质量下降。

3.3.3 水分在烧结过程中的作用

3.3.3.1 制粒作用

烧结混合料加入适当的水分，水在混合料粒子间产生毛细力，在混合料的滚动过程中互相接触而靠紧，制成小球粒，可以改善料层的透气性。

3.3.3.2 导热作用

由于烧结料中有水分存在,改善了烧结料的导热性(水的导热系数为126～419kJ/(m²·h·℃)，而矿石的导热系数为0.63kJ/(m²·h·℃))，料层中的热交换条件良好，这就有利于把燃烧层限制在较窄的范围内，减少了烧结过程中料层的阻力，同时保证了在燃料消耗较少的情况下获得必要的高温。

3.3.3.3 润滑作用

水分子覆盖在矿粉颗粒表面，起类似润滑剂的作用，可降低表面粗糙度，减少气流阻力。

3.3.3.4 助燃作用

固体燃料在完全干燥的混合料中燃烧缓慢，因为根据CO和C的链式燃烧机理，要求火焰中有一定含量的H^+和OH^-离子，这样才有利于燃料的燃烧。所以，混合料中适当加湿在一切情况下都是必要的。

当然，从热平衡的观点看，去除水分要消耗热量，另外水分不能过多，否则会使混合料变成泥浆，不仅浪费燃料，而且使料层透气性变坏。因此，烧结料中水分必须控制在一个适宜的范围内。混合料的适宜水分是根据原料的性质和粒度组成来确定的。一般来说，物料粒度越细，比表面积越大，所需适宜水分越高。此外，适宜的水分与原料类型有关，表面松散多孔的褐铁矿烧结时所需水量达20%，而致密的磁铁矿烧结时适宜的水量为6%~9%。一般要求最适宜的水分波动范围很小，如果超过±0.5%，对混合料的成球性会产生显著影响。

3.3.4 防止烧结料层过湿的主要措施

3.3.4.1 提高烧结混合料的原始温度

提高烧结混合料的原始温度即将料温提高到露点（50~60℃）以上，理论上即可消除过湿现象。一般采取预热混合料的方法来提高烧结混合料的原始温度。

预热混合料的方法有：

（1）热返矿预热混合料。将热返矿（600℃）直接添加在铺有配合料的皮带上，再进入混合机，在混合过程中，返矿的余热将混合料加热至一定温度。这种方法简单，不需外加热源，合理利用了返矿热量，预热效果是几种方法中最好的，在1~2min内可将混合料加热到50~60℃或更高，而且省去了热返矿的冷却装置，简化了生产工艺流程。

（2）蒸汽预热混合料。在二次混合机内通入蒸汽来提高料温。其优点是既能提高料温，又能进行混合料润湿和水分控制，保持混合料的水分稳定。由于预热是在二次混合机内进行，预热后的混合料即进入烧结机上烧结，因此热量的损失较小。生产实践证明，蒸气压力愈高，预热效果愈好。如鞍钢使用蒸气压力为1×10^5~2×10^5Pa时，可提高料温4.2℃；当压力增加到3×10^5~4×10^5Pa时，可提高料温14.8℃。法国某厂用250~300℃的蒸汽预热料温到70℃，在燃料消耗和烧结矿质量不变的条件下，产量提高了16%。使用蒸汽预热的主要缺点是热利用效率较低，一般仅为40%~50%，单独使用不经济，与其他方法配合使用比较合理，可以考虑改进蒸汽的加入方法以进一步提高热利用率。如果利用烧结生产中的废热生产过热蒸汽，则可以降低生产成本。国外还有的用燃烧高炉煤气和天然气等方法预热混合料，也取得了较好的效果。

（3）生石灰预热混合料。利用生石灰消化放热提高混合料的温度，其消化反应式为：

$$CaO + H_2O \xlongequal{} Ca(OH)_2,\quad \Delta H_r^{\ominus} = 15.5\times4.187\text{kJ/mol}$$

1mol CaO(56g)完全消化放出热量为15.5×4.187kJ。如果生石灰含CaO 85%（质量分数），混合料中加入量为5%，若混合料的平均热容量为0.25×4.187kJ，则放出的消化热全部利用后，理论上可以提高料温50℃左右。但是，由于实际使用生石灰时要多加水，以及热量散失，所以料温一般只提高10~15℃。鞍钢二烧在采用热返矿预热的条件下，配入2.87%的生石灰，混合料温由51℃提高到59℃，平均每加1%的生石灰提高料温2.7℃。

3.3.4.2 提高烧结混合料的湿容量

凡添加具有较大表面积的胶体物质，都能增大混合料的最大湿容量。由于生石灰消化后呈极细的消石灰胶体颗粒，具有较大的比表面积，可以吸附和持有大量水分，因此，烧结料层中的少量冷凝水将被混合料中的这些胶体颗粒所吸附和持有，既不会引起料球的破坏，也不会堵塞料球间的通气孔道，仍能保持烧结料层的良好透气性。

3.3.4.3 适当控制混合料初始水分，降低废气中的含水量

生产实践证明，原始透气性最好的水分并不能获得最高的生产率，一般生产率最高的适宜水分比原始透气性最佳值的水分要小，通常此值约为2%。烧结混合料原始水分适当降低可能使烧结料成球性差一些，初始透气性有所降低，但水分减少，水分凝结少，降低了废气中水汽

的分压，降低露点温度，干燥时间缩短，整个烧结速度反而加快，从而获得高的生产率。将混合料的含水量降到比适宜的制粒水分低1.0%～1.5%，这样可以减少过湿层的冷凝水。

3.4　烧结过程固体物料的分解

固体物料的分解反应，可以表示为：

$$AB_{固} = A_{固} + B_{气} \tag{3-6}$$

其分解的难易程度用反应的分解压 p_b 表示。分解压越高，则固体物料越容易分解。分解反应是吸热反应，因此，温度越高，固体物料的分解压越高，固体物料越容易分解。当固体物料的分解压等于环境中对应气体的分压时，固体物料开始分解，其对应温度称为开始分解温度；当固体物料的分解压等于环境气体的总压时，固体物料开始剧烈分解，其对应温度称为沸腾分解温度。

3.4.1　结晶水的分解

在烧结混合料中的矿石、脉石和添加剂中往往含有一定量的结晶水，它们在预热层及燃烧层进行分解。结晶水开始分解的温度及分解后的固体产物见表3-1。

表3-1　结晶水开始分解的温度及分解后的固体产物

原始相	分解产物	开始分解温度/℃
水赤铁矿 $2Fe_2O_3 \cdot H_2O$	赤铁矿 Fe_2O_3	150～200
褐铁矿 $2Fe_2O_3 \cdot 3H_2O$	针铁矿 $Fe_2O_3 \cdot H_2O$（α-FeO · OH）	120～140
针铁矿 $Fe_2O_3 \cdot H_2O$（α-FeO · OH）	赤铁矿 Fe_2O_3	190～328
针铁矿 $Fe_2O_3 \cdot H_2O$（γ-FeO · OH）	磁性赤铁矿 α-Fe_2O_3	260～328
水锰矿 $MnO_2 \cdot Mn(OH)_2$（MnO · OH）	褐锰矿 Mn_3O_3	300～360
三水铝矿 $Al(OH)_3$	单水铝矿 γ-AlO（OH）	290～340
单水铝矿 γ-AlO(OH)	刚玉（立方）γ-Al_2O_3	490～550
硬水铝矿 α-AlO(OH)	刚玉（三斜）α-Al_2O_3	450～500
高岭土 $Al_2O_3 \cdot 2SiO_2 \cdot 2H_2O$	偏高岭土 $Al_2O_3 \cdot 2SiO_2 \cdot 2H_2O$	400～500
石膏 $CaSO_4 \cdot 2H_2O$	半水硫酸钙 $CaSO_4 \cdot 0.5H_2O$	120
半水硫酸钙 $CaSO_4 \cdot 0.5H_2O$	硬石膏 $CaSO_4$	170

从表3-1可以看出，在700℃的温度下，烧结料中的水合物都会在干燥和预热层强烈分解。由于混合料处于预热层的时间短（1～2min），如果矿石粒度过粗和导热性差，就可能有部分结晶水进入烧结矿层。在一般的烧结条件下，约80%～90%的结晶水可以在燃烧层下面的混合料中脱除掉，其余的水则在最高温度下脱除。由于结晶水分解热消耗大，所以其他条件相同时，烧结含结晶水的物料一般较烧结不含结晶水的物料最高温度要低一些。为保证烧结矿质量，需增加固体燃料。如烧结褐铁矿时，固体燃料用量可达9%～10%。如果含结晶水的矿物的粒度过大，固体燃料用量又不足时，一部分水合物及其分解产物未被高温带中的熔融物吸收，而是进入烧结矿中，这样会使烧结矿强度下降。

3.4.2　碳酸盐的分解

烧结混合料中通常含有碳酸盐，如石灰石、白云石、菱铁矿等，这些碳酸盐在烧结过程中必须分解后才能最终进入液相，否则就会降低烧结矿的质量。

碳酸盐分解反应的通式可写为：

$$MeCO_3 \xlongequal{} MeO + CO_2 \tag{3-7}$$

不同碳酸盐的稳定性顺序为：$ZnCO_3 < MnCO_3 < PbCO_3 < FeCO_3 < MgCO_3 < CaCO_3 < BaCO_3 < Na_2CO_3$。

碳酸盐分解条件是：当碳酸盐的分解压 p_{CO_2} 大于气相中的 CO_2 的分压 p'_{CO_2} 时，即开始分解。升高温度，分解压 p_{CO_2} 增大，$p_{CO_2} > p'_{CO_2}$ 时，分解速度加快。当碳酸盐分解压大于外界总压时，即 $p_{CO_2} > p_{总}$，碳酸盐进行剧烈的分解，这称为化学沸腾，此时的温度为化学沸腾分解温度。烧结中常见碳酸盐的开始分解温度和化学沸腾分解温度见表 3-2。

表 3-2 烧结中常见碳酸盐的开始分解温度和化学沸腾分解温度

名 称	开始分解温度/℃	化学沸腾分解温度/℃
$CaCO_3$	530	910
$MgCO_3$	320	680
$FeCO_3$	230	400

从表 3-2 可知，这些矿物在烧结料层内部都不难分解，一般在烧结预热层可以完成分解，但实际烧结过程中，由于各种原因，仍有部分石灰石进入高温燃烧层才能分解。当石灰石粒度较大时，石灰石进入高温燃烧层分解，将降低燃烧层的温度，增加燃料的消耗。

影响石灰石分解速度和完全程度的主要因素是烧结温度、石灰石粒度、气相中 CO_2 的体积分数。温度越高，分解速度越快；粒度愈小，分解越彻底。试验表明，小于 10mm 的石灰石，在 1000℃下，CO_2 的体积分数为 10%，1～1.5min 内完全分解。但是，在实际烧结层中，可能由于碳酸盐分解吸收大量热量，使得给热温度小于吸热温度，结果石灰石颗粒周围的料温下降；或者由于燃料偏析使高温区温度分布不均匀，会出现石灰石不能完全分解。因此，生产中要求石灰石粒度必须小于 3mm，并稍增加燃料用量。

石灰石的分解度表示为：

$$D_H = (w(CaO_{石}) - w(CaO_{残}))/w(CaO_{石}) \times 100\% \tag{3-8}$$

式中 $w(CaO_{石})$——混合料形式以 $CaCO_3$ 形式存在的总 CaO 的质量分数,%；
$w(CaO_{残})$——烧结矿中以 $CaCO_3$ 形式残存的 CaO 的质量分数,%；
D_H——石灰石的分解度,%。

在烧结过程中，碳酸钙分解为 CaO 后，必须与 SiO_2、Fe_2O_3 等进行化合反应生成新矿物，这种作用称为 CaO 的矿化作用。如果烧结矿中有游离的 CaO（称为白点）存在，则遇水发生消化反应，生成 $Ca(OH)_2$，体积膨胀 1 倍，烧结矿会因内应力而粉碎。

氧化钙的矿化度可表示为：

$$K_H = (w(CaO_{总}) - w(CaO_{游}) - w(CaO_{残}))/w(CaO_{总}) \times 100\% \tag{3-9}$$

式中 $w(CaO_{总})$——混合料或烧结矿中以不同形式存在的总 CaO 的质量分数,%，
$w(CaO_{游})$——烧结矿中游离 CaO 的质量分数,%；
$w(CaO_{残})$——烧结矿中以 $CaCO_3$ 形式残存的 CaO 的质量分数,%；
K_H——氧化钙的矿化度,%。

必须指出，$w(CaO_{石})$ 和 $w(CaO_{总})$ 是有区别的，一般 $w(CaO_{总}) > w(CaO_{石})$；当混合料中的

CaO 仅以 $CaCO_3$ 形式存在时，$w(CaO_{总}) = w(CaO_{石})$。

影响 CaO 的矿化度的因素主要有：石灰石的粒度、烧结温度、烧结矿碱度、矿石或精矿的粒度。碱度和石灰石粒度对 CaO 矿化程度的影响如图 3-10 所示。温度和石灰石粒度对 CaO 矿化程度的影响如图 3-11 所示。从图 3-10 和图 3-11 中可以看出，降低石灰石粒度、提高烧结温度或降低烧结矿碱度均可提高 CaO 的矿化度。

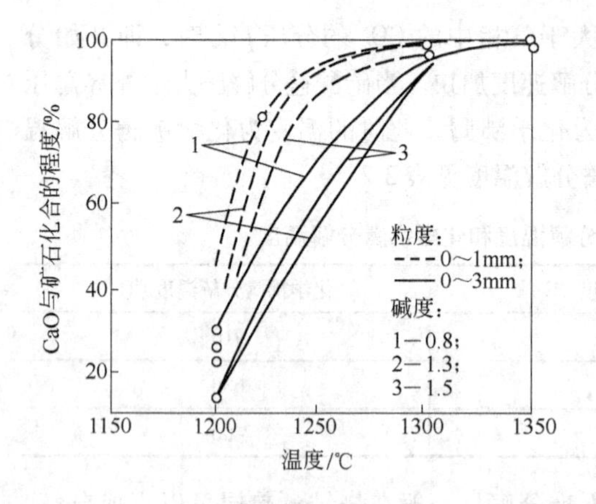

图 3-10　碱度和石灰石粒度对 CaO 矿化程度的影响

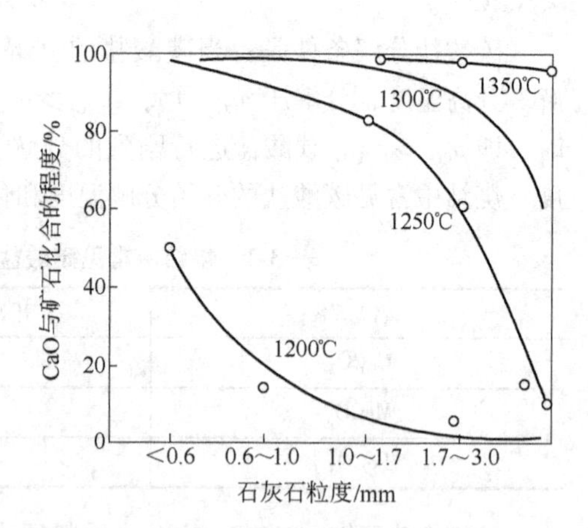

图 3-11　温度和石灰石粒度对 CaO 矿化程度的影响

磁铁矿粒度对 CaO 矿化程度的影响如图 3-12 所示。从图 3-12 可以看出，矿石或精矿的粒度对 CaO 的矿化度也有很大影响。一般精矿使用的石灰石粒度可以较粗一些（如 0 ~ 3mm），而粒度较粗的粉矿要求石灰石的粒度要细一些（如 0 ~ 2mm，甚至 0 ~ 1mm）。

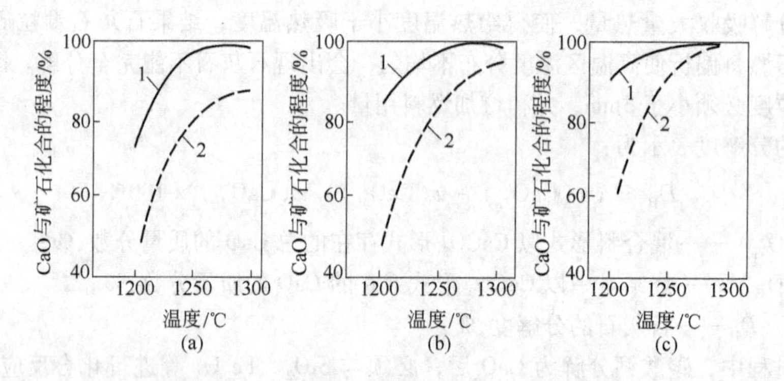

图 3-12　磁铁矿粒度对 CaO 矿化程度的影响

（a）磁铁矿粒度为 0 ~ 6mm；（b）磁铁矿粒度为 0 ~ 3mm；（c）磁铁矿粒度为 0 ~ 0.2mm

石灰石粒度：1—0 ~ 1mm；2—0 ~ 3mm

3.4.3　氧化物的分解

铁氧化物分解的条件是：铁氧化物的分解压（p_{O_2}）大于气相中氧的实际分压（p'_{O_2}）时，铁氧化物分解；若 $p_{O_2} = p'_{O_2}$ 时，反应处于平衡状态；若 $p_{O_2} < p'_{O_2}$ 时，为氧化反应。

铁氧化物有 3 种形态：Fe_2O_3、Fe_3O_4 和 FeO。它们的分解是逐级进行的，但是，FeO 仅在 570℃ 以上才能在热力学上稳定存在，570℃ 以下要转变成 Fe_3O_4，所以氧化铁的分解以 570℃ 为界。在570℃以上，分为3步进行：

$$6Fe_2O_3 = 4Fe_3O_4 + O_2 \tag{3-10}$$

$$2Fe_3O_4 = 6FeO + O_2 \tag{3-11}$$

$$2FeO = 2Fe + O_2 \tag{3-12}$$

在570℃以下分2步进行：

$$6Fe_2O_3 = 4Fe_3O_4 + O_2 \tag{3-13}$$

$$\frac{1}{2}Fe_3O_4 = \frac{3}{2}Fe + O_2 \tag{3-14}$$

铁锰氧化物在部分温度下的分解压见表3-3。

表 3-3 铁锰氧化物在部分温度下的分解压（101325Pa） (Pa)

温度/℃	Fe_2O_3	Fe_3O_4	FeO	MnO_2	Mn_2O_3
327				901.793	
460				21278.25	
527				69914.25	21.278
550				101325	37.490
570				962587.5	1215.90
727		7.701×10^{-14}			
827			$1.01325\times10^{-13.2}$		21278.25
927		2.229×10^{-8}	$1.01325\times10^{-11.2}$		
1027			$1.01325\times10^{-6.5}$		
1100	2.634				101325
1127		2.736×10^{-4}	1.01325×10^{-8}		126656.3
1200	93.218				
1227			$1.01325\times10^{-6.7}$		
1300	1996.102				
1327		3.668×10^{-3}	$1.01325\times10^{-5.6}$		
1383	21278.250				
1400	28371				
1452	101325				
1500	303975	$1.01325\times10^{-2.5}$	$1.01325\times10^{-3.3}$		
1600	2533125	1.01325			

在烧结条件下，进入烧结矿冷却层气体中氧的分压介于18238.5～19251.75Pa，经过燃烧层进入预热层的气相氧的分压一般为7092.75～9119.25Pa。将表3-3中的数据与烧结料层内气相氧的分压比较可知，在1383℃时，Fe_2O_3 的分解压已达21278.25Pa，所以在1350～1450℃的烧结温度下，Fe_2O_3 将发生分解，Fe_3O_4 和 FeO 由于分解压极小（1500℃以下分别为 $1.01325\times10^{-2.5}$Pa 和 $1.01325\times10^{-3.3}$Pa），在烧结条件下将不发生分解；MnO_2 和 Mn_2O_3 有很大的分解压，所以在烧结条件下都将剧烈分解。

3.5 氧化物的还原及氧化

在烧结矿中，铁氧化物以 Fe_2O_3 还是以 Fe_3O_4 形态存在，取决于铁氧化物在烧结过程中的氧化或还原，而成品烧结矿的亚铁含量取决于烧结过程中铁氧化物氧化或还原的程度。

3.5.1 铁氧化物的还原

在烧结过程中，铁氧化物可能被固体碳和 CO 还原，铁的还原反应是逐级进行的，大于570℃时，$Fe_2O_3 \rightarrow Fe_3O_4 \rightarrow FeO \rightarrow Fe$；小于570℃时，$Fe_2O_3 \rightarrow Fe_3O_4 \rightarrow Fe$。

（1）C 作为还原剂还原反应如下。

温度高于570℃时：

$$3Fe_2O_3 + C = 2Fe_3O_4 + CO \tag{3-15}$$

$$Fe_3O_4 + C = 3FeO + CO \tag{3-16}$$

$$FeO + C = Fe + CO \tag{3-17}$$

温度低于570℃ 时：

$$\frac{1}{4}Fe_3O_4 + C = \frac{3}{4}Fe + CO \tag{3-18}$$

（2）CO 作为还原剂还原反应如下。

1）Fe_2O_3 的还原。用 CO 还原 Fe_2O_3 的反应式为：

$$3Fe_2O_3 + CO = 2Fe_3O_4 + CO_2 \tag{3-19}$$

2）Fe_3O_4 的还原。Fe_3O_4 还原在高温与低温有不同的反应。

当温度高于570℃时，反应式为：

$$Fe_3O_4 + CO = 3FeO + CO_2 \tag{3-20}$$

当温度低于570℃ 时，反应式为：

$$\frac{1}{4}Fe_3O_4 + CO = \frac{3}{4}Fe + CO_2 \tag{3-21}$$

3）FeO 的还原反应式为：

$$FeO + CO = Fe + CO_2 \tag{3-22}$$

采用热力学计算的方法可将铁氧化物还原反应的平衡气相组成与温度的关系曲线绘于图3-13内，得出4条相应的曲线，将全图分成 Fe_2O_3、Fe_3O_4、FeO 和 Fe 的4个稳定区，其中，曲线1的反应平衡 CO 浓度极低，因此，曲线1仅能示意性表示。曲线1、曲线2、曲线3、曲线4分别对应的还原反应式为式3-19～式3-22。

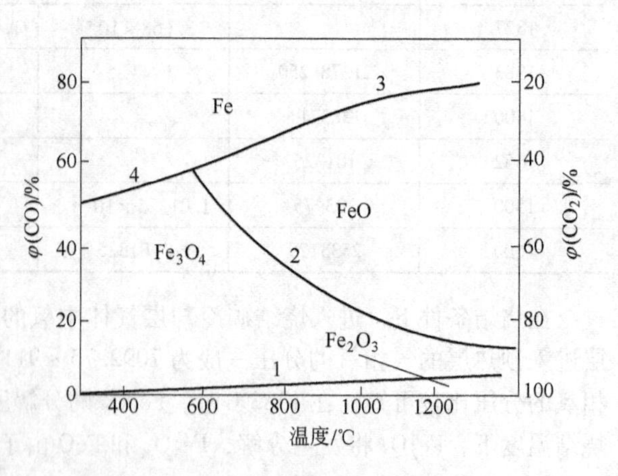

图 3-13 CO 还原铁氧化物的平衡气相组成与温度的关系曲线

还原的热力学条件分析表明，当烧结气氛 $\varphi(CO_2)/\varphi(CO)$ 小于反应平衡时 $\varphi(CO_2)/\varphi(CO)$ 时，还原可以进行。一般烧结温度为 1300～1500℃，烧结气氛 $\varphi(CO_2)/\varphi(CO)$ 为3～6。在燃料附近还原

气氛较强，远离燃料时氧化气氛较强。因此，在烧结过程中，铁氧化物可能发生的变化为：

（1）Fe_2O_3 分解压高（1383℃时为21278.25Pa，1452℃时为101325Pa），高温下可能分解，Fe_3O_4、FeO不能分解。

（2）Fe_2O_3 很容易还原为 Fe_3O_4，但 $Fe_2O_3 + CaO = CaO \cdot Fe_2O_3$ 的固相反应将使其还原发生困难，在高温下铁酸钙将熔化，进一步使还原动力学条件恶化，因此，烧结矿中可能保留原生赤铁矿。

（3）Fe_3O_4 也可以被还原。因为反应在900℃时的平衡气相中 $\varphi(CO_2)/\varphi(CO) = 3.47$，1300℃时为10.75。而实际烧结过的气相中 $\varphi(CO_2)/\varphi(CO)$ 为3～6，所以在900℃以上的高温下，Fe_3O_4 被还原是可能的，特别是 SiO_2 存在时，更有利于 Fe_3O_4 的还原，反应式为

$$2Fe_3O_4 + 3SiO_2 + 2CO = 3(2FeO \cdot SiO_2) + 2CO_2 \tag{3-23}$$

由于CaO的存在不利于 $2FeO \cdot SiO_2$ 生成，所以，也不利于反应式3-23的进行，所以当烧结矿碱度提高后，FeO有所降低。

（4）在一般烧结条件下，FeO还原成Fe是困难的。因为反应在700℃的平衡气相组成 $\varphi(CO_2)/\varphi(CO)$ 为0.67，当温度升高时，这一比值下降，1300℃时为0.297。因此，在一般烧结条件下烧结矿中不会有金属铁存在，但在燃料用量很高时（如生产金属化烧结矿），却可获得一定数量的金属铁。

上述反应多指燃烧层发生的反应，在燃烧层中，烧结矿中FeO的质量分数提高。

3.5.2 低价铁氧化物的氧化

铁氧化物的氧化反应实际上就是铁氧化物分解的逆反应，例如 Fe_3O_4 的氧化反应式为：

$$4Fe_3O_4 + O_2 = 6Fe_2O_3 \tag{3-24}$$

氧化度是矿石或烧结矿中与铁结合的实际氧量与假定全部铁（TFe）为三价铁时结合的氧量之比。氧化度 $\eta(\%)$ 的计算式为：

$$\begin{aligned}\eta &= (1 - w(Fe^{2+})/3w(TFe)) \times 100\% \\ &= (1 - 0.2593w(FeO)/w(TFe)) \times 100\%\end{aligned} \tag{3-25}$$

式中 $w(FeO)$——化验的亚铁质量分数；

$w(TFe)$——化验的全铁质量分数；

$w(Fe^{2+})$——二价（化合价）铁的质量分数：

$$w(Fe^{2+}) = 56/72w(FeO)$$

Fe在 Fe_3O_4 中以FeO形式存在的质量分数为：

$$A(Fe)/3A(FeO) = 0.2593 = 56/(72 \times 3)$$

铁氧化物的氧化度分别为：Fe_2O_3，100%；Fe_3O_4，88.89%；FeO，66.67%。

烧结矿的氧化度既反映了其中 Fe^{2+} 与 Fe^{3+} 之间的数量关系，在一定程度上也表示烧结矿中矿物组成和结构的特点，通常认为氧化度高的烧结矿还原性较好而强度较差。在烧结中，往往以FeO含量代替氧化度作为评价成品烧结矿强度和还原性的特征标志，由于FeO含量与燃料消耗量有密切关系，所以也被视为烧结过程中温度和热量水平的标志。不过，烧结矿中FeO的质量分数与烧结矿的强度和还原性也只有定性而无定量的对应关系，因为 Fe^{2+} 存在于磁铁矿中与存在于铁橄榄石中，对烧结矿的强度和还原性的影响并不相同，同样，Fe^{3+} 存在于赤铁矿中与存在于铁酸钙中的作用也不一样，甚至 Fe_2O_3 的生成路线和结晶不同，其影响也各异。但对

同一原料而言，应尽力提高烧结矿的氧化度，降低烧结矿中 FeO 的质量分数，这才是提高烧结矿质量的重要途径。

3.5.2.1　烧结料层氧化度的变化

烧结过程料层的温度和气氛由上而下出现不同的变化，导致烧结料层氧化度也不同。根据烧结通氮骤冷取样分析发现，表层烧结矿层比燃烧层的 Fe^{2+} 低 15% ~ 20%，燃烧层下部很快降至混合料 Fe^{2+} 含量的水平。Fe^{2+} 最大值被限制在 20mm 左右的狭窄范围内，这与燃烧层的温度相吻合，即烧结料层中 FeO 变化趋势与温度分布的波形变化基本同步。

在燃烧层上部冷却时，冷却风下移伴随着矿物结晶、再结晶和重结晶，并发生低价氧化铁再氧化，温度越高则氧化速度越快。不同温度下结晶的 Fe_3O_4 氧化成具有多种同质异象变体的 Fe_2O_3。

在燃烧层的高温及碳的作用下，局部高价铁氧化物分解为 Fe_3O_4，甚至还原成浮氏体。

在燃烧层下部料层加热时，靠近炽热的碳燃烧处或 CO 浓度较高的区域内，高价氧化铁可发生还原，生成 Fe_3O_4 和 FeO。随着废气温度的迅速降低，其还原反应也相应减弱，甚至不发生还原反应，此时料层的 FeO 含量即原始烧结料层的 FeO 含量。

以上只是宏观上的分析，实际上同一料层中在靠近炭粒处发生局部还原，靠近气孔处则发生氧化。

当烧结磁铁矿时，氧化反应得到相当大的发展，特别是在燃料不足的情况下，燃烧层的温度小于 1350℃，氧化反应进行得非常剧烈。磁铁矿的氧化先在预热层开始进行，然后在燃烧层不含碳的烧结料中进行，最后在烧结矿冷却层中进行。

磁铁矿的氧化与它的还原一样，粒度大小有着重要影响。粒度对磁铁矿在烧结过程中氧化程度的影响见表 3-4。

表 3-4　粒度对磁铁矿在烧结过程中氧化程度的影响（烧结时间为 1min）

粒度/mm	温度/℃	氧化程度/%	粒度/mm	温度/℃	氧化程度/%
0.149 ~ 0.674	1300	39.7	10	1300	10.0
3.35 ~ 6.0	1300	22.5			

当燃料消耗值高于正常值时，这种氧化并不影响烧结矿最后的结构形式，因为磁铁矿被氧化成赤铁矿，它在燃烧层又完全还原或分解。在较低的燃料消耗时，所得到的烧结矿结构通常含有沿着解理平面被氧化的最初的磁铁矿粒。在这种情况下，热量及还原气氛都较弱，不足使它们还原。通过显微镜观察，赤铁矿层的宽度从几个微米到 0.5 ~ 0.6mm，这种结构类型常具有天然氧化磁铁矿及假象赤铁矿的特征。

当烧结矿最后的结构形成后，将经受微弱的第二次氧化。在一般条件下，分布在硅酸盐液相之间的磁铁矿结晶来不及氧化，因为氧输送到它的表面是困难的。磁铁矿部分氧化只是在烧结矿孔隙表面、裂缝以及各种有缺陷的粒子上才能发生。

3.5.2.2　烧结矿中 FeO 的质量分数

在一般描述中，铁的存在形态常用 TFe、FeO 表示，化验也是如此，对一个纯的铁氧化物 Fe_2O_3，$w(TFe) = 70\%$，$w(FeO) = 0\%$，$w(Fe_2O_3) = 100\%$；对 Fe_3O_4，$w(TFe) = 72.41\%$，$w(FeO) = 31.03\%$，$w(Fe_2O_3) = 68.97\%$；对 FeO，$w(TFe) = 77.78\%$，$w(FeO) = 100\%$。

实际上，烧结矿中 FeO 的质量分数除 Fe_3O_4 外，还包括 $2FeO \cdot SiO_2$ 中的 FeO（70.59%），但烧结矿中橄榄石类、玻璃质一般成分复杂，质量分数不过 5% ~ 10%，因此，实际上仍主要为 Fe_3O_4 中的 FeO。

烧结矿中FeO的质量分数半定量地反映了烧结矿生产的能耗、强度、还原性、低温还原粉化性能，说半定量，是因为影响烧结矿中FeO的质量分数的因素太多。在烧结过程中，烧结料在燃烧层还原性气氛最强，有较高的FeO含量，但目前实际成品烧结矿中FeO的质量分数一般在5%～12%之间。这就是说，烧结矿在冷却过程中（O_2 的体积分数约为21%），Fe_3O_4 将部分被氧化为 Fe_2O_3。

影响烧结矿中FeO的质量分数的因素主要有：

(1) 燃料用量。在烧结矿碱度不变的情况下，随着配碳量的增加，碳不完全燃烧的比例增加，CO生成量增加，料层中CO浓度相对提高，还原性气氛加强，烧结矿中FeO的质量分数升高。混合料中碳的质量分数与烧结矿中FeO的质量分数的关系见表3-5。从表3-5中可以看出，随着燃料用量的增加，烧结过程中还原区域扩大，氧化区域缩小，即还原作用加强FeO的质量分数增大。因此，在保证所获得的烧结矿具有足够的强度和良好还原性的情况下，适当降低烧结料中固体燃料的配加量是降低烧结矿中FeO的质量分数的主要途径。

表3-5 混合料中碳的质量分数与烧结矿中FeO的质量分数的关系

混合料中碳的质量分数/%	碱 度	烧结矿中FeO的质量分数/%	还原率/%
5.0	1.05	34.41	36.2
4.5	1.04	29.44	43.6
3.0	1.09	24.57	53.3

(2) 燃料粒度。烧结过程宏观来看是一个氧化过程，但是在料层内部，尤其是燃烧层中，固体燃料颗粒的周围，局部气氛是还原性气氛。在配碳量一定的情况下，料层内这种局部还原性气氛的强弱对烧结矿中FeO的质量分数有重要影响。通常情况下，要求燃料粒度小于3mm的部分不小于80%。因为，当燃料粒度较粗时，一方面由于燃烧时间长，燃烧层厚度变宽、扩大，烧结过程中的热分解和还原作用加强，使得烧结矿中FeO的质量分数增加；另一方面，较大颗粒的燃料在布料时容易形成偏析，使得局部区域呈现强还原性气氛，这样不仅使FeO的质量分数升高，而且造成FeO的质量分数波动增大。南钢2004年各月份燃料粒度（不大于3mm的平均含量）与烧结矿中FeO的质量分数的关系见表3-6。

表3-6 南钢2004年各月份燃料粒度与烧结矿中FeO的质量分数的关系

月 份	1	2	3	4	5	6	7	8	9	10	11	12
不大于3mm的平均含量/%	78.5	80.1	83.3	82.5	80.6	76.9	80.8	85.4	86.2	81.8	80.4	82.4
烧结矿中FeO的质量分数/%	9.83	8.98	8.52	8.65	8.84	10.12	8.86	8.48	8.50	8.72	8.93	8.64

从表3-6可知，燃料粒度不大于3mm的平均含量增加，烧结矿中FeO的质量分数降低。所以，可以通过控制燃料粒度来调整烧结矿中FeO的质量分数。

(3) 磁铁矿配比。磁铁矿的主要成分是 Fe_3O_4，赤铁矿的主要成分是 Fe_2O_3，在烧结反应过程中，前者比后者更易与 SiO_2 反应形成橄榄石，不利于磁铁矿氧化。因而，随着磁铁矿配比的提高，烧结矿中FeO的质量分数也提高。磁铁矿配比对烧结矿中FeO的质量分数的影响如图3-14所示。

（4）烧结料层厚度。随着烧结料层厚度的提高，"自动蓄热"能力增强，可适当降低配碳量，使烧结过程基本上在氧化性气氛中进行，这有利于铁酸钙的发育和黏结相的发展，从而抑制 Fe_3O_4 的生成，使烧结矿中 FeO 的质量分数下降。烧结料层厚度与 FeO 的质量分数的变化关系见表 3-7。从表 3-7 可知，随着料层厚度增加，FeO 的质量分数降低。据资料报道，在 700mm 料层以下，料层每提高 100mm，成品烧结矿中 FeO 的质量分数降低 0.6% ~1.5%，转鼓指数提高 1.5% ~2.5%，固体燃耗下降10kg/t。实现厚料层烧结，关键是要改善烧结料层的透气性。目前，优化原料结构、强化制粒、偏析布料技术的发展为进一步降低 FeO 的质量分数提供了条件。

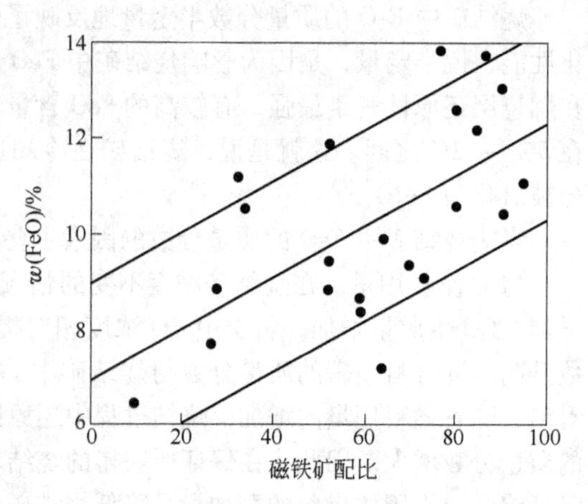

图 3-14 磁铁矿配比对烧结矿中 FeO 的质量分数的影响

表 3-7 烧结料层厚度与 FeO 的质量分数的变化关系

料层厚度 mm	400	460	560	600
w(FeO)/%	10.56	9.44	8.98	8.45

（5）烧结矿化学成分。

1）碱度（$R = w(CaO)/w(SiO_2)$）。随着烧结矿碱度的提高，生石灰用量增加，能增强混合料制粒效果，改善烧结料层的透气性，料层氧位提高，烧结料中的 CaO 在烧结过程中形成低熔点化合物，从而为降低燃烧层的温度创造了良好的条件。同时，根据烧结过程的氧化还原反应得知，CaO 在反应过程中有利于易还原的铁酸钙（$CaO \cdot Fe_2O_3$）的生成，而阻碍了难还原的铁橄榄石（$2FeO \cdot SiO_2$）的生成。由此说明，烧结料中的 CaO 有利于烧结矿中 FeO 的减少。因此，生产高碱度烧结矿也可降低烧结矿中 FeO 的质量分数。图 3-15 所示为济钢 2006 年 4 月份的生产实际情况，当烧结矿中 SiO_2 和 MgO 的质量分数固定时，FeO 的质量分数随碱度 R 升高而下降。

2）烧结矿中 SiO_2 的质量分数的影响。在 900℃以上的高温下，Fe_3O_4 可以被还原，特别是 SiO_2 存在时，更会加快 Fe_3O_4 的还原，生成低熔点的化合物铁橄榄石（$2FeO \cdot SiO_2$）。反应式为：

$$2Fe_3O_4 + 3SiO_2 + 2CO \xlongequal{} 3(2FeO \cdot SiO_2) + 2CO_2$$

因而，随着 SiO_2 的质量分数的提高，烧结矿中 FeO 的质量分数升高。图 3-16 所示为碱度

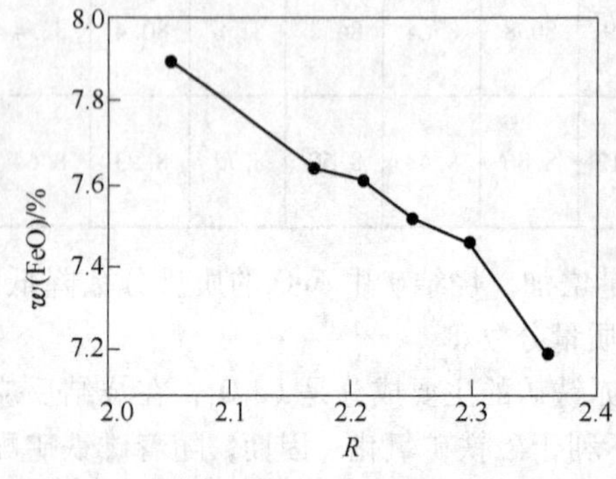

图 3-15 碱度 R 对 FeO 的质量分数的影响（$w(SiO_2)$ 为 4.8%，w(MgO) 为 2.4%）

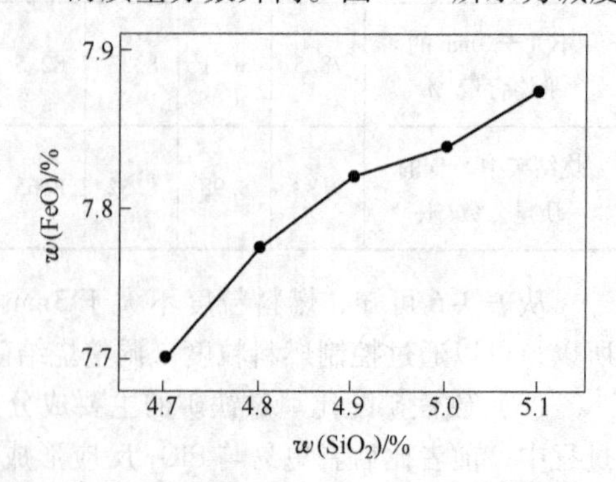

图 3-16 碱度为 2.1 时 SiO_2 的质量分数与 FeO 的质量分数的关系

为2.1时 SiO_2 的质量分数与FeO的质量分数的关系。

3）烧结矿中MgO的质量分数的影响。烧结料中的MgO在烧结反应过程中易形成高熔点化合物，使燃烧层温度升高、变宽，进而增加了烧结矿中FeO的质量分数；另一方面，MgO的质量分数增加，稳定了烧结过程中的 Fe_3O_4，降低了 Fe_2O_3 的分解温度，增加了 $MgCO_3$ 的分解吸热，同样使烧结矿中FeO的质量分数升高。由此可见，烧结料中MgO的质量分数的增加不利于降低烧结矿中FeO的质量分数。

（6）烧结操作。在操作方面，传统的“薄铺快转、大水大碳”不仅会出现烧结层表面过氧化、结壳烧不透的现象，而且也会产生烧结不均匀的现象，特别是使烧结矿中FeO的质量分数居高不下。因此，近年来在烧结生产中广泛推广“低温、厚料层”烧结工艺。它不仅可以节能、降耗，同时还可以降低烧结矿中FeO的质量分数。

另外，烧结过程的温度、气氛对烧结矿中FeO的质量分数也有很大的影响，这除了与配碳量有关外，还与烧结时点火温度、点火负压、抽风负压、烧结速度、冷却速度、废气温度等有关。如：减慢机速，可使烧结高温保持时间延长，液相结晶发育完善，改善烧结矿的质量，降低烧结矿中FeO的质量分数；若点火负压过低，则点火不顺，影响垂直烧结速度。因此，选择合适的工艺参数并保持其稳定，对合理控制烧结矿中FeO的质量分数也很关键。

3.6 烧结过程中有害元素的脱除

硫是钢铁中的主要有害杂质之一。钢中的硫量超过一定的数量后，在进行热加工时会出现热脆现象。在炼铁和炼钢过程中，虽然能去除硫，但会降低冶炼指标。在烧结时除去大部分硫，还能脱除部分氟和砷等杂质，但不易去除铅、锌、磷等有害杂质。因此，在烧结过程中，凡能分解、氧化成气态的有害杂质均可去除一部分。

3.6.1 硫的去除

硫主要来自铁矿粉。铁矿粉中的硫以硫化物状态存在为主，如黄铁矿（FeS_2），也有闪锌矿（ZnS）、黄铜矿（$CuFeS_2$）、蓝铜矿（CuS）；还有部分硫酸盐，如重晶石（$BaSO_4$）、石膏（$CaSO_4$）、硫酸镁（$MgSO_4$）。燃料中带入少量的硫，以有机硫形式存在。由于硫存在形式不同，去除方式和效果也有差别，以硫化物和有机硫形态存在时较易去除，以硫酸盐形态存在时不易去除。

3.6.1.1 主要硫化物中硫的去除

黄铁矿（FeS_2）是烧结原料中主要的含硫矿物，分解压较大，在烧结过程中易于分解、易于氧化和去除。去除途径是靠热分解和氧化变成硫蒸气或 SO_2、SO_3 进入废气中。

FeS_2 在较低温度下，如280～565℃时，分解压较小。FeS_2 中的硫主要靠氧化去除，其反应式为：

$$2FeS_2 + \frac{11}{2}O_2 = Fe_2O_3 + 4SO_2, \quad \Delta H_r^{\ominus} = +1668900kJ \tag{3-26}$$

$$3FeS_2 + 8O_2 = Fe_3O_4 + 6SO_2, \quad \Delta H_r^{\ominus} = +2380238kJ \tag{3-27}$$

在温度高于565℃时，FeS_2 分解和分解生成的FeS及S燃烧：

$$FeS_2 = FeS + S, \quad \Delta H_r^{\ominus} = -77916kJ \tag{3-28}$$

$$S + O_2 = SO_2, \quad \Delta H_r^{\ominus} = +296829kJ \tag{3-29}$$

$$2FeS + \frac{7}{2}O_2 = Fe_2O_3 + 2SO_2, \quad \Delta H_r^\ominus = +1230726kJ \tag{3-30}$$

$$3FeS_2 + 8O_2 = Fe_3O_4 + 6SO_2, \quad \Delta H_r^\ominus = +1723329kJ \tag{3-31}$$

上述硫的氧化反应中，当温度低于1250～1300℃时，以生成Fe_2O_3为主；当温度高于1250～1300℃时，以生成Fe_3O_4为主。

在有催化剂Fe_2O_3存在的情况下，SO_2可能进一步氧化成SO_3。反应式为：

$$2SO_2 + O_2 = 2SO_3 \tag{3-32}$$

在500～1385℃时，FeS_2、FeS可与Fe_2O_3和Fe_3O_4直接反应。反应式为：

$$FeS_2 + 16Fe_2O_3 = 11Fe_3O_4 + 2SO_2 \tag{3-33}$$

$$FeS + 10Fe_2O_3 = 7Fe_3O_4 + SO_2 \tag{3-34}$$

$$FeS + 3Fe_3O_4 = 10FeO + SO_2 \tag{3-35}$$

在有氧化铁存在时，200～300℃下，FeS_2可被气相中的水蒸气氧化。反应式为：

$$3FeS_2 + 2H_2O = 3FeS + 2H_2S + SO_2 \tag{3-36}$$

$$FeS + H_2O = FeO + H_2S \tag{3-37}$$

在较低温度（400～850℃）下，其他硫化物（如$CuFeS_2$、CuS、ZnS、PbS等）也能通过分解或氧化方式变成S或SO_2。它们的反应式为：

$$2CuFeS_2 = Cu_2S + FeS + \frac{1}{2}S_2 \tag{3-38}$$

$$2CuFeS_2 + 6O_2 = CuO + Fe_2O_3 + 4SO_2 \tag{3-39}$$

$$4CuS = 2Cu_2S + S_2 \tag{3-40}$$

$$Cu_2S + 2O_2 = 2CuO + SO_2 \tag{3-41}$$

$$2ZnS + 3O_2 = 2ZnO + 2SO_2 \tag{3-42}$$

$$2PbS + 3O_2 = 2PbO + 2SO_2 \tag{3-43}$$

3.6.1.2　有机硫的去除

燃料中的有机硫也易被氧化，在加热到700℃左右的焦粉着火温度时，有机硫燃烧成SO_2逸出。反应式为：

$$S_{有机} + O_2 = SO_2 \tag{3-44}$$

3.6.1.3　硫酸盐中硫的去除

硫酸盐中的硫主要靠高温分解去除，但硫酸盐的分解温度很高。如$BaSO_4$在1185℃时开始分解，1300～1400℃时分解反应剧烈进行；$CaSO_4$在975℃时开始分解，1375℃时分解反应剧烈进行。因此，硫酸盐中硫的去除较困难。反应式为：

$$BaSO_4 = BaO + SO_2 + \frac{1}{2}O_2 \tag{3-45}$$

$$CaSO_4 = CaO + SO_2 + \frac{1}{2}O_2 \tag{3-46}$$

但是，在烧结料中有Fe_2O_3和SiO_2存在，可使硫酸盐产物的活度降低，改善了$CaSO_4$、$BaSO_4$分解的热力学条件，使硫酸盐中的硫脱除得容易些。反应式为：

$$BaSO_4 + SiO_2 = BaO \cdot SiO_2 + SO_2 + \frac{1}{2}O_2 \tag{3-47}$$

$$BaSO_4 + Fe_2O_3 = BaO \cdot Fe_2O_3 + SO_2 + \frac{1}{2}O_2 \tag{3-48}$$

$$CaSO_4 + Fe_2O_3 = CaO \cdot Fe_2O_3 + SO_2 + \frac{1}{2}O_2 \tag{3-49}$$

从以上分析可知，烧结过程中，黄铁矿和有机硫的去除主要是氧化去除，是放热反应，是按气体氧和 FeS_2 或 FeS 进行吸附扩散和 SO_2 进行脱附扩散的过程；而硫酸盐中硫的去除主要是高温分解去除，是吸热反应，由于烧结过程因高温区停留时间短，不能保证硫酸盐脱硫反应充分进行。一般情况下，硫化物的脱硫率为90%以上，有机硫可达94%，而硫酸盐脱硫率只有70%～85%。

3.6.1.4 沿料层高度硫的再分布

烧结过程中，在燃烧层、预热层或烧结矿层中氧化、分解产生的 SO_2、SO_3 和 S 进入废气中。当废气经过预热层和过湿层时，气体中硫含量逐渐降低，烧结料中的硫含量则逐渐增加，这种现象称为硫的再分布。这是因为在较低温度下，硫蒸气发生了沉积，SO_2 和 SO_3 溶于水，以及石灰石、石灰等与 SO_2 反应，吸收了硫。反应式为：

$$CaO + \frac{1}{2}H_2O + SO_2 = CaSO_3 \cdot \frac{1}{2}H_2O \tag{3-50}$$

$$Ca(OH)_2 + SO_2 = CaSO_3 + H_2O \tag{3-51}$$

$$CaCO_3 + SO_2 + H_2O = CaSO_3 \cdot H_2O + CO_2 \tag{3-52}$$

$$CaO \cdot Fe_2O_3 + SO_2 + H_2O = CaSO_3 \cdot H_2O + Fe_2O_3 \tag{3-53}$$

当温度达到150℃时，$CaSO_3 \cdot H_2O$ 脱水。反应式为：

$$CaSO_3 \cdot H_2O = CaSO_3 + H_2O \tag{3-54}$$

当温度更高时，在有氧存在的情况下，发生反应：

$$CaSO_3 + \frac{1}{2}O_2 = CaSO_4 \tag{3-55}$$

虽然烧结过程逐渐向下推进，预热层和过湿层将最终消失，硫的再分布对产品的影响不会很大，但硫的再分布使脱硫率平均下降5%～7%。若料层烧不透，生料增多，则影响更明显，所以应予以克服。

3.6.1.5 影响烧结脱硫的因素

从脱硫反应分析得知，适宜的烧结温度、大的反应表面、良好的扩散条件和充分的氧化气氛是保证烧结过程顺利脱硫的主要因素。具体是：燃料用量和性质、矿石的物理化学性质、烧结矿的碱度和熔剂添加物的性质，以及返矿的数量和操作因素。

A 燃料用量和性质

燃料用量直接关系着烧结的温度水平和气氛性质，是影响脱硫的主要因素。燃料用量不足时，烧结温度低，对分解脱硫不利；随燃料用量增加，料层温度提高，有利于硫化物、硫酸盐的分解；但燃料配比超过一定范围时，则因温度太高或还原性气氛增强，使液相和 FeO 增多，而 FeS 在有 FeO 存在时，组成易熔共晶 FeO-FeS，其熔化温度从1170～1190℃降至940℃，表面渣化。这样因 O_2 的体积分数降低不利于硫的氧化，又使 O_2 和 SO_2 的扩散条件变坏，均恶化脱硫条件，导致脱硫率降低。燃料用量对烧结气氛中 O_2 的体积分数、脱硫效果的影响如图3-17所示。

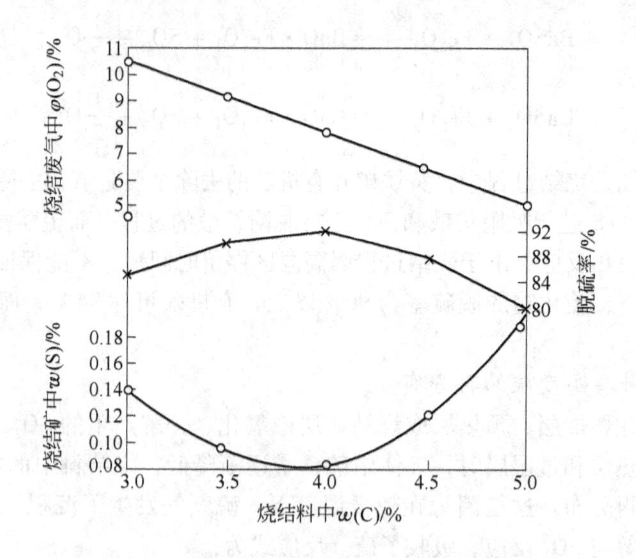

图3-17　燃料用量对烧结气氛中 O_2 的体积分数、脱硫效果的影响（$R=1.25$）

适宜的燃料用量与原料中硫的质量分数、硫的存在形态、烧结矿碱度、含铁料的烧结性能等因素有关，应通过试验确定。从脱硫的角度考虑，首先应了解原料中硫的主要存在形态。若以硫化物为主，则温度不宜过高，氧化性气氛应很强，适宜的燃料配比就较低。因为硫化物氧化是放热反应，本身就节约燃料消耗，1kg 的黄铁矿约相当于 0.3kg 燃料。若以硫酸盐为主，则应有高的烧结温度和中性或弱还原性气氛，燃料配比相应较高。

燃料中的硫大部分以有机硫的形态存在，这种硫的脱除需要在较高温度下进行，所以烧结时所用燃料不希望含硫太高。一般焦粉的硫含量较无烟煤低，且焦粉中可能主要是无机硫，比较易于脱除。所以要提高脱硫率，一般采用焦粉作为燃料。

B　矿粉粒度及性质

矿粉粒度主要影响透气性，从而影响矿石内部气体（如 O_2、SO_2 等）的扩散条件，还影响参与脱硫反应的表面积的大小。粒度较小时，硫化物分解或氧化的比表面积大，有利于脱硫反应；但粒度过细或制粒不好时，严重恶化料层透气性，通过料层的空气抽入量减少，氧量不足，不利于 O_2 的供应和 SO_2 等产物及时排出，同时造成烧结不均，产生很多夹生料；粒度过大，虽然外扩散条件改善，但内扩散和传热条件变坏，反应比表面积减小，均不利于脱硫。矿粉粒度对脱硫效果的影响如图3-18所示。适宜的矿粉粒度介于0～1mm 和0～6mm 之间。考虑到破碎筛

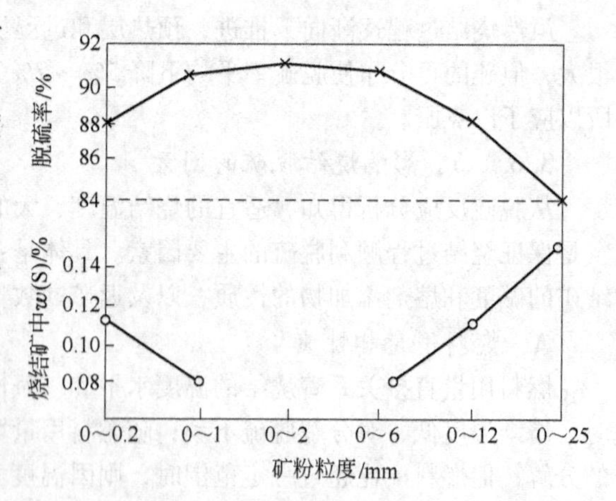

图3-18　矿粉粒度对脱硫效果的影响（$R=1.25$，$w(C)=4\%$）

分的经济合理性，采用 0～6mm 或 0～8mm 的粒度较为合适，硫高者以不大于 6mm 为宜。

矿粉性质主要指品位、脉石的质量分数、硫的质量分数与存在形态。矿粉品位高、脉石少者，一般软熔温度较高，要采取较高的烧结温度，所以有利于脱硫。矿石中的硫以硫化物形态存在时，因易于去除，所以生产普通烧结矿时，脱硫率可达 90%～98%；而以硫酸盐形态存在时，因去除困难，即使在较好的条件下，脱硫率也只能达到 80%～85%。矿粉硫含量升高，增大了反应物浓度，脱硫率可提高，但烧结矿含硫的绝对量增大。

铁矿粉种类对烧结脱硫也有影响。赤铁矿粉烧结时，Fe_2O_3 可直接氧化 FeS，对脱硫有利，所以烧结高硫矿粉时，加入赤铁矿粉有助于脱硫。

C 烧结矿碱度和添加物的性质

随烧结矿碱度的提高，脱硫效果明显降低，如图 3-19 所示。这是因为烧结矿中添加熔剂后，由于生成低熔点物质，熔化温度降低，液相数量增多，恶化了扩散条件；在相同的燃料配比下，烧结温度降低，不利于脱硫反应；同时，因为当碱度提高，熔剂分解后透气性改善，烧结速度加快，高温持续时间缩短，也对脱硫不利；高温下，CaO 和 $CaCO_3$ 有很强的吸硫能力，生成的 CaS 残留在烧结矿中，从而使烧结矿中硫含量升高。矿粉品位愈低，烧结矿碱度愈高，加入的熔剂愈多，对脱硫影响愈大。如某厂曾用高铁低硅矿粉烧结生产高碱度烧结矿，烧结矿碱度由 1.49 提高到 2.48 时，其脱硫率由 42% 降到 30%。因此，生产高碱度烧结矿时，最好多配用低硫矿粉。

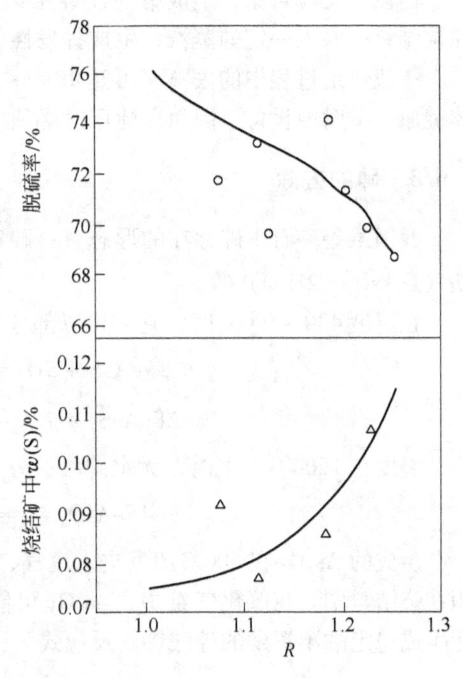

图 3-19 烧结矿碱度 R 与脱硫率的关系

添加物性质不同，对脱硫率的影响也不同。在碱度相同时，添加消石灰和生石灰，因其粒度极细，比表面积很大，吸收 S、SO_2、SO_3 的能力更强，对脱硫率的影响更大；而添加石灰石、白云石时，因粒度较粗，比表面积较小，特别是在预热层分解放出 CO_2，阻碍了气流中硫的吸收，且 MgO 能与烧结料中的某些组分形成较难熔的矿物，使烧结料的软化温度升高，因而比前两种添加物对脱硫的影响小。

D 返矿的数量

返矿对脱硫有两个互相矛盾的影响：一方面返矿可改善烧结料透气性，对脱硫有利；另一方面由于返矿的使用可促进液相更多更快地生成，促使一部分硫进入烧结矿中，对脱硫不利。所以，适宜的返矿用量要根据具体情况来定。

E 操作因素

良好的烧结操作制度是提高烧结脱硫率的保证条件。主要应考虑布料平整，厚度适宜，透气性均匀；控制好机速，保证烧好、烧透，不留生料。

3.6.2 氟的去除

氟在矿石中以萤石（CaF_2）的形态存在。烧结过程中的去氟反应式为：

$$2CaF_2 + SiO_2 = 2CaO + SiF_4 \quad (3\text{-}56)$$

在高温下，生成的 SiF_4 极易挥发进入废气中，但在下部料层废气冷却时，SiF_4 又部分被烧结料吸收。通过上述反应可知，对于高碱度，即 CaO 的质量分数高时不利于去氟，当 SiO_2 增多时有利于去氟。

当 SiF_4 遇到废气中的水蒸气时，会按下式分解：

$$SiF_4 + 4H_2O(g) = H_4SiO_4 + 4HF \quad (3\text{-}57)$$

另外，水蒸气还可直接与 CaF_4 发生下列反应：

$$CaF_2 + H_2O(g) = CaO + 2HF \quad (3\text{-}58)$$

生成的 HF 也进入废气中。

由以上反应可见，生成熔剂性烧结矿，加入 CaO 对去氟不利，而增加 SiO_2 有利于去氟。往烧结料中通入一定的蒸汽，生成挥发性的 HF，脱氟效果可提高 1 ~3 倍。

一般烧结过程中的去氟率可达 10% ~15%，操作正常时可达 40%。废气中含氟既危害人体健康，又腐蚀设备。因而在建厂时必须考虑净化回收，化害为利。

3.6.3　砷的去除

我国某些矿石中砷存在的形态有：砷黄铁矿（FeAsS）、斜方砷铁矿（$FeAsS_2$）、含水砷酸铁（$FeAsO_4 \cdot 2H_2O$）等。

在温度 430 ~500℃时，它们可以部分氧化。其反应式为：

$$2FeAsS + 5O_2 = Fe_2O_3 + As_2O_3 + 2SO_2 \quad (3\text{-}59)$$

$$2FeAsS_2 + 7O_2 = Fe_2O_3 + As_2O_3 + 4SO_2 \quad (3\text{-}60)$$

温度在 1000℃以上时，无水砷酸铁分解激烈。其反应式为：

$$4FeAsO_4 = 2Fe_2O_3 + 2As_2O_3 + 2O_2 \quad (3\text{-}61)$$

生成的 As_2O_3 在 500℃挥发进入废气，在温度降低时，又有部分以固体状态冷凝下来，沉积在烧结料中。在氧化气氛中，As_2O_3 可能进一步氧化成 As_2O_5，而且在 CaO 存在的条件下，能生成稳定的不挥发的砷酸钙。反应式为：

$$CaO + As_2O_3 + O_2 = CaO \cdot As_2O_5 \quad (3\text{-}62)$$

在有 SiO_2 存在的条件下，又可以进行以下反应：

$$CaO \cdot As_2O_5 + SiO_2 = CaO \cdot SiO_2 + As_2O_5 \quad (3\text{-}63)$$

As_2O_5 不易去除，这是烧结过程中脱砷率不高（一般为 30% ~40%）的原因。

As_2O_5 是毒性气体，工业卫生标准规定废气中砷的质量浓度不大于 0.3mg/m³，烟囱允许排放质量浓度为 160mg/m³。所以烧结含砷较高的矿石时，必须严格控制排放废气中砷的质量浓度，并要采取措施回收砷化物。

3.6.4　铅、锌、钾、钠的去除

铁矿石中主要的含铅、锌矿物为方铅矿（PbS）和闪锌矿（ZnS），它们在氧化气氛中被氧化成 ZnO 和 PbO。只有当 ZnO 还原成金属锌以后才能挥发，而锌挥发后很可能又被氧化成 ZnO 沉积在料层中，因此烧结过程去锌不易。铅的去除一般是不可能的。

烧结过程通常不能去磷。

使用含碱金属的铁矿石烧结矿炼铁时，由于碱金属在高炉内循环积累，造成高炉结瘤，降低焦炭强度及侵蚀炉墙等，并且使高炉难以操作。但烧结过程很难去除碱金属。

3.7 烧结料层的透气性

3.7.1 透气性概述

固体散料层允许气体通过的难易程度，即料层对气体通过的阻力的大小就称为透气性。

透气性表示方法主要有：

(1) 在一定的压差（真空度）条件下，透气性用单位时间内通过单位面积和一定料层高度的气体量来表示，即：

$$G = Q/(tF) \tag{3-64}$$

式中 G——透气性，$m^3/(m^2 \cdot min)$；

Q——气体流量，m^3；

F——抽风面积，m^2；

t——时间，min。

显然，当抽风面积和料层高度一定时，单位时间内通过料层的空气量愈大，则表明料层对气体通过的阻力愈小，烧结料层的透气性愈好。

(2) 在一定料层高度且抽风量不变的情况下，料层透气性可以用气体通过料层时压头损失 Δp 表示，即用真空度大小表示。压头损失愈高，则料层透气性愈差；反之亦然。因此，在料层透气性改善后，风机能力即使不变，也可增加通过料层的空气量。

烧结机的生产产量可由下式计算：

$$q = 60Fv_{\perp}rk \tag{3-65}$$

式中 q——烧结机台时产量，t/(台·h)；

F——烧结机抽风面积，m^2；

$v_{\perp}$——垂直烧结速度，mm/min；

r——烧结矿堆密度，t/m^3；

k——烧结矿成品率，%。

在确定的烧结机上烧结某种烧结料时，式3-65中的 F、r、k 基本上是定值，烧结机的生产率只同垂直烧结速度 $v_{\perp}$ 成正比关系，而 $v_{\perp}$ 又与单位时间内通过料层的空气流速成正比，即：

$$v_{\perp} = k'w_0^n \tag{3-66}$$

式中 k'——决定原料性质的系数；

w_0——气流速度，m/s；

n——系数，一般为0.8~1.0。

而提高通过料层的空气量，可使烧结机的生产率增大。但是，在抽风机能力不变的情况下，要增加通过料层的空气量，就必须设法减小物料对气流通过的阻力，也就是通常所说的改善烧结料层的透气性。

如果烧结料层透气性好，既能增大抽风量，提高气流速度，加快垂直烧结速度，又能使烧结均匀，增强料层的氧化性气氛，对提高烧结矿的氧化度和脱硫效果都有利。此外，还能使抽风能耗减少，促使成本降低。所以，料层透气性与烧结生产率有很大关系。

目前，表示透气性指数应用最多的是 Voice 公式，它是 E. W. Voice 等人在试验的基础上提出的。Voice 公式表示料层透气性与料层厚度、抽风量、抽风面积以及抽风负压间相互制约的关系，其可表示为：

$$JPU = \frac{Q}{F}\left(\frac{h}{\Delta p}\right)^{0.6} \tag{3-67}$$

式中 JPU——料层的透气性指数；

Q——通过料层的风量，m^3/min；

F——抽风面积，m^2；

h——料层高度，m；

Δp——负压，Pa。

料层的透气性指数 JPU 是指在单位压力梯度下单位面积上通过的气体流量，因而它是表示料层透气性的一种指标。

3.7.2 烧结料层透气性变化规律

烧结料层的透气性实际上应包含料层原始透气性和点火后烧结料层的透气性。一般垂直烧结速度主要取决于烧结过程中的透气性，而不完全取决于烧结前料层的透气性。

对于料层原始透气性，即指点火前料层的透气性，受原料粒度和粒度分布的影响。它取决于原料的物理化学性质、水分含量、混合制粒情况和布料方法。通常，当烧结原料性质及其设备不变时，料层的透气性数值变化不大。而点火后的烧结过程中的透气性随着烧结过程的进行发生很大的变化。因此，烧结过程透气性变化规律实质上是指点火后烧结料层的透气性的变化规律，因为随着烧结过程的进行，料层的透气性会发生急剧的变化。

烧结过程中料层透气性一般变化规律如图 3-20 所示。在点火开始阶段，料层被抽风压实，气体温度快速升高，有液相开始生成，使料层阻力增加，负压升高。烧结矿层形成以后，烧结料层的阻损出现一个较平稳阶段。随着烧结矿的不断增厚，过湿层逐渐消失，整个矿层的阻力减少，透气性变好，负压逐渐降低。废气流量的变化规律和负压的变化相对应。当料层阻力增加时，在相同的压差作用下，废气流量下降；反之废气流量增加。而温度的变化规律与燃料燃烧和烧结矿层的自动蓄热作用有关。

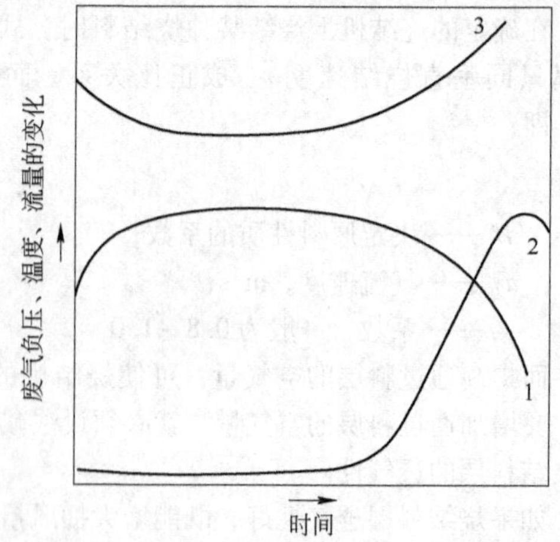

图 3-20 烧结过程中料层透气性一般变化规律
1—废气负压；2—废气温度；3—废气流量

在原始料层，由原料性能和制粒过程确定其制粒的粒度与粒度分布，在烧结台车上，一般按简单立方体堆集，料层较高时，上层混合料对下层混合料有挤压作用，抽风时，对料层也有压密的作用。对于燃烧层，由于液相的形成、流动与料层的收缩，透气性变差。在干燥预热层，如果料层颗粒有爆裂现象，粒度将细化，水分的润滑作用消失。在过湿层中，过湿可能引起制粒小球的破坏和变细，过湿形成的自由水可能填充孔隙。而对于成品矿层，多孔烧结矿的形成使孔隙度增加。

孔隙率 ε 是决定床层结构的重要因素，它对气体通过料层的压力降、床层的有效导热系数及比表面积都有重大的影响。影响 ε 的主要因素是颗粒的形状、粒度分布、比表面积、粗糙度及充填方式等，这类因素可以近似地综合表示为颗粒的形状系数 φ 对 ε 的影响。同时，烧结过程中燃料的燃烧及料层收缩对 ε 的影响也十分重要。

烧结过程中的透气性与各料层的阻力有很大关系。料层中各层阻力相差较大。烧结矿层即烧结矿开始冷却层，由于烧结矿气孔多，阻力小，所以透气性好，随着烧结过程自上而下进行，烧结矿层增厚，有利于改善整个料层的透气性。但在强烈熔化时，烧结矿结构致密，气孔小，透气性相应变差。燃烧层与其他各层比较，透气性最小。这一层由于温度高，并有液相存在，对气流阻力很大，所以该层单位厚度的阻力也最大。显然，燃烧层温度增高，液相增多，熔化层的厚度增大，都会促进料层阻力增加。预热层相对干燥层厚度虽然较小，但其单位厚度阻力较大。这是因为湿料球粒干燥、预热时会发生碎裂，料层孔隙度变小；同时，预热层温度高，通过此层实际气流速度增大，从而增加了气流的阻力。对于过湿层，由于下部料层发生过湿，导致球粒破坏，彼此黏结或堵塞孔隙，所以料层阻力明显增加，尤其是未经预热的细精矿烧结时，过湿现象及其影响特别显著。

在烧结过程中，由于各层阻力相应发生变化，所以料层的总阻力并不是固定不变的。在开始阶段，由于烧结矿层尚未形成，料面点火后温度升高，抽风造成料层压紧以及过湿现象的形成等原因，所以料层阻力升高，与此同时，固体燃料燃烧、燃烧层熔融物形成以及干燥预热层混合料中的球粒破裂，也会使料层阻力增大，所以点火烧结 2～4min 内料层透气性激烈下降。随后，由于烧结矿层的形成和增厚以及过湿层消失，所以料层阻力逐渐下降，透气性增加。据此可以推断，垂直烧结速度并非固定不变，而是愈向下速度愈快。

除此以外，应该指出的是，气流在料层各处分布的均匀性对烧结生产也有很大的影响。不均匀的气流分布会造成不同的垂直烧结速度，而料层不同的垂直烧结速度反过来又会加重气流分布的不均匀性，这就必然产生烧不透的生料，降低烧结矿成品率和返矿质量，破坏正常的烧结过程。为造成一个透气性均匀的烧结料层，均匀布料和防止粒度不合理偏析也是非常必要的。

从以上分析可知，改善烧结过程料层透气性除了改善原始烧结料的透气性外，控制燃烧层的宽度、消除过湿层以降低阻力是十分重要的。

3.7.3 改善烧结料层透气性的途径

加强烧结原料准备、提高制粒效果和增加通过烧结料层的有效风量是改善烧结料层透气性的主要途径。

3.7.3.1 加强烧结原料准备

A 添加富矿粉和返矿

图 3-21 所示为铁矿石粒度大小对透气性的影响。从图 3-21 可知，随着铁矿石粒度 d 的增加，透气性改善。随着抽风能力增加，透气性增强。因此，在烧结料中配入适当比例的粗矿粉，可增加料层间的孔隙率，可改善料层的透气性。所以实际生产中，在铁精矿中要配加部分粒度较粗的富矿粉和适当数量的返矿。

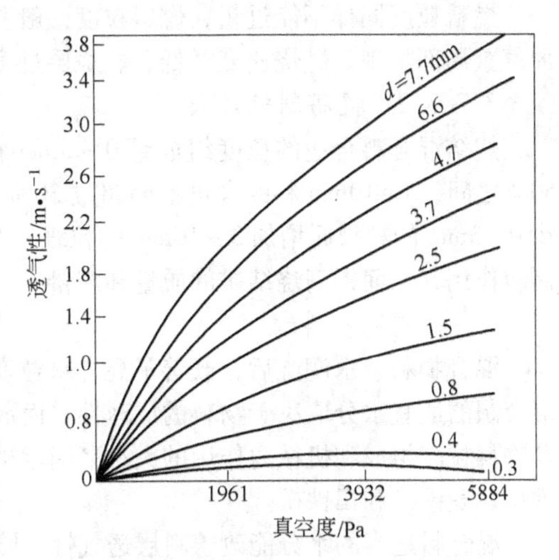

图 3-21 铁矿石粒度大小对透气性的影响

B　控制好返矿的比例

返矿是筛分时的筛下产物，粒度一般小于5～6mm，它由小颗粒的烧结矿和一部分未烧透的生料组成。由于返矿具有疏松多孔的结构，粒度较粗，其颗粒是湿混合料制粒时的核心，烧结料中添加一定数量的返矿，可以改善烧结时料层的透气性，提高烧结生产率。另外，返矿中含有已经烧结的低熔点物质，它有助于熔融物的形成，增加了烧结液相，提高了烧结矿强度。

返矿添加量对烧结指标具有重要的影响。试验研究表明，在一定范围内，随着返矿添加量增加，烧结矿的强度和生产率都得到提高。但是当返矿添加量超过一定限度时，大量的返矿会使湿混合料的混匀和制粒效果变差，使水与碳的波动大。透气性过好又会反过来影响燃烧层温度达不到烧结的必要温度。其结果将使烧结矿强度变坏，生产率下降。而且，返矿是烧结生产循环物，它的增加就意味着烧结生产率下降。也就说明烧结料中添加的返矿超过一定数量后，透气性及垂直烧结速度的任何增加都不能补偿烧结成品率的减少。

由于原料性质不同，合适的返矿添加量有所差别。一般来说，烧结原料以细磨精矿为主时，返矿量需要多一些，变动范围为30%～40%；以粗粒富矿粉为主要烧结原料时，返矿量可以少些，一般小于30%。

C　加强返矿粒度控制

返矿的加入对烧结生产的影响还与返矿本身的粒度组成有关。适宜的返矿粒度在混合、制粒时形成核心。但返矿中的细粒级多，返矿中又夹杂有较多的未烧透的烧结料，这样的返矿达不到改善料层透气性和促进低熔点液相生成的目的。一般来说，返矿中0～1mm的级别应该在20%以下，对于铁精矿烧结，配加一定数量的返矿作核颗粒，有利于制粒，且返矿粒度上限最好控制在5～6mm以下。

D　加强燃料和熔剂粒度的控制

不可单纯地为了改善烧结料层透气性而片面地提高熔剂粒度上限。目前，我国烧结厂所使用的熔剂粒度基本上都控制在0～3mm的范围内。因为就烧结过程而言，添加熔剂的主要目的是为了在燃料消耗较低的情况下，使烧结料能生成足够多低熔点、强度好、还原度高的液相，以便获得优质烧结矿。而要做到这一点，保证反应表面的反应性是绝对必要的。否则，反应速度将大大减慢。粗颗粒的熔剂由于反应不完全，将以CaO的形态存在于烧结矿中，会使烧结矿在储存或遇水时自行粉碎。

燃料粒度同样不能过粗，燃料粒度一般要求为0～3mm。这主要是为了避免烧结料层中还原气氛局部出现、燃烧速度降低、燃烧层过宽和烧结温度分布不均等缺陷。

3.7.3.2　提高制粒效果

烧结混合料合适的粒度组成是0～3mm料的含量小于15%，3～5mm料的含量在40%～50%之间，5～10mm料的含量不要超过30%，大于10mm料的含量不得超过10%，即尽量减少0～3mm的粒级而增加3～10mm的粒级，尤其是增加3～5mm粒级的含量。因此，需要加强制粒作用，从而提高烧结矿的质量和产量。

A　控制混合料水分

混合物料被水润湿后，改善了混合料粒度组成，从而改善料层透气性，提高烧结矿产量。混合制的适宜水分取决于物料的成球性，而成球性由物料表面亲水性、水在表面迁移速度，以及物料粒度组成和机械力作用的大小诸因素决定。铁矿石亲水性由弱到强依次为：磁铁矿、赤铁矿、菱铁矿和褐铁矿。

混合料适当的水分能改善料层透气性，除使物料成球，改善粒度组成外，水分覆盖在颗粒表面，起一种润滑剂的作用，使得气流通过颗粒间孔隙时所需克服的阻力减小。此外，烧结混合料中水分的存在，可以限制燃烧层在比较狭窄的区间内，这对改善烧结过程的透气性和保证燃烧层达到必要的高温也有促进作用。

此外，加入的水的性质也能改善混合料的润湿性，当 pH = 7 时，润湿性最差，制粒时间最长，透气性最差，所以要求水的 pH 值尽可能向大或向小的方向改变，对提高透气性也起到一定的作用。

B　添加适当生石灰

在烧结生产中，通常在混合料中添加添加剂（或黏结剂），如消石灰、生石灰及某些有机黏结剂，这是为了提高混合料成球性，以强化混合料的制粒过程。目前，烧结厂普遍采用生石灰作黏结剂。

生石灰打水消化后，呈粒度极细的消石灰（$Ca(OH)_2$）胶体颗粒，具有较大的比表面积，其平均比表面积达 $3\times10^5cm^2/g$，比消化前的比表面积增大近 100 倍，具有较强的亲水性，可以吸附和持有大量的水分，增大混合料的最大湿容量。例如：鞍山细磨铁精矿加入 6% 的消石灰，可使混合料的最大分子湿容量绝对值增大 4.5% 左右，最大毛细湿容量增大 13%。

$Ca(OH)_2$ 胶体颗粒除了具有亲水胶体的作用外，还由于生石灰的消化是从表面向内部逐步进行的，在生石灰颗粒内部的 CaO 消化必须从新生成的胶体颗粒扩散层和水化膜“夺取”或吸出结合得最弱的水分，使胶体颗粒的扩散层压缩、颗粒间的水层厚度减小、固体颗粒进一步靠近，特别在颗粒的边、棱角等活性最大的接触点上，可能靠近得足以产生较大的分子黏结力，排挤掉其中的水层而引起胶体颗粒的凝聚。由于这些胶体颗粒均匀分布在混合料中，它们的凝聚必然会引起整个系统的紧密，使料球强度和密度进一步增大。生石灰的这一作用不仅有利于物料成球，而且能使料球强度提高。

因此，在烧结过程中，料层内少量的冷凝水将被这些胶体颗粒所吸附和持有，既不会引起料球破坏，也不会堵塞料球间的气孔，可使烧结料层保持良好透气性。

单纯铁精矿制成的料球完全靠毛细力维持，一旦失去水分就很容易碎散。含有消石灰胶体颗粒的料球，在受热干燥过程中收缩，由于胶体颗粒的作用，其周围的固体颗粒进一步靠近，产生更大的分子吸引力，料球强度有所提高。

同时，由于胶体颗粒持有水分的能力强，受热时水分蒸发不如单纯的铁矿物料那样猛烈，热稳定性好，料球不易炸裂。这也是加消石灰后料层透气性提高的原因之一。

另外，混合料中添加部分生石灰时，由于生石灰在混合料打水过程中被消化，放出大量的消化热，放出的消化热全部被利用后可以提高料温。由于料温提高，致使烧结过程中水汽冷凝大大减少，过湿层基本消失，从而提高了烧结料层透气性。

此外，在添加熔剂生产熔剂性烧结矿时，消石灰比石灰石更易生成熔点低、流动性好、易凝结的液相。它可以降低燃烧层的温度和厚度，以及降低液相对气流的阻力，从而提高烧结速度。

添加生石灰或消石灰对烧结过程是有利的，但必须适量，用量过多除不经济外，还会使物料过分疏松，混合料堆密度降低，料球强度反而变坏。另外，添加生石灰时，尽量做到在烧结点火前使生石灰充分消化。添加量过少则起不到相应作用。

C　完善制粒工艺及设备参数

烧结生产中，混合料制粒主要在二次混合机内进行。制粒设备主要有两种，即圆筒混合机和圆盘制粒机。两者制粒效果相差不大（见图 3-22）。生产实践表明，圆筒混合机工作更为可靠。在最好的制粒条件下，当烧结混合料的性质不变时，制粒时间主要取决于圆筒倾角、充填率及转速。图 3-23 所示为圆筒混合机的制粒时间与混合料粒度组成的关系。从图 3-23 中可以看出，制粒时间延长到4min时，混合料中0～3mm粒度含量从53%降低到14%，3～10mm部分从49%增至77%，而大于10mm的仅从5%增加到10%。此时烧结料透气性好，烧结速度快，产量也高，从而表明制粒时间是影响制粒效果的重要条件。

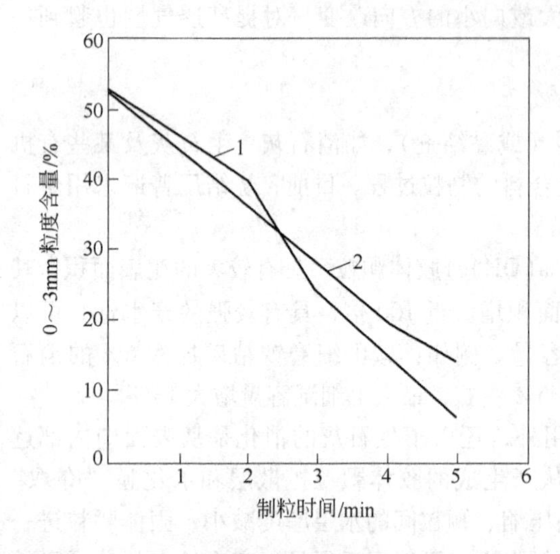

图 3-22　制粒时间对混合料中0～3mm粒度含量的影响

1—圆盘制粒机；2—圆筒混合机

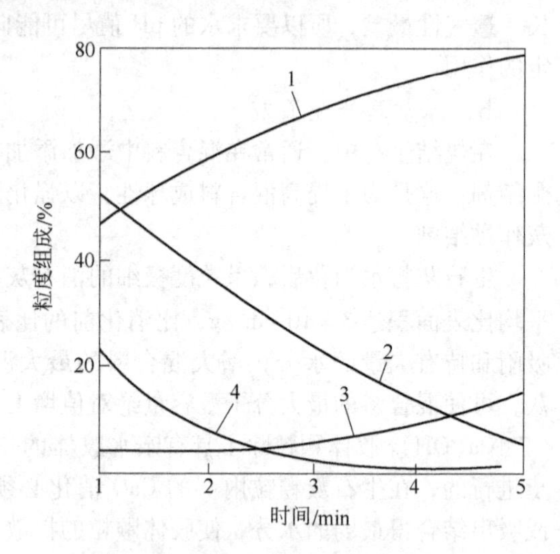

图 3-23　圆筒混合机的制粒时间与混合料粒度组成的关系

1—3～10mm；2—0～3mm；3—大于10mm；4—0～1mm

目前，混合料在二次混合机内的制粒时间一般仅有1～1.5min。显然，对于精矿烧结是不能满足要求的。因此，有必要对原有二次混合机进行改进或使用长度更大的圆筒混合机。鞍钢二烧把二次混合机延长了1.5m，使烧结料粒度组成得到改善，结果烧结生产率提高了3%；把二次圆筒混合机的倾角从2.5°降低到1.5°，目的也是为了增加混合料的制粒时间。目前，最大混合机长度为23～25m，直径为4～5m，制粒时间可达4～5min。

3.7.3.3　采用大风量、高负压、厚料层操作

在烧结生产中，通常所说的烧结风量是指抽风机进口处工作状态的风量。在工程上，用抽风机额定风量与有效抽风面积的比值表示，单位是$m^3/(m^2 \cdot min)$。

在一定条件下，烧结机产量与垂直烧结速度成正比，而通过料层的风量愈大，则烧结速度愈快。生产实践证明，垂直烧结速度和产量与通过料层的风量也近似地成正比关系（见表3-8）。因此，增加通过料层的有效风量是强化烧结生产的重要措施。

表 3-8　风量与各项烧结生产指标的关系

序号	真空度(9.8Pa)	风　量		垂直烧结速度		成品率/%	单位生产率		转鼓指数(小于5mm)/%	烧结矿成分(质量分数)/%			过剩空气系数
		$m^3/(m^2 \cdot min)$	%	mm/min	%		$t/(m^2 \cdot h)$	%		TFe	FeO	S	
1	600	70	100	23.4	100	74.4	1.34	100	18.9	37.73	10.50	0.09	3.0
2	656	75	107	23.2	199	73.7	1.38	103	18.4	37.80	9.49		
3	710	78	112	27.1	210	74.5	1.51	112	18.1	37.27	10.71	0.10	3.2
4	861	87	124	29.3	125	75.5	1.68	125	18.5	37.37	10.01	0.10	3.2

续表 3-8

序号	真空度（9.8Pa）	风　量		垂直烧结速度		成品率/%	单位生产率		转鼓指数（小于5mm）/%	烧结矿成分（质量分数）/%			过剩空气系数
		$m^3/(m^2 \cdot min)$	%	mm/min	%		$t/(m^2 \cdot h)$	%		TFe	FeO	S	
5	1015	95	136	29.2	125	71.0	1.62	121	18.8	37.03	9.43	0.10	3.0
6	1100	100	143	28.2	220	76.0	1.72	123	18.6	37.50	9.41		
7	1200	105	150	32.5	136	76.5	1.86	139	18.0	37.90	10.78		
8	1280	109	156	33.7	144	71.7	1.84	137	20.1		9.87	0.13	3.1

生产上常用的加大通过料层风量的方法有 3 种：

（1）提高抽风机能力，也就是增加单位面积抽风量；

（2）采取各种措施改善烧结料层的透气性；

（3）改善烧结机及其抽风系统的密封性，降低漏风率。

为了增加通过料层的风量，目前生产中总的趋势是在改善烧结混合料透气性的同时，提高抽风机的能力，即增加单位面积的抽风量，以及减少有害漏风和采取其他技术措施。

烧结风量因原料性质、操作及设备条件而异，其中漏风率、混合料中碳的质量分数和烧结时过剩空气系数因素影响大。根据理论计算和生产实践，每吨烧结矿所需风量在 2200～4000m^3/t（烧结矿）波动，其平均值可取 3200m^3/t（烧结矿）。以烧结机单位面积（m^2）单位时间（min）的风量计算为 70～90m^3，但目前国内外新设计的烧结厂普遍采用 90～100m^3，最大的已接近风机的风量为 120m^3，其单位有效面积的风量达 92.3m^3。目前国外烧结用的最大风机是 30000m^3，抽风负压为 14～16kPa。

气流通过料层的流速与料层性质和抽风负压有关，可表示为：

$$w_0 = \sqrt[n]{\frac{\Delta p}{AH}} \tag{3-68}$$

式中　w_0——气流通过料层的流速，m^3/min；

Δp——料层的抽风负压，Pa；

A，n——系数，其大小取决于混合料颗粒大小与形状；

H——烧结料层厚度，m。

由式 3-68 可知，在一定的料层厚度下，增加抽风负压能提高通过料层的风量，增加产量。但是负压不能无限制提高，因为负压提高到一定值后，产量基本上增幅不大。而抽风负压的提高意味着抽风电耗增加，抽风负压的增加幅度大大超过产量增加的幅度。因此，不能盲目地提高抽风负压，必须综合考虑经济效果。另外，过大的真空度引起漏风率增加，经济上也不合算。

目前，大多数烧结厂抽风负压为 10～12kPa，国外有些烧结厂已将抽风负压提高到 14～16kPa。但是，风机负压提高，生产单位烧结矿的耗电量急剧增大。因为电量的增加同负压增加基本成 1 次方关系，而产量的增加同负压提高成 0.4～0.5 次方的关系。另外还应看到，过大地提高抽风负压会导致烧结机有害漏风的增加。例如，某厂抽风负压从 10～11kPa 提高到 12～13kPa，烧结机的有害漏风率从 60%～70% 增加到 80%～85%。

还有一种方法是可以通过加压烧结工艺，即在抽风负压不变时，用空气压缩机提高料层上面的压力，相应地增大 Δp，也能增加通过料层的风量。试验研究表明，当料层上面的空气压力提高 0.6×101.325kPa 时，烧结机的生产率增加 2 倍。但是，由于加压烧结工艺使烧结设备的操作复杂化，因此在烧结机上应用仍然有困难，需要进一步研究改进。

许多烧结厂烧结机抽风系统存在严重的漏风，一般漏风率为50%～60%。虽然增大了抽风机能力，但是实际抽风的有效风量仍然很少。这造成了严重的电力浪费，因此积极减少有害漏风，提高料层的实际风量，才是一项极为重要的技术措施。

烧结机抽风系统漏风主要是由设备和生产操作缺陷造成的，其中主要有：台车车体使用时间长久后，发生变形和磨损；首尾风箱隔板与台车之间密封不严，间隙较大，弹性滑道结构不够合理以及润滑不良造成磨损；烧结布料不均，台车上出现空洞，集尘管放灰制度不合理等。据测定，烧结抽风系统各处的漏风率中，风箱漏风率占 90%，风箱至抽风机前漏风率仅占10%左右。

在我国，各烧结厂为减少烧结机有害漏风，采取了一些措施，取得了一定效果。如武钢烧结厂将密封胶管改为金属弹簧滑道，机后安装了楔形隔板，并将台车加焊，使漏风率由 64.1%减少到46.8%；马钢一烧用水封拉链机排灰，使大烟道的漏风率从 7.28%下降到 0.69%。

为了增加通过料层的风量，提高烧结机生产能力，在国外采用料面耙沟的烧结工艺，取得良好效果。沟槽是在点火前用轮或耙齿周期地插进混合料所形成的。如果耙沟的数量、深度和宽度选配适当，就能改善整个料层的透气性。此外，烧结时，燃烧层的总面积大大超过通常烧结时的燃烧层面积，它不仅增加耙沟表面的垂直烧结速度，而且沿水平方向发展（见图 3-24），这一切都能加速碳的燃烧速度，因而提高了烧结机的生产率。另一方面，料层有沟槽的烧结工艺能大大地提高料层高度，为降低固体燃料用量提供了可能性。如德国在 210m² 烧结机上用犁在台车料面上开出深 15mm 的纵沟，使烧结混合料层高度从 320mm 提高到 450mm，烧结机生产率增加20%，而且不会使烧结矿质量变坏。这一烧结新工艺目前仍在不断试验和改进中。

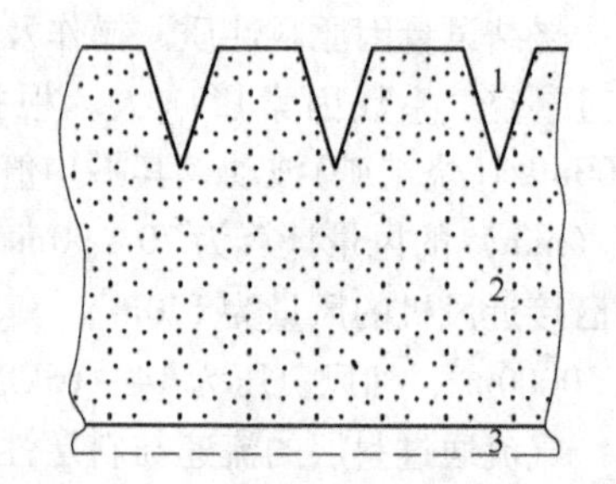

图 3-24　有耙沟烧结示意图

1—耙沟孔；2—烧结混合料；3—铺底料

目前，烧结普遍采用后料层烧结，烧结的厚度一般在 650mm 以上，厚料层有以下 4 个方面原因可导致透气性变差：

（1）料层提高，空气通过料层的路径延长，压力损失增大；

（2）随料层厚度增加，在料层的重力作用下，下部料被压紧，因而阻力增加；

（3）在料温较低的情况下，易产生过湿，导致透气性恶化；

（4）料层提高后，由于料层下部蓄热作用，使高温熔融层厚度相对增加，也将造成阻力增加（当然，在下部燃料用量相对减少的条件下可抵消部分影响）。

针对存在的这些问题，国内涟源钢铁公司研究出了改善高料层烧结过程透气性的新技术，即开发出透气板（见图 3-25）和料面松料器（见图 3-26）两种新装置，通过在烧结杯试验中运用，验证了明显改善烧结过程透气性的作用，强化了高料层烧结。采用透气板或料面松料器装置，烧结矿产品质量指标明显改善，利用系数提高 14.5%～23.6%，转鼓强度提高1.17%～1.33%，固体燃耗降低 0.5kg/t(烧结矿)。

料面松料器也曾成功地应用于乌鲁木齐钢铁厂，后来又在首钢、西林钢铁厂、上海梅山冶金公司、宝钢、攀钢、马钢等厂得到推广，使烧结矿产量得到大幅度增加。

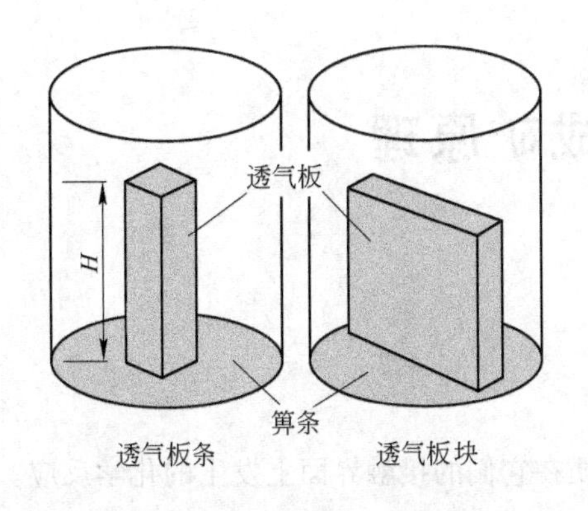

图 3-25 透气板在烧结杯中安装示意图

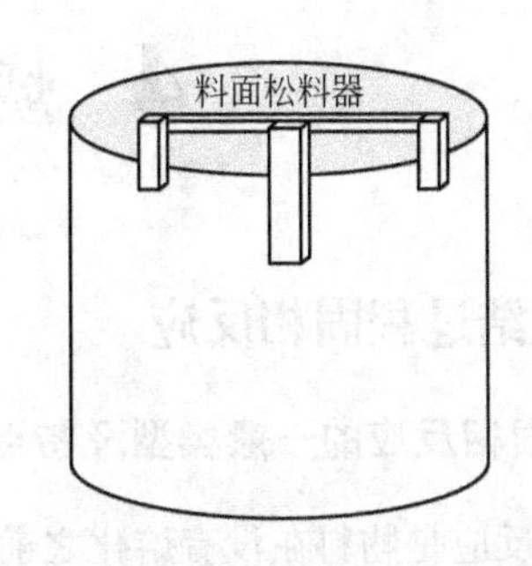

图 3-26 料面松料器的形状和安装示意图

此外，增加通过料层的风量也可以采用富氧空气来实现。在这种情况下，当通过料层的气体体积不变时，由于空气中氧含量增加，也能达到提高烧结机生产率的目的。

表 3-9 所列数据是在混合料碱度为 1.25、焦粉用量为 5.8% 时，抽过烧结料层的空气中氧含量从 21% 增加到 95% 的试验结果。

表 3-9 富氧空气烧结试验

抽过烧结料层的空气中 O_2 的体积分数/%	废气中 $\varphi(CO)/\varphi(CO_2)$	废气中 O_2 的体积分数/%	O_2 的利用率/%	垂直烧结速度 /mm · min^{-1}	合格烧结矿的产率/%
21.0	0.215	3.00	83.30	28.71	100.00
35.6	0.205	9.51	69.15	31.72	113.00
43.2	0.196	11.94	67.50	34.75	120.45
50.1	0.180	14.40	66.20	37.58	139.56
58.4	0.163	16.31	65.60	40.55	141.10
73.1	0.142	21.15	64.40	44.34	153.12
95.2	0.124	26.60	64.24	47.24	169.27

此处烧结矿产量和质量得到改善的原因：一方面是由于富氧空气抽入烧结料层，加速碳的燃烧，提高了燃烧层的温度；另一方面，按 1t 烧结矿计算，其气体体积降低了，从而降低了熔融物和烧结矿的冷却速度，成品烧结矿中玻璃质减少，烧结矿强度提高。因此，在垂直烧结速度增加的同时，保证了设备生产能力有较大的增长。试验确定，富氧空气中氧的体积分数达到 30% ~40% 时，平均每增加 1% 的氧，烧结机生产率提高 1.9% ~2.8%，转鼓指数从普通的 24.4% 降低到 20.7%。

但是，随着富氧空气中氧的体积分数增加，氧的利用率变坏，特别是当氧的体积分数大于 40% 时。另一方面，目前氧气来源比较少，价格也高。因此，在生产上应用还有一定困难。

此外，预热烧结混合料和控制燃烧层的厚度均能改善烧结料层的透气性，降低料层对气流的阻力。

4 烧结过程成矿原理

4.1 烧结过程固相反应

4.1.1 固相反应的一般类型及特点

固相反应是物料在没有熔化之前，两种固体物质在它们的接触界面上发生的化学反应。固相反应的产物也是固体。

固相反应的机理是离子扩散。任何物质间的反应都是由分子或离子运动决定的。通常固体分子与液体和气体分子一样，都处于不停的运动状态之中，只是因为固体晶格中的质点间结合力较大，处于以结点为中心的平衡热振动状态，所以运动范围小。在一般条件下，固态物体间的反应是难于进行的。但是，随着温度的升高，固体表面晶格中的一些离子（或原子）运动激烈起来，温度愈高，质点愈易于取得进行位移所必需的活化能。晶格中的质点一旦取得位移所必需的活化能后，就可以克服周围质点的作用，在晶体内部进行位置的交换（即内扩散），也可以扩散到晶体表面，并扩散到与之相接触的邻近的其他晶体内进行化学反应（即外扩散）。这种固体间质点的扩散过程就导致了固相间反应发生。

4.1.1.1 固相反应的类型

固相反应有以下几种类型，其一般形式为：

$$MeO + C \longrightarrow Me + CO\uparrow \quad \text{（还原反应）} \tag{4-1}$$

$$RO + R'_2O_3 \longrightarrow RO \cdot R'_2O_3 \quad \text{（化合物或共熔体）} \tag{4-2}$$

$$RO + R' \longrightarrow R'O + R \quad \text{（置换反应）} \tag{4-3}$$

$$R_mO_n + (m+n)C \longrightarrow mRC + nCO\uparrow \quad \text{（还原反应）} \tag{4-4}$$

$$mR_2O + nSiO_2 \longrightarrow mR_2O \cdot nSiO_2 \quad \text{（化合物或共熔体）} \tag{4-5}$$

4.1.1.2 固相反应的特点

固相反应的特点是：

（1）固相反应开始进行的温度远远低于反应物的熔点或它们的低共熔点。固相开始反应温度与反应物的熔点间关系为：

金属 $T_{开始} = (0.300 \sim 0.476)T_{熔化}$

盐类 $T_{开始} = 0.577T_{熔化}$

硅酸盐 $T_{开始} = 0.900T_{熔化}$

式中 $T_{开始}$——固相反应的开始温度，℃；

$T_{熔化}$——该物质的熔化温度，℃。

（2）固相反应物颗粒的大小有重大意义，反应速度常数与颗粒半径的平方成反比：

$$k = C/r^2 \tag{4-6}$$

式中 k——反应速度常数；

C——比例系数；

r——颗粒半径，mm。

烧结所用的铁精矿和熔剂都是一些粒度较细的物质，它们在被破碎时，颗粒受到严重破坏，受到破坏严重的晶体具有较大的自由表面能，因而质点处于活化状态。活化质点都具有降低自身能量的倾向，表现出激烈的位移作用。

(3) 反应最初产物与反应物的数量比例无关。固态物质间反应的最初产物，无论如何只能形成一种化合物，而且是结晶构造最简单的化合物。

CaO 与 SiO_2 混合料在空气中加热到1000℃，两种物质固相反应的进程如图 4-1 所示。

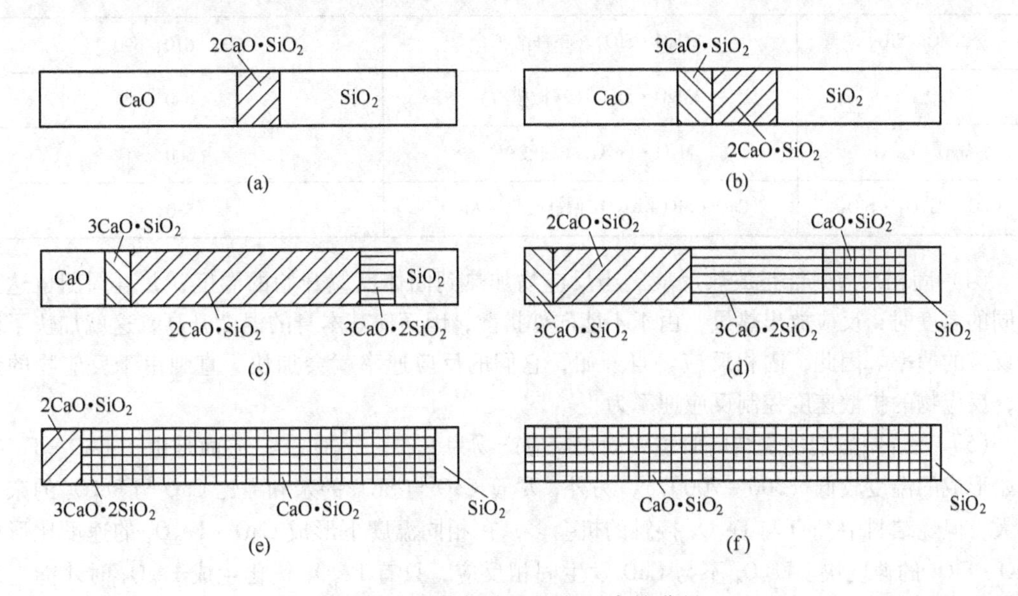

图 4-1 CaO 与 SiO_2 固相反应的进程

从图 4-1 可知，在 CaO 与 SiO_2 接触处，最初反应产物是 $2CaO \cdot SiO_2$，然后沿着 $2CaO \cdot SiO_2$ 与 CaO 接触处，进一步形成一层 $3CaO \cdot SiO_2$。而沿着 $2CaO \cdot SiO_2$ 与 SiO_2 的接触处形成一层 $3CaO \cdot SiO_2$。在整个过程的最后阶段才完全形成 $CaO \cdot SiO_2$。

不同混合料配比时固相反应出现的最初产物的实验数据见表 4-1。

表 4-1 不同混合料配比时固相反应出现的最初产物的实验数据

反应物质	混合物中摩尔比例	反应的最初产物
$CaO + SiO_2$	3∶1；2∶1；3∶2；1∶1	$2CaO \cdot SiO_2$
$MgO + SiO_2$	2∶1；1∶1	$2MgO \cdot SiO_2$
$CaO + Fe_2O_3$	2∶1；1∶1	$CaO \cdot Fe_2O_3$
$CaO + Al_2O_3$	3∶1；5∶3；1∶1；1∶2；1∶6	$CaO \cdot Al_2O_3$
$MgO + Al_2O_3$	1∶1；1∶6	$MgO \cdot Al_2O_3$

烧结过程中常见的某些固相反应产物开始出现的温度见表 4-2。

表 4-2　烧结过程中常见的某些固相反应产物开始出现的温度

反应物质	固相反应产物	反应产物开始出现的温度/℃
$SiO_2 + Fe_2O_3$	Fe_2O_3 在 SiO_2 中的固溶体	575
$SiO_2 + FeO$	$2FeO \cdot SiO_2$	990，995
$CaO + Fe_2O_3$	$CaO \cdot Fe_2O_3$（铁酸一钙）	500，600，610，650
$2CaO + Fe_2O_3$	$2CaO \cdot Fe_2O_3$（铁酸二钙）	400
$CaCO_3 + Fe_2O_3$	$CaO \cdot Fe_2O_3$（铁酸一钙）	590
$2CaO + SiO_2$	$2CaO \cdot SiO_2$（正硅酸钙）	500，610，690
$2MgO + SiO_2$	$2MgO \cdot SiO_2$（镁橄榄石）	680
$MgO + Fe_2O_3$	$MgO \cdot Fe_2O_3$（铁酸镁）	600
$CaO + Al_2O_3 \cdot SiO_2$	$CaO \cdot SiO + Al_2O_3$ 偏硅酸钙 $+ Al_2O_3$	530

（4）固相反应只能是放热反应。当反应物加热到固体反应开始的温度，并且周围也达到相同的温度时，反应放出热量，由于不能向外扩散，因而使其本身的温度升高，这就加快了固相反应的速率。因此，固相反应一旦开始，它们的反应速率就会加快，直到由于反应物的形成，反应物的扩散速度控制反应速率为止。

（5）在烧结熔剂性烧结料时主要固相反应产物为 $CaO \cdot Fe_2O_3$。一方面是由于 $CaO \cdot Fe_2O_3$ 开始形成的温度较低（500 ~ 700℃），另外，尽管 CaO 与 SiO_2 的亲和力比 CaO 与 Fe_2O_3 的亲和力大，但烧结料中 CaO 与 Fe_2O_3 接触的机会多，在相同温度下形成 $CaO \cdot Fe_2O_3$ 的速度比形成 $CaO \cdot SiO_2$ 的速度快。Fe_3O_4 不与 CaO 发生固相反应，只有 Fe_3O_4 氧化生成 Fe_2O_3 时才能生成 $CaO \cdot Fe_2O_3$。所以，氧化条件（低配碳、低温烧结）促进铁酸钙在固相中形成。图 4-2 和图 4-3所示分别为磁铁矿和赤铁矿熔剂性烧结料烧结时固相中矿物的形成过程。

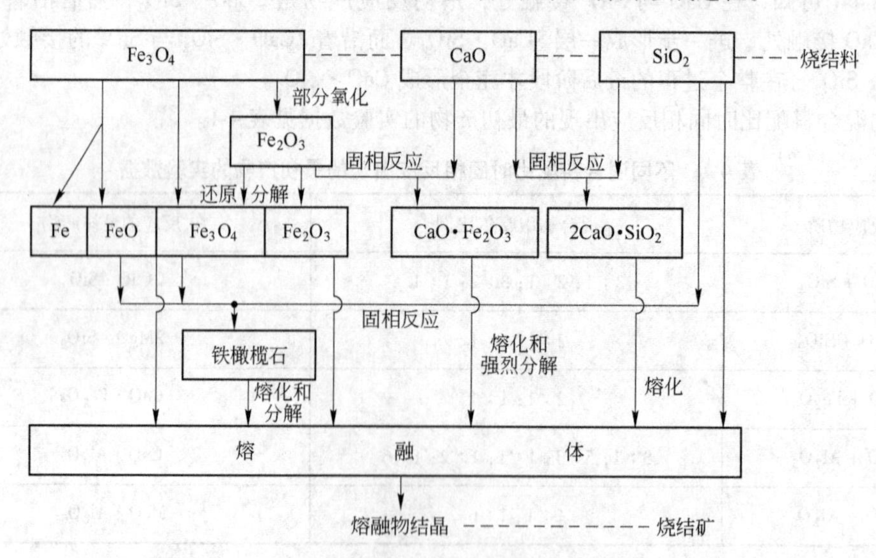

图 4-2　磁铁矿熔剂性烧结料烧结时固相中矿物的形成过程

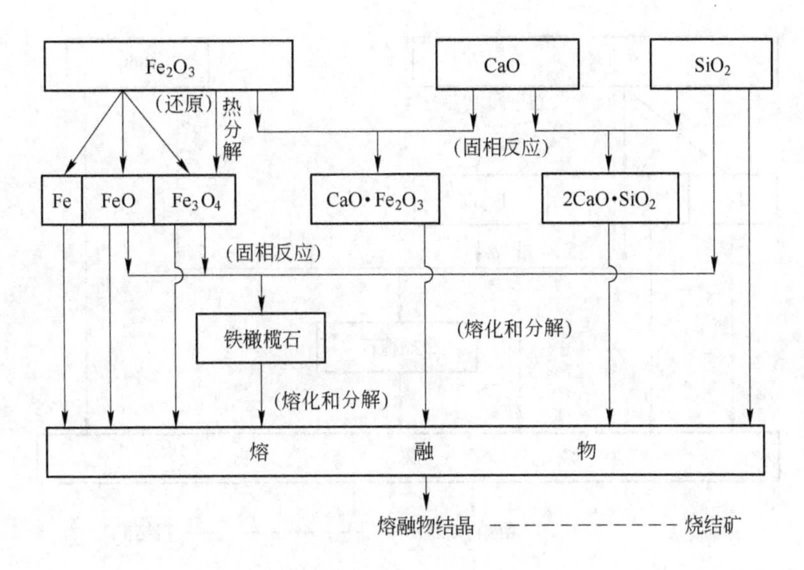

图 4-3 赤铁矿熔剂性烧结料烧结时固相中矿物的形成过程

(6) 当烧结非熔剂性烧结矿时，从表 4-2 可知，Fe_2O_3 和 SiO_2 之间不发生固相反应，Fe_2O_3 只能溶入 SiO_2 中形成有限固溶体。图 4-4 和图 4-5 所示分别为磁铁矿和赤铁矿非熔剂性烧结料烧结时固相中矿物的形成过程。

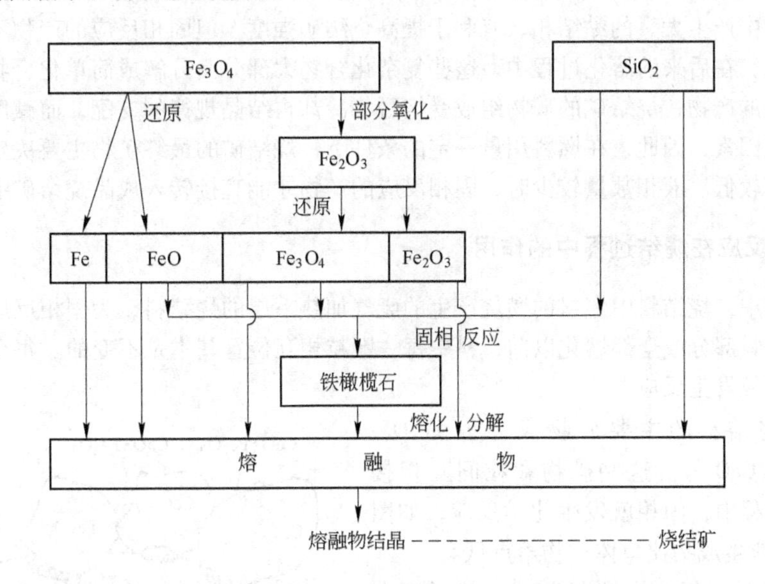

图 4-4 磁铁矿非熔剂性烧结料烧结时固相中矿物的形成过程

固相反应中 $2FeO·SiO_2$（铁橄榄石）只有在 Fe_2O_3 还原或分解为 Fe_3O_4 时才能形成。在固相中，$2FeO·SiO_2$ 的形成过程比铁酸钙形成过程缓慢，而后者在相当低的温度就开始形成。反应的总效果取决于燃料的消耗。在同样的条件下，提高燃料消耗和还原性气氛可促进 $2FeO·SiO_2$ 在固相中形成从而阻止铁酸钙的生成。

铁橄榄石生成反应为：

$$2Fe_3O_4 + 3SiO_2 + 2CO = 3(2FeO·SiO_2) + 2CO_2$$

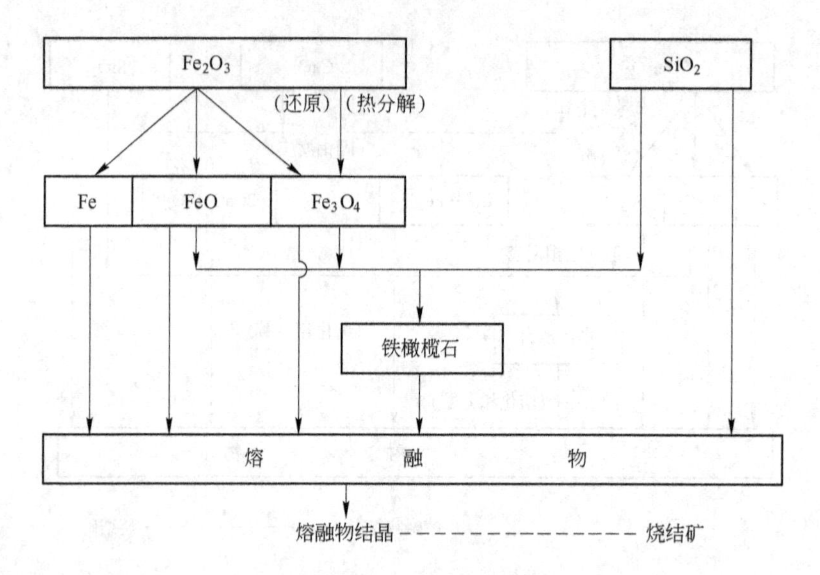

图 4-5　赤铁矿非熔剂性烧结料烧结时固相中矿物的形成过程

如果燃料用量较大时，SiO_2 与 FeO 可直接形成铁橄榄石。但是，在燃料普通用量条件下，烧结料层游离的 FeO 不多，这种反应几乎没有发生。

（7）固相反应的产物不等于烧结矿最终矿物组成。固相反应的结果产生低熔点化合物，促使烧结过程中产生大量的黏结相，有利于提高烧结矿强度。但固相反应的产物不等于烧结矿最终矿物组成，在后来的熔化过程中，这些复杂化合物大部分又分解成简单化合物。烧结矿是熔融物再结晶的产物，烧结矿的矿物组成受熔融物冷却再结晶规律的支配，而碱度是熔融物结晶作用的决定因素，因此，在燃料用量一定的条件下，烧结矿的最终矿物主要决定于碱度。只有当燃料用量较低、液相数量较少时，固相反应的产物才能直接转入成品烧结矿中。

4.1.2　固相反应在烧结过程中的作用

烧结过程中，烧结料中燃料的燃烧产生的废气加热下层的烧结料，为固相反应创造了有利条件。在烧结料部分或全部熔化以前，料中每一颗粒相互位置基本是不变的。每个颗粒只与它直接接触的颗粒发生反应。

铁矿粉烧结料的主要矿物成分为 Fe_2O_3、Fe_3O_4、SiO_2、CaO 等。这些矿物颗粒间互相接触，在加热过程中，固相就发生化学反应，如图 4-6 所示。反应生成物比单体矿物熔点低。

由于烧结时间短，烧结高温带一般温度在 500～1500℃，通常保持约 3min。固相反应产物能形成原始烧结料所没有的低熔点的新物质，但不能决定烧结矿最终矿物成分。在温度继续升高时，就成为液相形成的先导，使液相生成的温度降低。因此，固相反应的类型与最初形成的固相反应产物对烧结过程具有重要作用，直接影响烧结矿的质量。

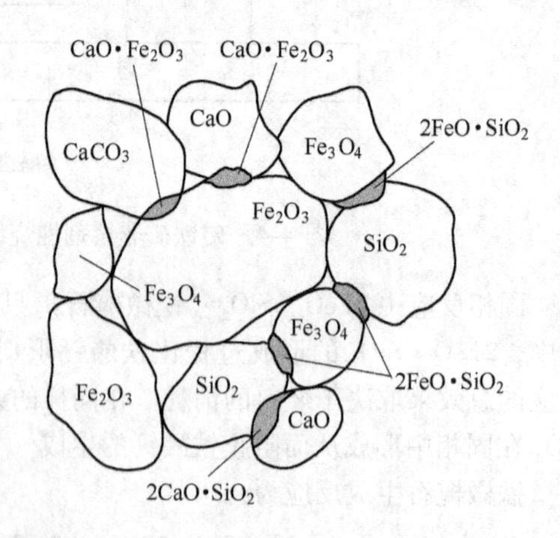

图 4-6　烧结混合料中各组分相互作用示意图

影响固相反应速度的主要因素有：

（1）固相反应速度随着原始物料分散度提高而加快，因为它活化了反应物的晶格，增加颗粒间的接触界面。

（2）活性物质的添加有利于促进固相反应和液相生成，解决难烧矿粉的烧结。加入活性物质对烧结指标及烧结矿质量的影响见表4-3。

表4-3 添加亚铁酸盐混合物对烧结指标的影响

烧结指标	普通混合料	添加15% $CaO\cdot FeO\cdot SiO_2$ 烧结粉末	添加15% $CaO\cdot Fe_2O_3\cdot SiO_2$ 烧结粉末	添加15% $CaO\cdot Fe_2O_3$ 烧结粉末	添加赤铁矿与石灰共同细磨（其组成固相应为 $CaO\cdot Fe_2O_3$）
垂直烧结速度/$mm\cdot min^{-1}$	22.2	24.7	24.7	29.2	29.2
成品率/%	76.3	81.5	78.0	79.2	80.5
利用系数/$t\cdot (m^2\cdot h)^{-1}$	1.79	1.70	1.62	1.91	1.90
转鼓指数/%	26.0	17.0	17.5	18.0	18.0

由表4-3可知，烧结料中添加15%亚铁酸盐与烧结粉末混合物，垂直烧结速度提高10%～12%，产量增加15%～20%。

（3）使颗粒接触界面得到改善，加速了固相反应的进程。对于过分松散的烧结料可以采用压料方法，也能有效地促进固相反应，提高烧结矿质量。

（4）升高温度有助于固相反应速度的提高。因为温度升高会促使固相物质内能增大，晶格质点振动增强。

4.2 烧结过程中的液相形成与冷凝

烧结高温时间短，固相反应缓慢，其反应产物结晶不完善，结构疏松，靠固相固结的烧结矿强度差，而液相形成及冷凝是烧结矿固结成形的基础。液相的组成、性质和数量决定了烧结矿的矿相成分和显微结构，对烧结矿的产量和质量有很大的影响。

4.2.1 液相的生成

4.2.1.1 液相生成在烧结过程中的作用

烧结过程中液相的作用主要是：

（1）能够润湿未熔的矿粒表面，产生一定的表面张力，将矿粒拉紧，使其冷凝后具有强度。

（2）液相是烧结矿的黏结相，它将未熔的固体颗粒黏结成块，保证烧结矿具有一定的强度。

（3）液相具有一定的流动性，可进行黏性或塑性流动传热，使高温熔融带的温度和成分均匀，使液相反应后的烧结矿化学成分均匀化。

（4）能够从液相中得到烧结料中所没有的新生矿物，新生矿物有利于改善烧结矿的还原性和强度。

液相数量多少为最佳还有待于进一步研究，一般认为应该具有50%～70%的固体颗粒不熔，以保证高温带的透气性，而且要求液相黏度低和具有良好的润湿性。

4.2.1.2　液相的生成过程

在烧结过程中，由于烧结料的组成成分多，颗粒又互相紧密接触，当加热到一定温度时，各成分之间开始有了固相反应。在生成的新化合物之间、原烧结料各成分之间，以及新生化合物和原成分之间，存在低共熔点物质，使得在较低的温度下就生成液相，开始熔融。例如，Fe_3O_4 的熔点为1597℃，SiO_2 的熔点为1713℃，而两固相接触界面的固相反应产物 $2FeO \cdot SiO_2$ 的熔化温度为1205℃。当烧结温度达到该化合物的熔点时即开始形成液相。烧结料形成的易熔化合物及共熔混合物的熔化温度见表4-4。

表4-4　烧结料形成的易熔化合物及共熔混合物的熔化温度

系　统	液相特性	熔化温度/℃
SiO_2-FeO	$2FeO \cdot SiO_2$	1205
SiO_2-FeO	$2FeO \cdot SiO_2$-SiO_2 共晶混合物	1178
SiO_2-FeO	$2FeO \cdot SiO_2$-FeO 共晶混合物	1177
Fe_3O_4-$2FeO \cdot SiO_2$	$2FeO \cdot SiO_2$-Fe_3O_4 共晶混合物	1142
MnO-SiO_2	$2MnO \cdot SiO_2$ 异分熔化点	1323
MnO-Mn_2O_3-SiO_2	MnO-Mn_2O_3-$2MnO \cdot SiO_2$ 共晶混合物	1303
$2FeO \cdot SiO_2$-$2CaO \cdot SiO_2$	钙铁橄榄石 $CaO_x \cdot FeO_{2-x} \cdot SiO_2$，$x=0.19$	1150
$CaO \cdot Fe_2O_3$	$CaO \cdot Fe_2O_3 \rightarrow$ 液相 $+2CaO \cdot Fe_2O_3$（异分熔化点）	1126
$CaO \cdot Fe_2O_3$	$CaO \cdot Fe_2O_3$-$CaO \cdot 2Fe_2O_3$ 共晶混合物	1200
$2CaO \cdot SiO_2$-FeO	$2CaO \cdot SiO_2$-FeO 共晶混合物	1280
FeO-$Fe_2O_3 \cdot CaO$	（18% CaO + 82% FeO）-$2CaO \cdot Fe_2O_3$ 共晶混合物	1140
Fe_3O_4-Fe_2O_3-$CaO \cdot Fe_2O_3$	Fe_3O_4-$CaO \cdot Fe_2O_3$；Fe_3O_4-$2CaO \cdot Fe_2O_3$	1180
Fe_2O_3-$CaO \cdot SiO_2$	$2CaO \cdot SiO_2$-$CaO \cdot Fe_2O_3$-$CaO \cdot 2Fe_2O_3$（共晶混合物）	1192

由于烧结原料粒度较粗，微观结构不均匀，而且反应时间短，从500℃加热到1500℃通常不超过3min。因此，反应体系为不均匀体系，液相反应达不到平衡状态，液相形成过程为：

（1）初生液相。在固相反应所生成的原先不存在的新生的低熔点化合物处，随着温度升高而首先出现初期液相。

（2）低熔点化合物加速形成。这是由于温度升高和初期液相的促进作用，在熔化时一部分分解成简单化合物，一部分熔化成液相。

（3）液相扩展。使烧结料中高熔点矿物熔点降低，大颗粒矿粉周边被熔融，形成低共熔混合物液相。

（4）液相反应。液相中的成分在高温下进行置换、氧化还原反应，液相产生气泡，推动炭粒到气流中燃烧。

（5）液相同化。通过液相的黏性和塑性流动传热，使烧结过程温度和成分均匀化，趋近于相图上稳定的成分位置。

4.2.1.3　影响液相形成量的主要因素

影响液相形成量的主要因素有：

（1）烧结温度。烧结温度与液相生成量的关系如图4-7所示。由图4-7可知，在碱度 R 不同的条件下，烧结料液相量随着温度的升高而增加。

（2）烧结气氛。烧结过程中的气氛直接控制烧结过程铁氧化物的氧化还原方向。随着焦

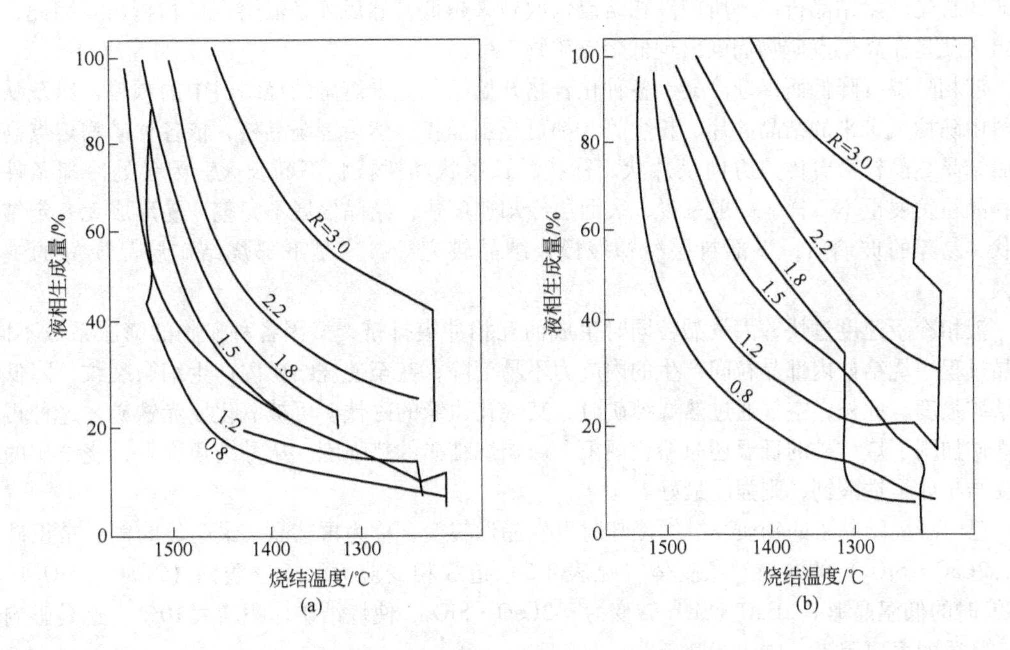

图 4-7 烧结温度与液相生成量的关系

炭用量增加，烧结过程的气氛向还原气氛发展，铁的高价氧化物还原成低价氧化物，FeO 的质量分数增多。一般来说，其熔点下降，易生成液相，会影响到固相反应和生成液相的类型。

（3）配料碱度（$w(CaO)/w(SiO_2)$）。从图 4-7 中还可以看出，烧结料的液相量随着碱度的增大而增加。

（4）烧结混合料的化学成分。烧结料中 SiO_2、Al_2O_3、MgO 的质量分数对液相量有较大影响。SiO_2 的质量分数一般希望不低于 5%，SiO_2 的质量分数过高则液相量太多，过低则液相量不足。Al_2O_3 的质量分数有使熔点降低的趋势。MgO 的质量分数有使熔点升高的趋势，但 MgO 能改善烧结矿低温还原粉化现象。

4.2.2 液相的冷凝

烧结料中的液相在抽风过程中冷凝，从液相中先后析出晶质和非晶质，最后使物料固结，形成烧结矿。随着燃烧层下移，料层上部烧结矿便开始冷却结晶。烧结矿在冷却过程中仍发生许多物理化学变化，冷却过程对烧结矿品质影响很大。

4.2.2.1 冷凝过程

在结晶的同时，液相逐渐消失，形成疏松多孔、略有塑性的烧结矿层。由于抽风使烧结矿以不同的冷却速度（或冷却强度）降温，一般上层冷却密度为 120～130℃/min，下层冷却速度为 40～50℃/min，差别甚大，冷却速度过快，液相不能将其潜能释放出来，就形成易破碎的玻璃质，这是烧结矿强度降低的重要原因。根据研究，烧结矿由烧结温度缓冷，烧结矿再结晶进行完全，其强度高。但在 800℃以下降低冷却速度，并不能得到好的效果，因缓冷有助于 $2CaO \cdot SiO_2$ 的低温相变，使烧结矿强度有所下降。冷却太慢也降低烧结机产量，造成烧结矿卸下温度太高，给运输胶带带来不利影响。抽风速度、抽风量、料层透气性等都影响冷却强度。

4.2.2.2 结晶与再结晶

随着烧结矿层的温度降低，其液相中的各种化合物开始冷却结晶。结晶的原则是：熔点高的矿物首先开始结晶析出，所剩液相熔点依次越来越低，然后才是低熔点矿物析出。因此，矿物组成就是在高熔点矿物周围出现低熔点矿物。

液相随温度降低而逐渐冷凝，各种化合物开始结晶。未熔融的烧结料中的颗粒，以及从烧结料中随抽风带来的结晶碎片、粉尘等，都可充当晶核，然后围绕晶核，依各种矿物熔点高低先后结晶。晶核沿着传热方向呈片状、针状、长条状和树枝状不断长大。因各处冷却条件不同，晶粒发展也不一样。一般来说，表面层冷却速度快，结晶发展不完整，易形成无一定结晶形状、易碎的玻璃质；下部料层冷却缓慢，结晶较完整，这是下部烧结矿层品质好的主要原因。

液相冷凝速度过快，大量晶粒同时生成而互相冲突排挤，又因各种矿物的膨胀系数不同，结晶过程中烧结矿内部晶粒间产生的内应力不易消除，甚至使烧结矿内产生细微裂纹，降低了烧结矿强度。此外，空气通过热烧结矿时，其气孔边缘的磁铁矿可被氧化成赤铁矿。这种再生赤铁矿加剧了烧结矿的低温还原粉化现象，影响烧结矿的热强度。从黏结角度看，烧结矿的主要黏结相如是铁酸钙，则强度最好。

已经凝固结晶了的物质，继续冷却时发生晶形转变，称为再结晶。最明显的例子是正硅酸钙（$2CaO \cdot SiO_2$）的同质异象变体（见表4-5）造成相变应力。正硅酸钙（$2CaO \cdot SiO_2$）在675℃时的低温晶形 β-$2CaO \cdot SiO_2$ 转变为 γ-$2CaO \cdot SiO_2$，使烧结矿体积增大10%，这是影响烧结矿品质的主要因素，应注意避免。

表 4-5　$2CaO \cdot SiO_2$(C_2S)的同质异象变体

同质异象变体	α-C_2S 高温型	α'-C_2S 低温型	γ-C_2S 低温型	β-C_2S 单变型
晶　系	六　方	斜　方	斜　方	单　斜
密度/$g \cdot cm^{-3}$	3.07	3.31	2.97	3.28
稳定存在温度/℃	>1436	1436~350	350~273	<675

4.2.3　烧结过程中的主要液相

铁矿粉烧结配料中的主要成分为铁氧化物（Fe_2O_3、Fe_3O_4、FeO）、CaO 和 SiO_2，所以烧结过程中主要液相有：铁-氧体系、铁酸钙体系、硅酸钙体系、硅酸铁体系和钙铁橄榄石体系等。

4.2.3.1　铁-氧体系

铁矿粉主要成分为铁的氧化物，因此，烧结过程中液相生成的条件在某种程度上可以由铁-氧体系的状态图表示出来（见图4-8）。从图4-8可以看出，随着熔体中氧的质量分数增加，存在两种化合物和一种熔点较低的固溶体。Fe_2O_3 就是其中的一种化合物，氧的质量分数为30.06%，在1457℃分解为 Fe_3O_4 和 O_2，因此它是不稳定的化合物，或称为异分熔点化合物。另一种化合物是 Fe_3O_4，氧的质量分数为27.64%，熔点为1597℃，是稳定化合物或称为同分熔点化合物。还有一种化合物是 Fe_xO，它的成分在纯 FeO 与 Fe_3O_4 之间，可以看作FeO-Fe_3O_4 的固溶体，其氧的质量分数最大值相当于 FeO 为 Fe_3O_4 所饱和，最低值则比 FeO 中氧的质量分数（22.28%）略高，其熔点为1371~1424℃，比 Fe_3O_4 的熔点要低得多。温度不同，固溶体中氧的质量分数也不同，它的化学式可写成 FeO_x（x 值为0.933~0.953）。

FeO_x 的出现对于烧结磁选精矿有十分重要的意义。由于 FeO_x 熔点较低，能生成 FeO_x 的液相，并以此固结磁选精矿烧结矿和保证其具有一定的强度。此类型烧结矿在显微镜下易发现

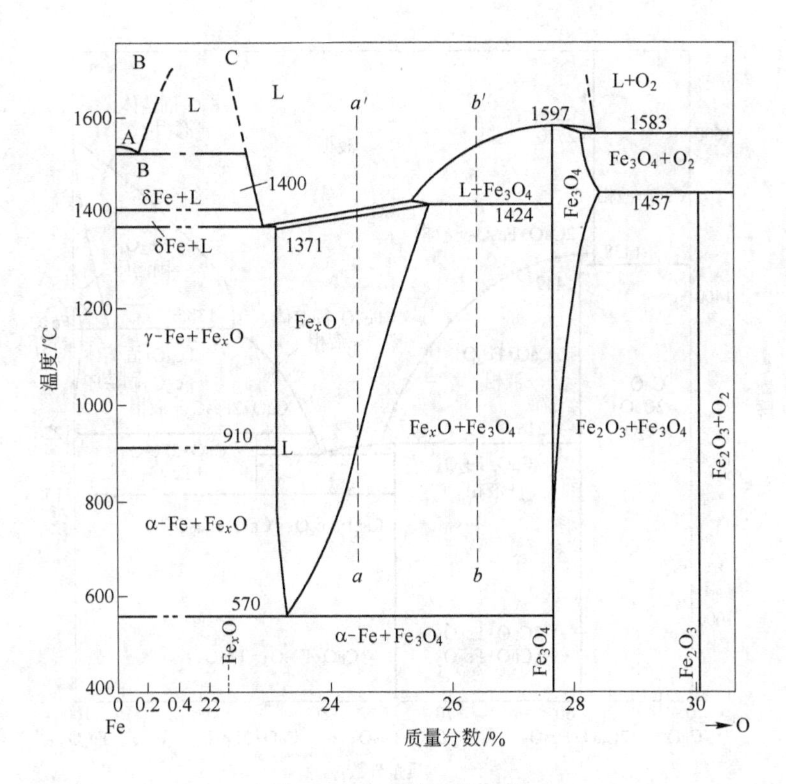

图 4-8 铁-氧体系状态图

FeO_x的连晶结构。

从图 4-8 可知，FeO_x 冷却到 570℃以下时，便发生分解：

$$FeO_x \longrightarrow Fe_3O_4 + Fe$$

不过在快速冷却的情况下，FeO_x 将来不及分解而被保留下来，因此在正常或较高燃料用量条件下，烧结矿中仍会有 FeO_x 存在。

烧结过程配碳量较高时，Fe_3O_4 被还原为 FeO_x，这时液相中 FeO 数量较多，如果相当于图中 a—a'成分时，则冷却过程首先析出的是 FeO_x，结果在烧结矿的含铁矿物中会有较多的浮氏体出现。若配碳量较低，液相成分处于 b—b'位置时，则首先结晶的是 Fe_3O_4。FeO_x 与 Fe_3O_4 形成共晶结构。

4.2.3.2 铁酸钙体系

铁酸钙（CaO-Fe_2O_3）是一种强度高、还原性好的黏结相。在生产熔剂性烧结矿时，都有可能产生这个体系的化合物，特别是高铁低硅矿粉生产的高碱度烧结矿，主要依靠铁酸钙作为黏结相。

从 CaO-Fe_2O_3 体系状态图（见图 4-9）可以看出，这个体系中的化合物有铁酸二钙（$2CaO \cdot Fe_2O_3$）、铁酸一钙（$CaO \cdot Fe_2O_3$）和二铁酸钙（$CaO \cdot 2Fe_2O_3$），它们的熔化温度分别为 1449℃、1216℃和 1226℃。而 $CaO \cdot Fe_2O_3$ 和 $CaO \cdot 2Fe_2O_3$ 的共熔点是 1205℃，但 $CaO \cdot Fe_2O_3$ 只有在 1155～1226℃的范围内才是稳定的。

这个体系中化合物的熔点比较低。正如前面所指出的，它是固相反应的最初产物，从 500～700℃开始，Fe_2O_3 和 CaO 形成铁酸钙，温度升高，反应速度大大加快。因而有人认为烧结过程形成 $CaO \cdot Fe_2O_3$ 体系的液相不需要高温和多耗燃料，就能获得足够的液相，改善烧结

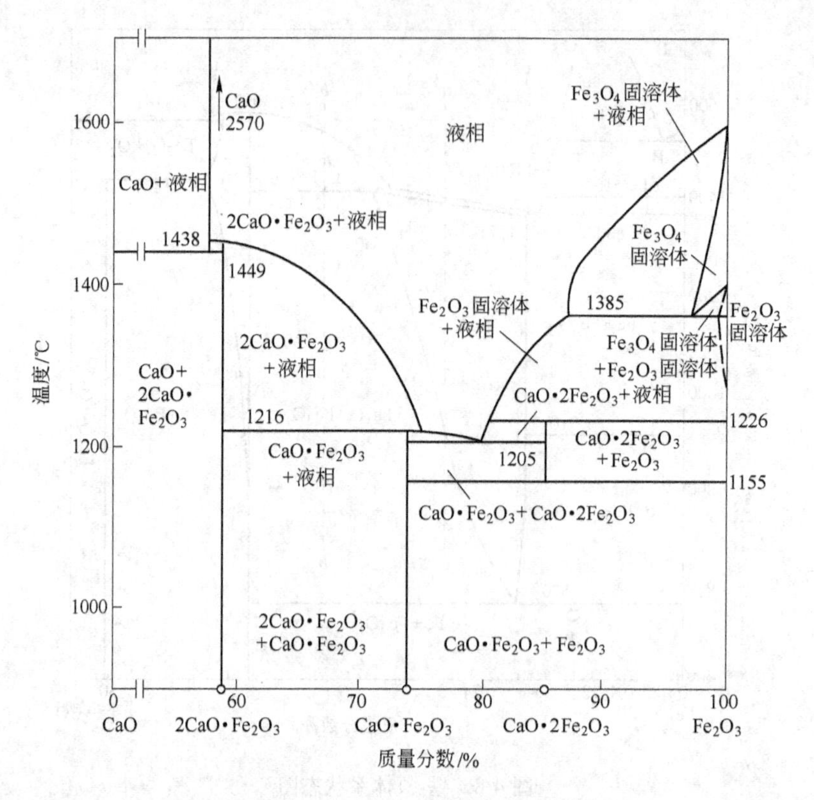

图 4-9　$CaO-Fe_2O_3$ 体系状态图

矿强度和还原性，这就是“铁酸钙理论”。

在生产实践中，当燃料用量适宜时，碱度小于1.0的烧结矿中几乎不存在铁酸钙。这是因为虽然CaO在较低温度下可以较高的速度与Fe_2O_3发生固相反应生成铁酸钙，但是一旦烧结料中出现了熔融液相，烧结矿的最终成分即取决于熔融相的结晶规律。熔融物中CaO与SiO_2和FeO的结合能力比与Fe_2O_3的结合能力大得多，此时，最初以$CaO \cdot Fe_2O_3$形式进入熔体中的Fe_2O_3将析出，甚至被还原成FeO。只有CaO的质量分数较大，与SiO_2、FeO等结合后还有多余的CaO时，才会出现较多的铁酸钙晶体。因此，在生产高碱度烧结矿时，铁酸钙液相才能起主要作用。

4.2.3.3　硅酸钙体系

在生产熔剂性烧结矿时，会添加数量较多的石灰石或生石灰，使它与铁矿粉所含的SiO_2发生作用。因此，在熔剂性烧结矿中，经常存在硅酸钙的黏结相。

图4-10所示为硅酸钙体系（$CaO-SiO_2$）状态图。从图4-10可以看出，该体系有硅灰石（$CaO \cdot SiO_2$）、硅钙石（$3CaO \cdot 2SiO_2$）、正硅酸钙（$2CaO \cdot SiO_2$）和硅酸三钙（$3CaO \cdot SiO_2$），它们的熔点分别为1544℃、1478℃、2130℃、1900℃。其中，$CaO \cdot SiO_2$与α-鳞石英的最低共熔点为1436℃，与$3CaO \cdot 2SiO_2$最低共熔点为1455℃，而$3CaO \cdot 2SiO_2$的分解温度为1464℃，分解产物为$2CaO \cdot SiO_2$和液相。所以，当温度下降到1464℃时，$2CaO \cdot SiO_2$就会重新进入液相而代之析出$3CaO \cdot 2SiO_2$。

$2CaO \cdot SiO_2$的熔点为2130℃，它与CaO在2100℃时形成低共熔混合物。但当温度降至1900℃时，两固体相互反应分离出两种新的固态混合物，一种是$3CaO \cdot SiO_2$和$2CaO \cdot SiO_2$，另一种

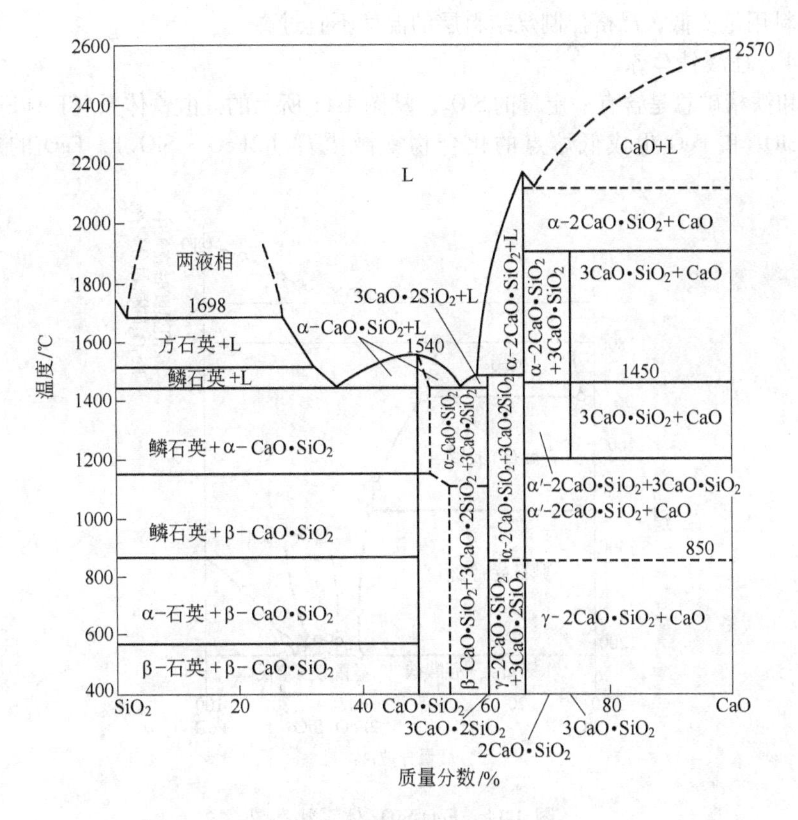

图 4-10 CaO-SiO_2 体系状态图

是 $3CaO \cdot SiO_2$ 和 CaO。$3CaO \cdot SiO_2$ 的稳定范围是在 1200～1900℃，超出此范围即不能稳定存在。

这个体系中的化合物熔点及其混合物的最低共熔点均比较高。所以在烧结的温度下，这个体系所产生的液相不会很多。但其中的 $2CaO \cdot SiO_2$，虽然它的熔化温度为 2130℃，但它在固相反应中却是最初形成的产物。也就是说，$2CaO \cdot SiO_2$ 在烧结矿中有可能存在，而 $2CaO \cdot SiO_2$ 的存在对烧结矿强度的影响比较大，它在冷却过程中发生晶形的变化。当晶形发生转变时，$2CaO \cdot SiO_2$ 的密度相应发生变化，由 β→γ 型转变时体积膨胀 10%，致使烧结矿在冷却过程中自行粉碎。

$$\alpha\text{-}2CaO \cdot SiO_2 \xrightarrow{1436℃} \beta\text{-}2CaO \cdot SiO_2 \xrightarrow{675℃} \gamma\text{-}2CaO \cdot SiO_2$$

为了防止或减少 $2CaO \cdot SiO_2$ 的破坏作用，在生产中可考虑采取如下措施：

(1) 采用较小粒度的石灰石、焦粉和矿石加强混合过程，改善 CaO 与 Fe_2O_3 的接触，尽量避免石灰石和燃料的偏析。

(2) 提高烧结料的碱度。实践证明，当烧结矿碱度提高到 2.0～5.0 时，剩余的 CaO 有助于生成 $3CaO \cdot SiO_2$ 及铁酸钙。当铁酸钙中的 $2CaO \cdot SiO_2$ 的质量分数不超过 20% 时，铁酸钙可以稳定 β-$2CaO \cdot SiO_2$ 晶型。添加部分 MgO、Al_2O_3 和 Mn_2O_3 对 β-$2CaO \cdot SiO_2$ 也有稳定作用。

(3) 在 β-$2CaO \cdot SiO_2$ 中有磷、硼、铬等元素以取代或以填隙方式形成固溶体，可以使其稳定化。如迁安铁精矿烧结配入少量的磷灰石（1.5%～2.0%），能有效地抑制烧结矿粉化。

(4) 可在 850～1430℃ 的温度范围内对烧结矿进行淬火，在高速冷却下使正硅酸钙在常温下保持住 α-$2CaO \cdot SiO_2$ 稳定晶形。

（5）燃料用量要低，严格控制烧结料层的温度不宜过高。

4.2.3.4　硅酸铁体系

铁粉矿和铁精矿总是含有一定量的SiO_2。从图4-11所示的硅酸铁体系（$FeO-SiO_2$）状态图可以看到，SiO_2和FeO生成低熔点的化合物铁橄榄石（$2FeO \cdot SiO_2$），FeO的质量分数为

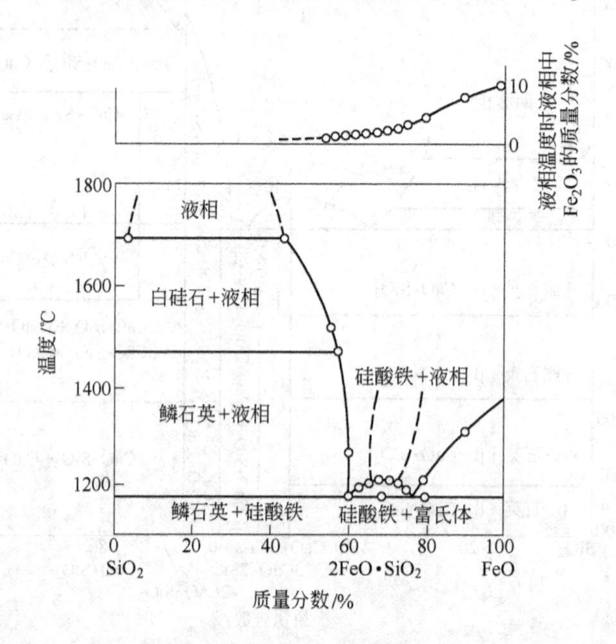

图4-11　$FeO-SiO_2$体系状态图

70.5%，SiO_2的质量分数为29.5%，它的熔化温度为1205℃。铁橄榄石分别与FeO和SiO_2组成两个低熔点化合物：第一个是铁橄榄石-二氧化硅（$2FeO \cdot SiO_2-SiO_2$），FeO的质量分数为62%，SiO_2的质量分数为38%，其熔化温度为1178℃；第二个是铁橄榄石-氧化亚铁（$2FeO \cdot SiO_2-FeO$），FeO的质量分数为76%，SiO_2的质量分数为24%，其熔化温度为1177℃。

此外，$2FeO \cdot SiO_2$与Fe_3O_4组成化合物，Fe_3O_4的质量分数为17%，$2FeO \cdot SiO_2$的质量分数为83%，其共熔点为1142℃，如图4-12所示。从图4-12可以看出，铁橄榄石熔化后，混合料中的磁铁矿Fe_3O_4被溶解，这种含铁硅酸盐熔融物的熔化温度将逐渐升高，这一过程是从C向A的方向进行的。

在烧结过程中，硅酸铁系化合物是经常看到的一种液相组成。在烧结非熔剂性烧结矿时，这种液相为烧结固结的主要黏结相。在烧结过程中形成的量的多少与烧结料中SiO_2的质量分数和FeO的质量分数有关。增加燃料用量，料层中的温度升高，还原气氛加强，FeO的质量分数增加，形

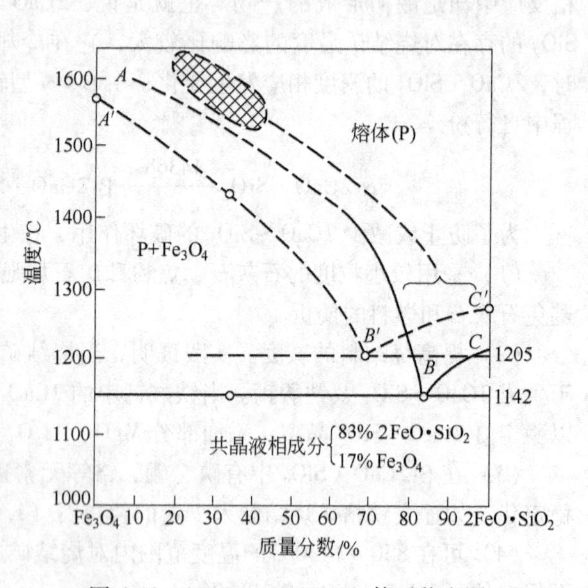

图4-12　$2FeO \cdot SiO_2-Fe_3O_4$体系状态图

成的铁橄榄石黏结相就增多，可提高烧结矿强度。但是，应该注意，燃料用量不宜过高，否则，$2FeO \cdot SiO_2$-Fe_3O_4 液相数量增多，此时 Fe_3O_4 转入熔体中去的增多，而以自由氧化铁状态存在的量相对减少，使烧结矿难还原，且烧结矿易出现薄壁粗孔结构，这样烧结矿就有变脆的可能。

4.2.3.5　钙铁橄榄石体系（CaO-FeO-SiO_2）

生产熔剂性烧结矿时，当燃料配加较多，烧结温度高和还原气氛强时，会生成钙铁橄榄石体系的化合物。

这个体系中的主要化合物有：钙铁橄榄石（$CaO \cdot FeO \cdot SiO_2$），熔化温度为1208℃；铁黄长石（$2CaO \cdot FeO \cdot SiO_2$），熔化温度为1280℃；钙铁辉石（$CaO \cdot FeO \cdot 2SiO_2$），熔化温度为1150℃；钙铁方柱石（$2CaO \cdot FeO \cdot 2SiO_2$），熔化温度为1190℃。这些化合物的特点是能够形成一系列的固溶体，并在固溶体中产生复杂的化学变化和分解作用。

图4-13所示为 CaO-FeO-SiO_2 体系状态图。从图4-13可以看出，随着 FeO 的质量分数增加，熔化温度趋向降低，当 CaO 的质量分数为10%，$w(FeO)/w(SiO_2)=1$ 时，体系中的最低共熔点为1030℃。但当 CaO 的质量分数大于10%时，熔化温度趋于升高。围绕这一点的宽广区域（混合料中 CaO 的质量分数在17%以下）等温限制在1150℃。

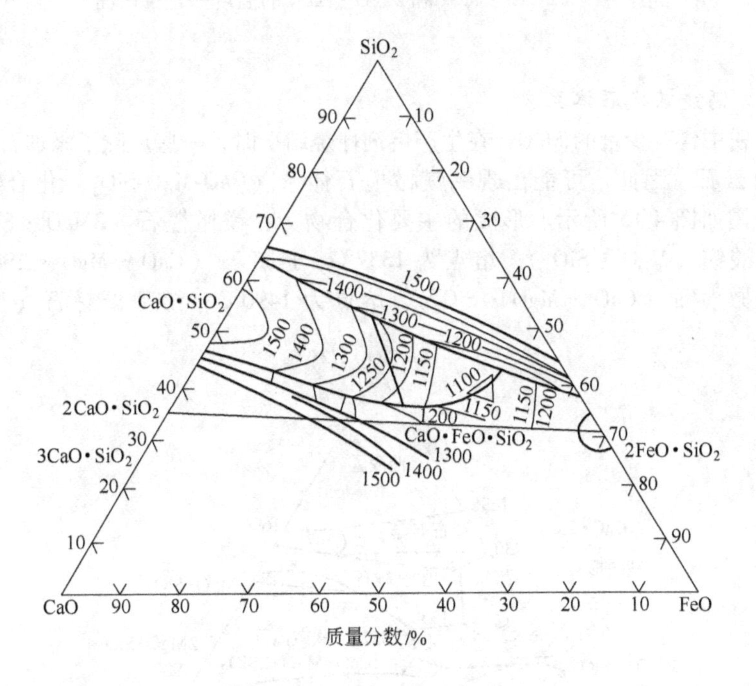

图4-13　CaO-FeO-SiO_2 体系状态图

这个体系状态图中 $2CaO \cdot SiO_2$ 和 $2FeO \cdot SiO_2$ 的温度—含量切面如图4-14所示。从图4-14中可以看出，$2FeO \cdot SiO_2$ 和 $CaO \cdot FeO \cdot SiO_2$ 两个化合物的熔化温度比较接近，在铁橄榄石中，在一定范围内增加石灰的质量分数，伴随着所形成钙铁橄榄石的熔化温度下降，$2FeO \cdot SiO_2$ 和 $CaO \cdot FeO \cdot SiO_2$ 的最低共熔点为1170℃。

钙铁橄榄石的生成条件和铁橄榄石相似，要求较高温度和还原气氛。不同的是钙铁橄榄石熔化温度比铁橄榄石低，生产熔剂性烧结矿石时，钙铁橄榄石液相黏度小，钙铁橄榄石具有好的透气性，利于强化烧结过程。但液相流动性过好，易形成粗孔的烧结矿宏观构造，影响烧结

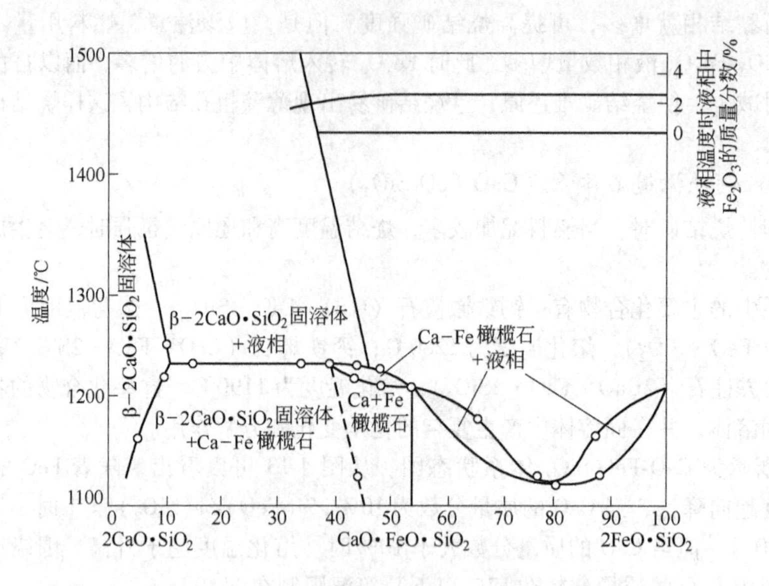

图 4-14　$2CaO \cdot SiO_2$ 和 $2FeO \cdot SiO_2$ 的温度—含量切面

矿强度。

4.2.3.6　钙镁橄榄石体系

烧结料矿粉中含有少量的 MgO，在生产熔剂性烧结矿时，一些厂除了添加石灰石外，还会加入少量的白云石，因此，可能出现钙镁橄榄石体系（CaO-MgO-SiO_2）化合物。CaO-MgO-SiO_2 体系状态图如图 4-15 所示。形成的主要化合物为：镁橄榄石（$2MgO \cdot SiO_2$），熔点为 1890℃；偏硅酸镁（$MgO \cdot SiO_2$），熔点为 1557℃；透辉石（$CaO \cdot MgO \cdot 2SiO_2$），熔点为 1391℃；钙镁橄榄石（$CaO \cdot MgO \cdot SiO_2$），熔点为 1490℃；镁蔷薇辉石（$3CaO \cdot MgO \cdot$

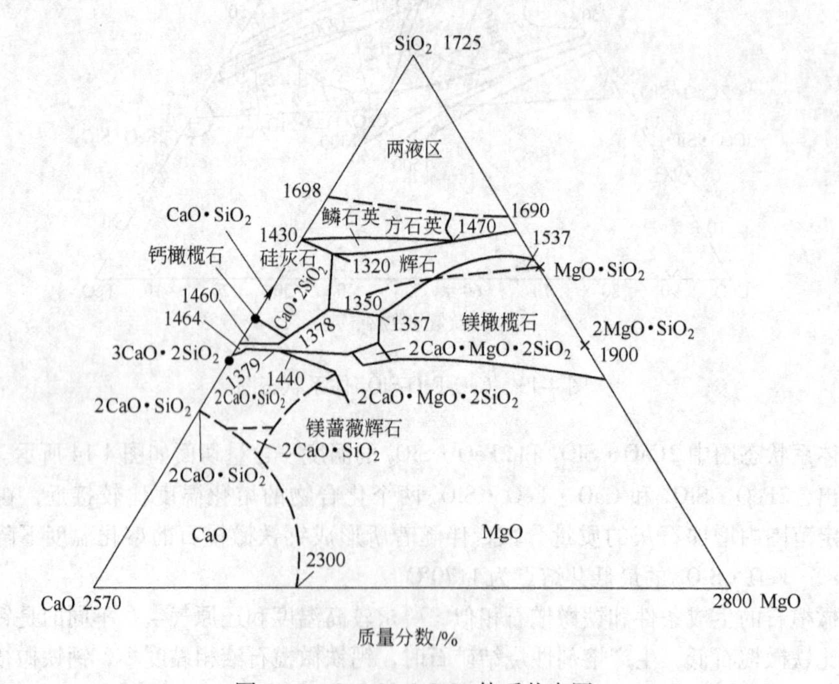

图 4-15　CaO-MgO-SiO_2 体系状态图

$2SiO_2$)，熔点为1570℃；镁黄长石（$2CaO\cdot MgO\cdot 2SiO_2$），熔点为1454℃。其中，透辉石在1391℃、镁黄长石在1454℃时一致熔融，镁橄榄石和镁蔷薇辉石是不一致熔融化合物，镁蔷薇辉石在1575℃时分解为MgO和$2CaO\cdot SiO_2$。

可见，在熔剂性烧结料中加入适量的MgO时，可使硅酸盐的熔化温度降低，在烧结温度下，其低熔点混合物及透辉石、镁黄长石可以完全熔融，有的可部分熔融，这就增加了烧结料层中的液相数量；同时，因MgO的存在，生成镁黄长石和钙镁橄榄石，就减少了正硅酸钙和难还原的铁橄榄石、钙铁橄榄石生成的机会；此外，MgO有稳定β-$2CaO\cdot SiO_2$的作用；不能熔化的部分高熔点钙镁橄榄石矿物，在冷却时成为液相结晶的核心，可减少玻璃质的形成等。这些均有助于提高烧结矿的机械强度，减少粉化率，改善还原性。因此，生产熔剂性烧结矿时，添加适量白云石是有利的。

显然，为了获得强度较好的烧结矿，就必须具有足够数量的液相来作为烧结过程中再结晶矿物的黏结相。一般来说，熔剂性烧结料中的熔融物生成的温度低，所以在同一燃料用量的情况下，它比非熔剂性烧结料生成更多的液相。燃料用量愈大，烧结料层温度愈高，产生液相也愈多。但液相数量过多时，烧结矿呈粗孔蜂窝状结构，反而会导致烧结矿强度下降。

此外，液相对烧结混合料各组分的润湿性和液相黏度也直接影响烧结过程的黏结作用。

4.3 烧结矿的矿物组成、结构及其对烧结矿质量的影响

4.3.1 烧结矿的矿物组成、结构及其性质

4.3.1.1 烧结矿的矿物组成

烧结矿是含铁矿物和脉石矿物及由它们形成的液相黏结而成，它的矿物组成随原料及烧结工艺条件不同而变化。一般来说，铁矿石烧结矿的矿物组成为：

(1) 含铁矿物。主要为磁铁矿（Fe_3O_4）、赤铁矿（Fe_2O_3）、浮氏体（Fe_xO）。

(2) 黏结相矿物。主要有以下几种：铁酸钙（$CaO\cdot Fe_2O_3$、$2CaO\cdot Fe_2O_3$、$CaO\cdot 2Fe_2O_3$），铁橄榄石（$2FeO\cdot SiO_2$），钙铁橄榄石（$CaO_x\cdot FeO_{2-x}\cdot SiO_2$，$x=0.25\sim1.5$）。这些矿物随碱度不同而异，较低碱度生成$CaO\cdot Fe_2O_3$，高碱度生成$2CaO\cdot Fe_2O_3$，钙铁辉石（$CaO\cdot FeO\cdot 2SiO_2$）在碱度小于1.0时出现。当碱度大于1.0时，生成正硅酸钙（$2CaO\cdot SiO_2$）；当碱度为1.0~1.2时，生成硅灰石（$CaO\cdot SiO_2$）；在高碱度条件下，主要生成硅酸三钙（$3CaO\cdot SiO_2$）。

当原料中含有Al_2O_3脉石时，黏结相矿物有铁铝酸四钙（$4CaO\cdot Al_2O_3\cdot Fe_2O_3$）、铝黄长石（$2CaO\cdot Al_2O_3\cdot SiO_2$）、铁黄长石（$2CaO\cdot Al_2O_3\cdot Fe_2O_3$）；当原料中含有MgO脉石时，黏结相矿物有钙镁橄榄石（$CaO\cdot MgO\cdot SiO_2$）、镁黄长石（$2CaO\cdot MgO\cdot SiO_2$）、镁蔷薇辉石（$3CaO\cdot MgO\cdot 2SiO_2$）；当原料中含有$TiO_2$时，黏结相矿物中有钙铁矿（$CaO\cdot TiO_2$）存在；当原料中含有$CaF_2$时，黏结相矿物中有枪晶石（$3CaO\cdot 2SiO_2\cdot CaF_2$）存在。

对于某一烧结矿来说，上述矿物组成不一定全部矿物都有，而且矿物数量也是有多有少。磁铁矿和浮氏体是各种烧结矿的主要矿物。磁铁矿物从熔融体中最早结晶出来，形成完好的自形晶。浮氏体的质量分数随烧结料中碳的质量分数增加而增加，烧结矿冷却时，浮氏体局部氧化为磁铁矿，或分解成磁铁矿与金属铁。烧结矿中非铁矿物以硅酸盐类矿物为主。

烧结矿主要矿物性能见表4-6。从表4-6可知，单体矿物赤铁矿、铁酸一钙、铁酸二钙、磁铁矿还原性能较好；铁橄榄石和玻璃质还原性较差。而当$x=0.5$时，钙铁橄榄石强度最好，次之为磁铁矿、铁酸一钙、赤铁矿等，最差的为玻璃质，然后是铁酸二钙和铁橄榄石。

表 4-6 烧结矿主要矿物性能

<table>
<tr><th colspan="2">矿物名称</th><th>熔化温度/℃</th><th>抗压强度/kPa</th><th>还原率/%</th></tr>
<tr><td colspan="2">赤铁矿（Fe_2O_3）</td><td>1566</td><td>2670</td><td>49.9</td></tr>
<tr><td colspan="2">磁铁矿（Fe_3O_4）</td><td>1590</td><td>3690</td><td>26.7</td></tr>
<tr><td colspan="2">铁橄榄石（$2FeO \cdot SiO_2$）</td><td>1205</td><td>2000</td><td>1.0</td></tr>
<tr><td rowspan="5">钙铁橄榄石
$CaO_x \cdot FeO_{2-x} \cdot SiO_2$</td><td>$x=0.25$</td><td>1160</td><td>2650</td><td>2.1</td></tr>
<tr><td>$x=0.50$</td><td>1140</td><td>5660</td><td>2.7</td></tr>
<tr><td>$x=1.0$（结晶相）</td><td>1208</td><td>2330</td><td>6.6</td></tr>
<tr><td>$x=1.0$（玻璃相）</td><td></td><td>460</td><td>3.1</td></tr>
<tr><td>$x=1.5$</td><td></td><td>1020</td><td>1.2</td></tr>
<tr><td colspan="2">铁酸一钙（$CaO \cdot Fe_2O_3$）</td><td>1216</td><td>3700</td><td>40.1</td></tr>
<tr><td colspan="2">铁酸二钙（$2CaO \cdot Fe_2O_3$）</td><td>1436</td><td>1420</td><td>28.5</td></tr>
<tr><td colspan="2">二元铁酸钙（$CaO \cdot 2Fe_2O_3$）</td><td>1200</td><td></td><td>58.4</td></tr>
<tr><td colspan="2">三元铁酸钙（$CaO \cdot FeO \cdot Fe_2O_3$）</td><td>1380</td><td></td><td>59.6</td></tr>
<tr><td colspan="2">枪晶石（$3CaO \cdot 2SiO_2 \cdot CaF_2$）</td><td>1410</td><td>672.1</td><td></td></tr>
<tr><td colspan="2">硅灰石（$CaO \cdot SiO_2$）</td><td>1540</td><td>1135.8</td><td></td></tr>
<tr><td colspan="2">镁黄长石（$2CaO \cdot MgO \cdot 2SiO_2$）</td><td>1590</td><td>2382.7</td><td></td></tr>
<tr><td colspan="2">铝黄长石（$2CaO \cdot Al_2O_3 \cdot 2SiO_2$）</td><td>1451～1596</td><td>1620.4</td><td></td></tr>
<tr><td colspan="2">钙镁辉石（$CaO \cdot MgO \cdot 2SiO_2$）</td><td>1390</td><td>580.2</td><td></td></tr>
<tr><td colspan="2">镁蔷薇辉石（$3CaO \cdot MgO \cdot 2SiO_2$）</td><td>1598</td><td>1981.5</td><td></td></tr>
<tr><td colspan="2">正硅酸钙（$2CaO \cdot SiO_2$）</td><td>2130</td><td></td><td></td></tr>
<tr><td colspan="2">钙镁橄榄石（$CaO \cdot MgO \cdot SiO_2$）</td><td>1490</td><td></td><td></td></tr>
</table>

4.3.1.2 烧结矿的矿物结构

烧结矿的矿物结构包括宏观结构和微观结构。

A 宏观结构

宏观结构指烧结矿的外部特征，肉眼能看见孔隙的大小、孔隙的分布状态和孔壁的厚薄等。烧结矿的宏观结构可分为：

（1）疏松多孔、薄壁结构。疏松多孔、薄壁的烧结矿强度差，易破损，粉末多，但易还原。这种结构的烧结矿一般是在配碳少、液相量少、液相黏度小的情况下出现。

（2）中孔、厚壁结构。中孔、厚壁结构的烧结矿强度高，粉末少，还原性一般。这种结构的烧结矿是我们所希望的，一般在配碳适当、液相量充分的情况下出现。

（3）大孔、厚壁结构。大孔、厚壁结构的烧结矿强度较好，但还原性差。当配碳过高、过熔时，常出现大孔、薄壁结构的烧结矿，其强度、还原性都差。

烧结矿的宏观结构还可分为：

（1）粗孔蜂窝状结构。有熔融的光滑表面，由于燃料用量大，液相生成量多；燃料用量更高时，则成为气孔度很小的石头状体。

（2）微孔海绵状结构。燃料用量适量，液相量为30%左右，液相黏度较大，这种结构强度高，还原性好。若黏度小时则易形成强度低的粗孔结构。

（3）松散状结构。燃料用量低，液相数量少，烧结料颗粒仅点接触黏结，所以烧结矿强度低。

B 微观结构

借助于显微镜观察多见到的矿物结晶颗粒的形状、相对大小及它们相互结合排列的关系。

（1）粒状结构。当熔融体冷却时磁铁矿首先析晶出来，形成完好的自形晶粒状结构，这种磁铁矿也可以是烧结矿配料中的磁铁矿再结晶而产生的。有时由于熔融体冷却速度较快，析晶出来的磁铁矿为半自形晶和他形晶，粒状结构分布均匀，烧结矿强度好。

通常磁铁矿晶体中心部分是被熔融的原始精矿粉颗粒，而外部是从熔融体中结晶出来的。即在原始精矿粉周围又包上薄薄一层磁铁矿。

（2）斑状结构。烧结矿中含铁矿物呈斑晶状，与细粒的黏结相矿物或玻璃相相互结合成斑状结构，强度也较好。

（3）骸晶结构。早期结晶的含铁矿物晶粒发育不完善，只形成骨架，其内部常为硅酸盐黏结相充填于其中，可以看到含铁矿物结晶外形和边缘呈骸晶结构。这是强度差的一种结构。

（4）共晶结构。具体有：

1）圆点状或树枝状共晶结构。磁铁矿呈圆点状或树枝状存在于橄榄石的晶体中，是Fe_3O_4-$Ca_xFe_{2-x}SiO_4$体系中共晶部分形成的。赤铁矿呈细点状分布在硅酸盐晶体中，是由Fe_3O_4-$Ca_xFe_{2-x}SiO_4$体系中共晶体被氧化而形成的。

赤铁矿呈细粒状晶体分布在硅酸盐晶体中，是Fe_3O_4-$Ca_xFe_{2-x}SiO_4$系统共晶体被氧化而形成的。

2）磁铁矿、硅酸二钙共晶结构。此种结构为$2CaO \cdot SiO_2$-Fe_3O_4体系中共晶部分形成的。

3）磁铁矿与铁酸钙的共晶结构。这种结构多出现在高碱度烧结矿中。

其他还有在烧结燃料用量过高、强还原气氛条件下，可出现磁铁矿与浮氏体和磁铁矿、浮氏体及橄榄石的共晶结构。

（5）熔融结构。烧结矿中磁铁矿多为熔融残余他形晶，晶粒较小，多为浑圆状，与黏结相形成熔融结构。在熔剂性液相量高的烧结矿中常见。含铁矿物与黏结相紧密接触，强度很好。

（6）交织结构。含铁矿物与黏结相矿物（或同一种矿物晶体）彼此发展或交叉生长，这种结构强度最好。高品位和高碱度烧结矿中此种结构较多。

4.3.2 影响烧结矿矿物组成和结构的因素

4.3.2.1 燃料用量的影响

燃料用量决定了烧结温度、烧结速度及气氛，对烧结矿的性质及矿物组成有很大的影响。

生产实践表明，当烧结矿碱度固定在1.5，烧结料中碳的质量分数由3.0%升高到4.5%时，烧结矿中铁氧化物的质量分数变化不明显，而对黏结相的形态及矿物的结晶程度影响很大。当烧结料中碳的质量分数低时，磁铁矿的结晶程度差，主要黏结相是玻璃质，多孔洞，还原性比较好，而强度差。随着烧结料中碳的质量分数的增加，磁铁矿的结晶程度提高，并生成大粒结晶，这时液相黏结物以钙铁橄榄石代替了玻璃质，孔洞少，因此烧结矿强度变好。当固定碳过多时，容易生成熔化过度、大孔薄壁或气孔度低的烧结矿，此时烧结矿产量低，还原性差，强度也不好。

4.3.2.2 烧结料碱度的影响

烧结矿的碱度与其矿物组成有很大关系。由于烧结矿碱度的改变，生成的矿物种类的变化如图4-16所示。

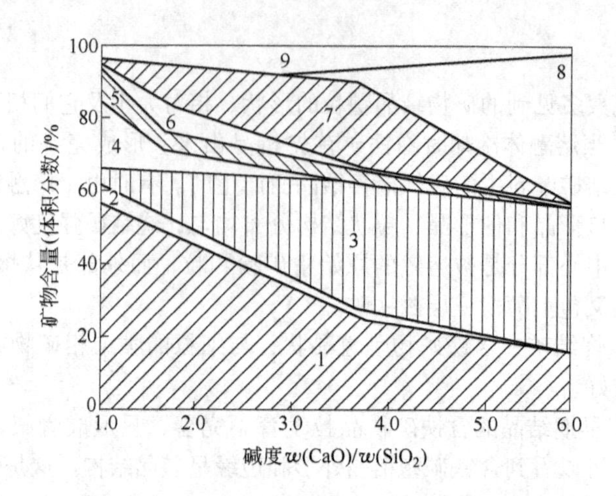

图 4-16　不同碱度烧结矿矿物组成的变化

1—磁铁矿（其中有少量的浮氏体）；2—赤铁矿；3—铁酸钙；4—铁橄榄石；
5—硅酸盐玻璃质；6—硅灰石；7—硅酸二钙；8—硅酸三钙；
9—游离石灰、石英及其他硅酸盐矿物

（1）碱度小于 1.0 的酸性烧结矿：主要矿物为磁铁矿，少量为浮氏体和赤铁矿。黏结相矿物主要为钙铁橄榄石（$CaO_x \cdot FeO_{2-x} \cdot SiO_2$，$x<1$）、铁橄榄石、玻璃质及少量钙铁辉石等。

磁铁矿与黏结相矿物形成均匀的粒状结构，烧结矿强度较好，冷却时无粉化现象，但还原性差。

（2）碱度为 1 ~ 2.5 的熔剂性烧结矿：黏结相矿物主要为钙铁橄榄石（$CaO_x \cdot FeO_{2-x} \cdot SiO_2$，$x$ 为 1 ~ 1.5）及少量的硅酸一钙、硅酸二钙及玻璃质等。随着碱度升高，硅酸二钙、硅灰石及铁酸钙均有明显地增加，而钙铁橄榄石和玻璃质明显减少。

磁铁矿被钙铁橄榄石和少量玻璃质、硅酸钙及铁酸钙所黏结。这类黏结相矿物强度较差，所以烧结矿强度也较差。随着碱度的提高，烧结矿主要黏结相矿物中有细小硅酸二钙的析晶，冷却时有 β 向 γ 的相变，造成烧结矿的严重粉化，影响烧结矿的产量和质量。

（3）碱度在 3 以上的超高碱度烧结矿：烧结矿中几乎不含钙铁橄榄石和玻璃质，矿物组成比较简单，主要有 $CaO \cdot Fe_2O_3$、$2CaO \cdot Fe_2O_3$，其次为 $2CaO \cdot SiO_2$、$3CaO \cdot SiO_2$ 和磁铁矿。随着碱度的提高，铁酸钙、硅酸三钙有明显的增加，磁铁矿明显减少。磁铁矿以熔融残余他形晶为主，晶粒细小，与铁酸钙形成熔融结构，局部也与铁酸钙、硅酸三钙等形成粒状交织结构。

这种超高碱度烧结矿的机械强度和还原性均较好。虽然烧结矿中的硅酸二钙均为 β 型，由于过量的 CaO 有稳定 $\beta\text{-}2CaO \cdot SiO_2$ 的作用，所以烧结矿不粉化。

4.3.2.3　烧结料脉石成分和添加物的影响

烧结料脉石成分和添加物的影响主要为：

（1）SiO_2 的影响。铁矿石中脉石多为酸性，以 SiO_2 为主。研究者认为，低硅烧结时，虽然硅酸盐液相减少，但只要采取相应的措施促进铁酸钙的生成，使黏结相主体从硅酸盐过度为铁酸钙，就能保证烧结矿强度和生产率不降低。在降低烧结矿中 SiO_2 方面，不可将 SiO_2 的质量分数降得太低。在 R 为 1.8 ~ 2.2 的条件下，烧结矿中 SiO_2 的质量分数控制在 4.5% ~ 4.8%。

（2）MgO 的影响。随着烧结矿中 MgO 的质量分数增加，粉化率下降，烧结矿强度有所改善，原因是有 MgO 存在时，将出现新的矿物钙镁橄榄石（$CaO \cdot MgO \cdot SiO_2$）、镁橄榄石（$2MgO \cdot SiO_2$）、镁蔷薇辉石（$3CaO \cdot MgO \cdot 2SiO_2$）、镁黄长石（$2CaO \cdot MgO \cdot SiO_2$）等，其混合物在1400℃即可熔融。烧结矿中的 MgO 有稳定 β-$2CaO \cdot SiO_2$ 的作用。因此，适当添加含 MgO 的熔剂可以提高烧结矿强度，减少粉化，也提高了还原性。这是因为 MgO 阻碍或减少了难还原的铁橄榄石、钙铁橄榄石的形成。

（3）Al_2O_3 的影响。由于 Al_2O_3 为高熔点化合物，高 Al_2O_3 含量烧结需要更高的烧结温度和更长的烧结时间来维持所需的烧结矿强度，生产率降低，能耗大，因此，烧结生产中希望铁矿石有较低的 Al_2O_3 含量，所以烧结矿中的 Al_2O_3 的质量分数应小于2.1%。但原料中少量的 Al_2O_3 对烧结矿的性质起良好作用，Al_2O_3 增加时能降低烧结料熔化温度，生成铝酸钙和铁酸钙的固溶体（$CaO \cdot Al_2O_3$-$CaO \cdot Fe_2O_3$）。当其中 Al_2O_3 的质量分数为11%时具有较低的熔点（1200℃），同时 Al_2O_3 增加表面张力，降低烧结液相黏度，促进氧离子扩散，有利于烧结矿的氧化。配料中有一定的 Al_2O_3 可以生成较多的铁酸钙。

另外，在烧结含酸性脉石的磁铁精矿时，配加一定的赤铁矿粉或含 Al_2O_3 的铁矿粉，有利于形成铁酸钙、铁黄长石、钙铁榴石、铝黄长石等矿物，以减少或消除硅酸二钙的形成。

（4）配加少量的添加物。在烧结配料中加入少量的磷灰石或少量含磷铁矿也能起到防止烧结矿粉化的作用。如有的烧结厂的烧结矿含磷达0.04%时，烧结矿较少粉化。这是因为磷在烧结矿中能与 $2CaO \cdot SiO_2$ 形成固溶体，使其不发生相变。

添加少量的含硼矿物、含铬矿物或者含钒铁矿粉也可以抑制烧结矿的粉化现象。根据硅酸盐物理化学理论研究表明，外加某种离子，凡能使 $A_2[XO_4]$ 中的阳离子和阴离子团半径的比值增大，就可以达到稳定晶体的目的。

4.3.2.4 操作工艺制度的影响

烧结过程的温度和气氛对烧结矿物组成也有一定的影响。烧结矿物组成和结构除与燃料的用量有关外，还与点火温度、冷却速度和料层高度有关系。如烧结料表层温度低，冷却快，化合反应不充分，矿物以赤铁矿为主，主要黏结相为玻璃质，强度差，在往下的料层中，温度升高，还原气氛增强，玻璃质逐渐减少，橄榄石、铁酸钙等矿物增多，浮氏体广泛出现，磁铁矿逐渐增加，赤铁矿逐渐减少，烧结矿强度提高。

4.3.3 烧结矿的矿物组成和结构对其质量的影响

烧结矿的质量主要指机械强度和还原性。烧结矿的质量除受宏观结构的影响外，还与组成它的矿物性质、含量、晶粒大小等有关。

4.3.3.1 烧结矿中矿物组成、结构对其机械强度的影响

影响机械强度的因素有：

（1）各种矿物成分或者玻璃质自身的强度。表4-7和表4-8列出烧结矿中主要矿物的抗压强度等特性。从表4-7可知，烧结矿中的铁酸一钙、磁铁矿、赤铁矿和铁橄榄石有较高的强度，其次为钙铁橄榄石及铁酸二钙。在钙铁橄榄石中，当 $x \leqslant 1.0$ 时，钙铁橄榄石的抗压性、耐磨性及脆性的指标均与前一类接近或超过；当 $x=1.5$ 时，钙铁橄榄石强度相对低，而且易产生裂纹。其中玻璃相具有最低的强度。从表4-8中可知，亚铁黄长石、镁黄长石和镁蔷薇辉石的抗压强度较高，而硅辉石和枪晶石的强度低。研究表明，烧结矿强度具有加和性，它的强度等于各矿物强度与该矿物所占的百分比的乘积的总和。因此，在烧结矿的矿物中应尽量减少像玻璃质那样的强度低的矿物形成，以提高烧结矿的强度。

表 4-7　烧结矿中主要矿物的机械强度及还原度

矿物名称		瞬时抗压强度 /MPa	球磨机试验后的筛级/%		显微 HV 硬度 /MPa	还原度[①] /%
			大于 5mm	小于 1mm		
赤铁矿（Fe_2O_3）		267			1000	49.9
磁铁矿（Fe_3O_4）		369			5000～6000	26.7
铁橄榄石（$2FeO \cdot SiO_2$）		202.6	68.0	10.0	6000～7000	1.0
钙铁橄榄石（$CaO_x \cdot FeO_{2-x} \cdot SiO_2$）	$x=0.25$	265				2.5
	$x=0.50$	566	77	4.0		2.7
	$x=1.0$(结晶相)	233	55	14.0		6.6
	$x=1.0$(玻璃相)	46				3.1
	$x=1.5$	102				4.2
铁酸一钙（$CaO \cdot Fe_2O_3$）		370	81.0	4.0	8000～9000	40.1
铁酸二钙（$2CaO \cdot Fe_2O_3$）		142	45.0	22.0		28.5

①此还原度条件为 1g 试样在 700℃时用 1.8L 发生炉煤气还原 15min。

表 4-8　烧结矿中常见硅酸盐矿物的抗压强度（MPa）

矿物名称	抗压强度	矿物名称	抗压强度
亚铁黄长石	298.77	铝黄长石	129.63
镁黄长石	238.27	钙长石	123.46
镁蔷薇辉石	198.15	钙铁辉石	118.82
钙铁橄榄石	194.44	硅辉石	113.58
钙镁橄榄石	162.04	枪晶石	67.28

（2）冷却结晶过程中产生的内应力对烧结强度的影响。矿物组成对烧结矿强度的影响不仅仅局限于烧结矿中分离出来的结晶个体和玻璃相的强度作用，在很多情况下它还取决于烧结矿的矿物组成以及它在冷却时产生的内应力。

烧结矿在冷却过程中，产生不同的内应力：

1）由于烧结矿表面与中心温差的存在而产生的热应力。这种应力主要取决于冷却条件，可用缓慢冷却或热处理的方法消除。

2）各种矿物具有不同线膨胀系数而引起的应力。研究防止这种矿物相之间的应力的产生，对提高熔剂性烧结矿的强度具有重要的意义。

3）硅酸二钙在冷却过程中的多晶转变所引起的相应力。

烧结矿中存在的内应力越大，能承受的机械作用力就越小。其中以硅酸二钙的多晶转变引起的相应力破坏烧结矿强度最严重。硅酸二钙在温度变化时发生多晶转变，伴有较大体积变化，导致烧结矿异常粉化。

（3）烧结矿中气孔的大小和分布。一般如果气孔率太高，烧结矿的机械强度低；在相同气孔率条件下，如果气孔小、分散、为球形，则强度高。转鼓强度与气孔率的关系如图 4-17 所示。

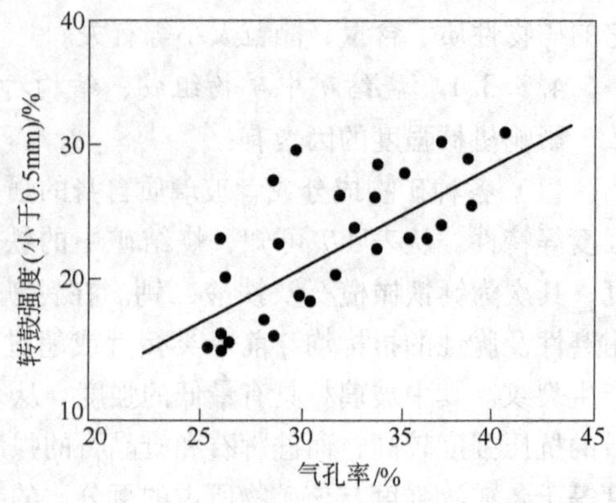

图 4-17　转鼓强度与气孔率的关系

（4）烧结矿矿物种类多少和成分的均匀度。不同碱度下的烧结矿，存在烧结矿矿物种类多少和种类以及成分均匀度的差异，对烧结矿的强度有一定的影响。

1）非熔剂性烧结矿。此类烧结矿在矿物组成方面属低组分的，主要为斑状或共晶结构，其中的磁铁矿斑晶被铁橄榄石和少量玻璃质所固结，因而强度良好。

2）熔剂性烧结矿。此类烧结矿在矿物组成上属多组分的烧结矿，其结构为斑状或共晶结构，其中的磁铁矿斑晶或晶粒被钙铁橄榄石、玻璃质以及少数的硅酸钙等固结，强度差。

3）高碱度烧结矿。此类烧结矿在矿物组成上也属低组分的，其结构为熔融共晶结构，其中的磁铁矿与黏结相矿物——铁酸钙等一起固结，具有良好的强度。

因此，在低碱度烧结矿中，只见少量的铁酸钙。而在高碱度的烧结矿中，只有局部的硅酸铁生成。这是由于原料的偏析和反应没有充分进行有效的同化作用所致，烧结矿成分越是不均匀，其质量越差。

（5）烧结料的矿化。由于烧结过程的高温阶段短暂，具有一定粒度的烧结料中的熔剂不可能全部熔化而转变为液相，总有部分残留在原矿中，但是对熔剂则要求百分之百矿化。因为 CaO 残留在烧结矿中遇水形成 $Ca(OH)_2$，会造成烧结矿破裂。

4.3.3.2 烧结矿的矿物组成、结构对其还原性的影响

影响烧结矿还原性能的因素主要有：

（1）各组成矿物的自身相对还原性。不同的含铁矿物相对还原性有差别，从表 4-9 可知，不同矿物的还原性为：赤铁矿、二铁酸钙、铁酸一钙及磁铁矿容易还原，铁酸二钙、铁铝酸钙还原性稍低，而玻璃质、钙铁橄榄石，特别是铁橄榄石是难还原矿物。对于以酸性脉石为主的非熔剂性烧结矿来说，黏结相主要是铁橄榄石和玻璃质，所以其还原性差；而对于熔剂性烧结矿，钙铁橄榄石取代铁橄榄石，并有少量的铁酸钙出现，还原性变好；对于高碱度的烧结矿，如果出现的铁酸钙主要为二铁酸钙和铁酸一钙，还原性很好，如果生成的主要为铁酸二钙，还原性有变差的趋势。

表 4-9 烧结矿中不同矿物的相对还原性

矿物名称		还原度/%			
		在氢气中还原 20min			在 CO 气体中还原 40min
		700℃	800℃	900℃	850℃
赤铁矿（Fe_2O_3）		91.5			49.4
磁铁矿（Fe_3O_4）		95.5			25.5
铁橄榄石（$2FeO \cdot SiO_2$）		2.7	3.7	14.0	5.0
钙铁橄榄石（$CaO_x \cdot FeO_{2-x} \cdot SiO_2$）	$x=1.0$	3.9	7.7	14.9	12.8
	$x=1.2$				12.1
	$x=1.3$				9.4
$(Ca,Mg)O \cdot FeO \cdot SiO_2$, $w(CaO)/w(MgO)=5$		5.5	10.0	18.4	
$(Ca,Mg)O \cdot FeO \cdot SiO_2$, $w(CaO)/w(MgO)=3.5$		4.8	6.2	14.1	
$CaO \cdot FeO \cdot 2SiO_2$		0.0	0.0	0.0	
$2CaO \cdot FeO \cdot 2SiO_2$		0.0	0.0	6.8	
$2CaO \cdot Fe_2O_3$		20.6	83.7	95.8	25.5
$CaO \cdot Fe_2O_3$		76.4	96.4	100.0	49.2

续表 4-9

矿 物 名 称	还原度/%			
	在氢气中还原 20min			在 CO 气体中还原 40min
	700℃	800℃	900℃	850℃
$CaO \cdot 2Fe_2O_3$				58.4
$CaO \cdot FeO \cdot Fe_2O_3$				51.4
$3CaO \cdot FeO \cdot 7Fe_2O_3$				59.6
$CaO \cdot Al_2O_3 \cdot Fe_2O_3$				57.3
$4CaO \cdot Al_2O_3 \cdot Fe_2O_3$				23.4

（2）气孔率、气孔大小与性质。烧结矿的还原主要是靠还原性气体扩散到反应界面上进行的，所以与烧结矿结构中气孔率以及气孔的分布有关。气孔率对强度与还原性的影响是相反的，气孔率高，强度低，还原性好。气孔的大小、形状对还原性影响小。在保证强度的前提下，要尽可能提高烧结矿的还原性。还原度与气孔率的关系如图 4-18 所示。

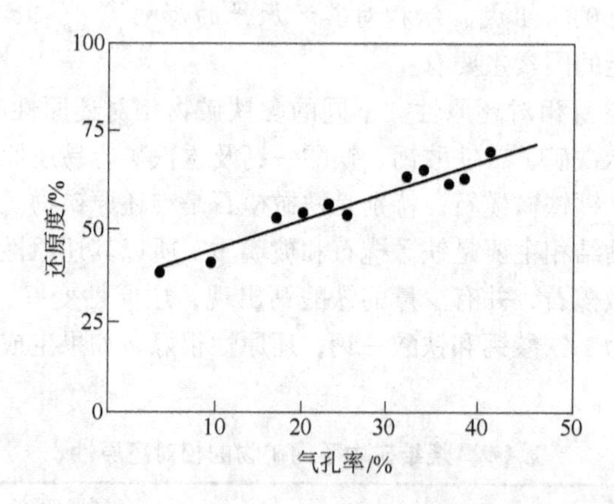

图 4-18　还原度与气孔率的关系

（3）矿物晶粒的大小和晶格能的高低。大颗粒的磁铁矿被硅酸盐包裹时，难还原或者只是表面还原。晶粒细小且晶粒间黏结相很少时，则易还原。例如，当磁铁矿晶粒细小，在晶粒间黏结相很少时，这种烧结矿在 800℃ 容易还原。

单矿物晶体的还原性还可以从结晶化学的观点来说明。晶格能低的易还原，晶格能高的还原性差。某些单矿物晶体的晶格能见表 4-10。赤铁矿晶格能最低，还原性最好；而铁橄榄石晶格能最高，还原性最差。

表 4-10　某些单矿物晶体的晶格能

矿物名称	晶格能/kJ	矿物名称	晶格能/kJ
赤铁矿	9538	钙铁橄榄石	18782
铁酸钙	10856	铁橄榄石	19096
磁铁矿	13473		

5 烧结自动控制原理

5.1 烧结过程自动化体系结构

1989 年，美国普渡大学 Williams 教授提出 Purdue 模型，将流程工业自动化系统自下而上分为过程控制、过程优化、生产调度、企业管理和经营决策等 5 个层次；国际标准化组织 ISO 在技术报告中将冶金企业自动化系统分为 L0 ~ L5 级结构，如图 5-1 所示，其中 L1 ~ L5 级为冶金企业信息化建设的主要内容。烧结厂作为钢铁联合企业中重要的组成部分，也符合该模型的体系结构。

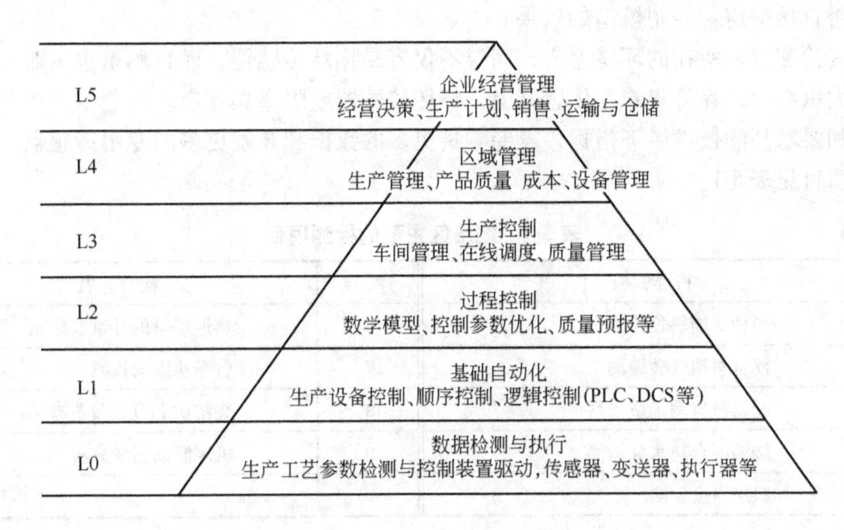

图 5-1　冶金企业自动化体系结构及分级

图 5-1 中，L1 ~ L3 级面向生产过程控制，强调的是信息的时效性和准确性；L4 和 L5 级面向业务管理，强调的是信息的关联性和可管理性。

企业经营管理级（L5）主要完成销售、研究和开发管理等，负责制定企业的长远发展规划、技术改造规划和年度综合计划等。

区域管理级（L4）负责实施企业的职能、计划和调度生产，主要功能有生产管理、物料管理、设备管理、质量管理、成本消耗和维修管理等，其主要任务是按部门落实综合计划的内容，并负责日常的管理业务。

生产控制级（L3）负责协调工序或车间的生产，合理分配资源，执行并负责完成企业管理级下达的生产任务，针对实际生产中出现的问题进行生产计划调度，并进行产品质量管理和控制。

过程控制级（L2）主要负责控制和协调生产设备能力，实现对生产的直接控制，针对生产控制级下达的生产目标，通过数学模型、人工智能控制系统等优化生产过程工艺参数、预测产品质量等，从而实现高效率、低成本的冶炼过程。

基础自动化级（L1）主要实现对设备的顺序控制、逻辑控制及简单的数学模型计算，并按照过程控制级的控制命令对设备进行相关参数的闭环控制。

数据检测与执行级（L0）主要负责检测设备运行过程中的工艺参数，并根据基础自动化级指令对设备进行操作。执行级根据执行器工作能源的不同可分为电动执行机构、液压执行机构和气动执行机构，如交直流电动机、液压缸、汽缸等。

对烧结过程来说，L0 级和 L1 级已经相对比较成熟，L2 ~ L5 级正在迅速发展。L1 级和 L2 级是烧结自动控制的关键环节，其中，L2 级是目前许多冶金工作者研究的重点。本章主要介绍L0 ~ L2 级的原理、方法、设计及其应用情况。

5.2 烧结过程参数的自动检测

5.2.1 烧结自动检测概述

工艺参数检测是建立数学模型、开发智能控制系统的前提，特别是一些重要的在线参数，其准确与否直接决定着控制模型的效果。

烧结区检测仪表所在的环境恶劣，高温不仅容易损坏传感器，而且测量也困难。此外，环境中含有大量粉尘，容易附着在传感器上，烧坏传感器或阻塞其管道。随着生产操作强化、设备大型化和要求高的技术经济指标，需要测量更多的数据和开发更多的专用传感器。烧结区主要的检测项目见表 5-1。

表 5-1 烧结区主要的检测项目

序 号	检 测 项 目	序 号	检 测 项 目
1	各种矿槽料位检测	6	热返矿量的计量及检测
2	混合料透气性检测	7	台车速度的检测
3	配料机自动定量给料	8	烧结矿 FeO 含量的检测
4	烧结混合料水分检测	9	机尾断面图像分析
5	料层厚度检测		

下面介绍其中几种主要的检测项目。

5.2.2 电子皮带秤与定量给料装置

电子皮带秤在原料、烧结、高炉的配料和称量系统中广泛应用。电子皮带秤的称量与一般秤不同，它属动态称重计量方式，需要测量皮带运输机在单位时间内所输送的物料重量，其称重原理可用下式表示：

$$\begin{cases} Q = \int_{t_1}^{t_2} q\mathrm{d}t \\ q = Wv \end{cases} \tag{5-1}$$

式中 Q——单位时间的物料输送量；

q——瞬时物料输送量；

t_1，t_2——时间；

W——单位长度上物料重量；

v——皮带输送速度。

因此，只要测得单位皮带长度上的物料重量 W 和皮带速度 v，便能得到单位时间所输送物料的重量。电子皮带秤由机械杠杆系统（称量机本体）和电子仪表两大部分组成，其称量装置设置在现场，电子仪表装在称量仪表盘上。

定量给料装置也称为配料秤，是一个称量与控制一体化的装置，它可由计算机定值控制。

5.2.3　烧结混合料水分检测

水分的检测和控制是烧结操作中的一个难点，严格控制混合料水分的标准值和误差范围，有助于提高混合料透气性和抑制过湿带过宽。常用的检测方法有：热干燥法、中子测定法、快速失重法、红外线测定法和电导法。其中，热干燥法和快速失重法是间歇式测定法，而中子测定法、红外线测定法和电导法可实现水分的快速在线连续测定。现场采用较多的是中子水分仪和红外线水分仪。

目前中子水分仪有两种测量方式(见图5-2)：一种是插入式，其探头装在料槽内，所用放射强度较低(约为3.7×10^{9}Bq)；另一种是表面式(或称反射器式)，在料槽外壁安装，所用放射强度较高(约1.85×10^{10}Bq)。射线源大多采用镭-铍(^{226}Ra-^{9}Be)或镅-铍(^{241}Am-^{9}Be)。

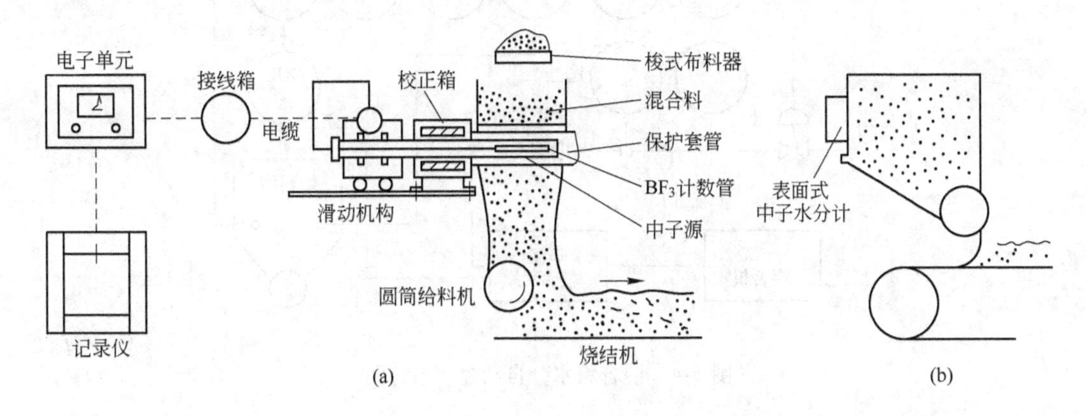

图 5-2　中子水分仪
(a) 插入式；(b) 表面式

红外线水分仪是基于红外线辐射经湿料反射后，其衰减程度与湿料含水量有关的原理制成(见图5-3)。由于反射率还取决于物料表面状态、颜色、化学成分和其他因素，为消除这些影响，现在还出现了一种测量更准确的红外三波长水分仪。它是用一种能被水分吸收的波长作为

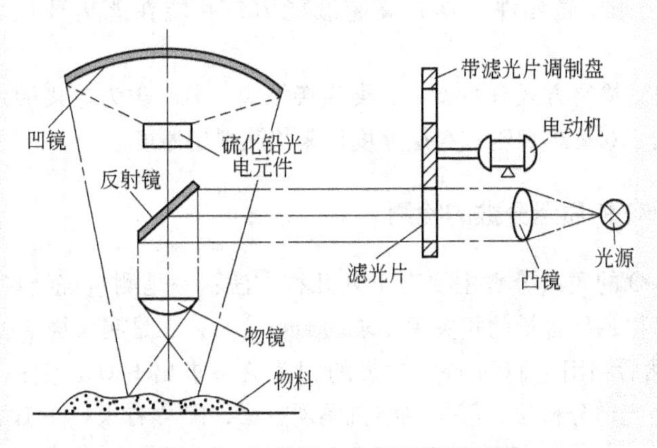

图 5-3　红外线水分仪工作原理图

检测光，用两个被水吸收比例很小的波长作为比较光，通过取测量光和比较光的反向能量比，使物料表面状态、颜色等对三种波长有同样影响。因此，其精度比两种波长的红外线水分仪准确。这种仪表测量范围为0～40%，测定距离为7350mm，测量面积为60mm^2，响应时间为0.5s。

混合料水分自动控制系统如图5-4所示。其中，一次加水按粗略的加水百分比进行定值控制，二次加水是按前馈-反馈复合控制的。计算机根据二次混合机的实际混合料输送量和含水量与目标含水量比较，计算出加水量，作为二次加水流量设定值，这是前馈作用；然后由给料槽内的中子水分仪测得的实际水分值，与给定值的偏差进行反馈校正，为了获得最佳透气性，它还把透气性偏差值串级控制混合料湿度纳入自动控制系统。

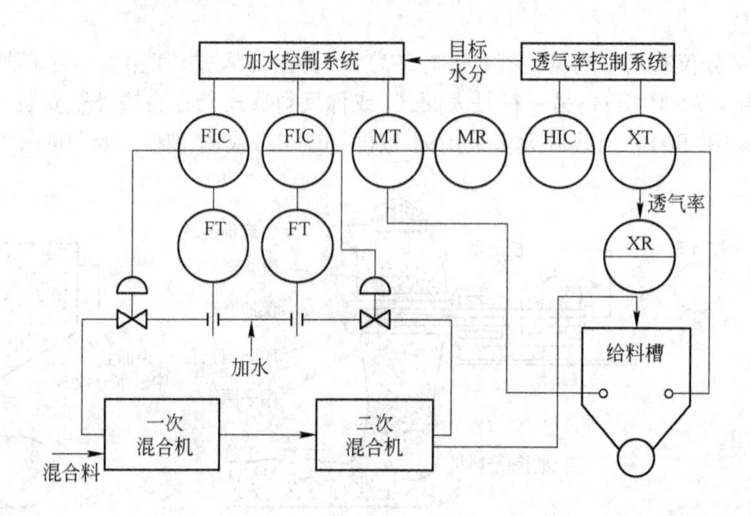

图5-4　混合料水分自动控制系统图

5.2.4　料位和料层厚度检测

在原料矿槽及废气系统漏灰斗中，一般采用定点料位信号器已可满足料位检测要求，而对中间矿槽、烧结机给料槽、配料矿槽和返矿槽中的料位变化，则需进行连续检测和控制。目前，电导式、跟踪式和超声波式等多种料位计已被应用，但最可靠和用得最多的是称重法，它多使用压磁元件，具有高超载能力，并能在恶劣环境（高温、潮湿、多尘）下工作。

台车料层厚度自动检测方式有两类：一类为接触式；另一类为非接触式（超声波法）。宝钢495m^2烧结机使用了6个单点辊式料层厚度计来检测料层厚度。

5.2.5　烧结矿中FeO的质量分数的检测

测量烧结矿中FeO的质量分数主要有下列几种方法：一是测量烧结矿中铁磁物质的磁导率，然后利用磁导率和FeO含量的相关关系求出FeO含量；二是测量烧结过程废气温度和废气成分（O_2、CO_2），然后利用它们和FeO含量的相关关系求出FeO含量；三是化学分析方法（重铬酸钾法）；四是光谱分析法；五是烧结机尾观察法，即“看火”。前两种方法可用于在线实时测量。

5.3 烧结基础自动化

5.3.1 烧结基础自动化的发展

烧结基础自动化级从过程控制级接收设定数据，经过相应的运算处理后下达给 L0 级（传动系统和执行机构）。相反的，基础自动化级要从 L0 级（仪表仪器）采集实时数据并反馈给过程控制级，以便于过程控制级进行自学习和统计处理。基础自动化级的基本任务是完成顺序控制、设备控制和质量控制。

现代基础自动化级与过程控制级之间大多通过以太网或其他网络（如内存影像网）通信。基础自动化级与传动系统或现场执行机构、智能仪表之间一般采用现场总线（如 Profibus-DP、Genius、ModbusPLus、DH +、DeviceNet 等）交换数据。另外，基础自动化级与操作台、就地控制柜等远程 I/O 系统之间也采用现场总线连接，与人机界面系统采用以太网通信。因此，基础自动化级除了完成控制任务外，还要完成大量的多种方式的通信工作。

目前，基础自动化主要是由 DCS（Distributed Control System）来完成，即分布式（集散型）计算机控制系统，它是在 20 世纪 70 年代中期发展起来的一种以集成处理器为核心的控制系统。它把计算机技术、信号处理技术、测量技术、控制技术、通信技术、图形显示技术及人机接口结合在一起，它是利用计算机技术对生产过程进行集中监测、操作、管理和分散控制的一种控制系统。

DCS 已经历了三代，1975 年，Honeywell 公司推出的 TDC2000 集散控制系统是一个具有多处理器的分级控制系统，以分散的控制设备来控制分散的过程对象，并通过数据高速公路将它们相互连接并协调起来，实现了控制系统的功能分散和负荷分散，从而危险性也分散。第二代产品在原来产品基础上，进一步采用模块化、标准化设计，提高了系统可靠性和可扩充性，它能实现过程控制、数据采集、顺序控制和批量控制功能。第三代产品进一步向综合化、开放化发展，一方面向上增加了更高层次的信息管理级，另一方面，随着电子技术的发展，以微处理器为基础的智能设备相继出现，如智能变送器、智能调节器，再结合现场总线技术，DCS 向下形成一种新的、全分布式的控制系统，简化了系统结构，增强了互联性，提高了可靠性。

DCS 类分布式控制器的基本特点为：

（1）DCS 控制器能够独立自主地完成自己的任务，是一个能独立运行的控制站。

（2）DCS 控制器在硬件和软件设计上具有一定的容错能力，具有很高的可靠性。

（3）DCS 控制器采用模块化、标准化结构设计，可以灵活地进行组态和配置，并可以扩充 I/O。

（4）在 DCS 系统中设置图形化人机接口。

（5）通过 DCS 系统中的人机接口还可以对过程数据进行实时采集和分析，并可进行在线排障和程序的在线修改。

（6）DCS 控制器之间，与上级和下级网络之间能够通过通信网络连接，进行必要的控制信息交换，通信实时可靠。

5.3.2 典型烧结基础自动化系统

5.3.2.1 系统概述

以目前国内较先进的宝钢二号烧结机（495m^2）的 DCS 系统为例，介绍整个基础自动化系统的功能构成、软硬件系统及其特点。

二期烧结三电控制系统采用 DCS + PLC + Data Server 的配置方式，整个三电控制系统功能如图 5-5 所示。系统网络分为两个层次，即信息层和控制层。

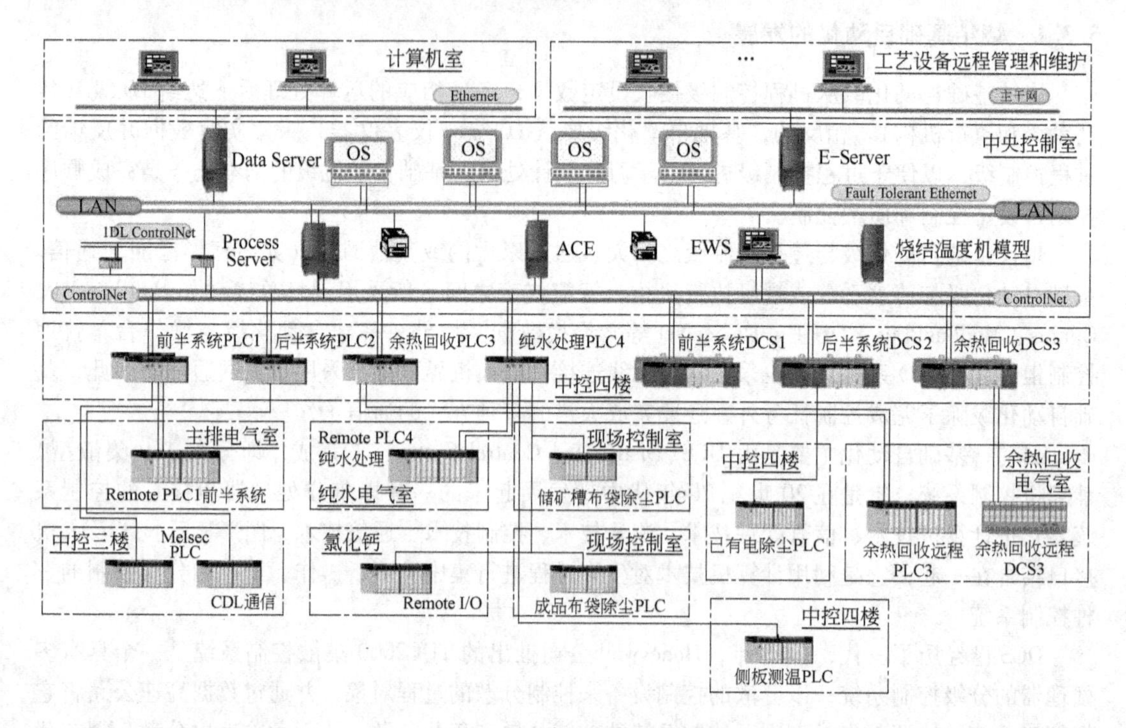

图 5-5　三电控制系统功能

信息层包括过程服务器（Process Server）、数据服务器（Data Server）、E-Server、操作站以及冗错的以太网。

控制层包括 DCS、PLC、ACE（Application Controller Environment）以及开放的 ControlNet 网。

过程服务器以实时数据库核心采集并处理 DCS、PLC、ACE 和数据服务器的实时信息，以满足工艺操作、监视的需要。E-SERVER 作为防火墙使生产、设备能进行远程管理和维护。数据服务器主要负责收集和处理来自包括二烧结生产和设备状况数据、各种成分分析数据、临近区域（原料和高炉）生产和设备状况数据。

DCS 采用 Honeywell 的 PKS 系统；PLC 采用 Rockwell 的 ControlLogix；Data Server 主机采用 PC 服务器，配置 LINUX 操作系统和 ORACLE 数据库。

该系统的主要特点是：

（1）二烧结三电控制系统网络结构合理，层次分明，功能分担恰当。系统分为两层网络，其信息层采用冗错的以太网（兼容普通以太网），在此网络上，各服务器和操作站间实行无缝连接，数据共享。而 DCS 控制器和 PLC 同样也挂在一个控制网络（ControlNet）上，其间也是无缝连接，数据共享。系统通过 E-Server，既保证了生产操作系统的运行可靠，又能远程监视和掌握生产工艺状况。

（2）开放性和通用性。系统的信息层以 Windows2000 为操作系统，采用 TCP/IP 协议和实时系统软件，通过以太网，将基于 PC 服务器的过程服务器、数据服务器和操作站连成一个操作监控网络。系统的控制层采用国际基金会组织认可的通用、开放性的 ControlNet 网络。

（3）真正做到了三电一体化。在结构和功能上，采用了真正意义上三电一体的先进的设计理念，突破了原来 L1 与 L2 的界限，对于生产操作只有一类界面、一种风格，操作和监视可以按功能分类，可以按区域分类，也可以按岗位人员习惯或要求分类。对系统而言，设备只有功能分担的差异，可以忽略专业存在。因为它们之间的连接是无缝连接，数据透明、共享。

（4）PM 型 I/O。DCS 采用 PM 型 I/O，不仅保证了控制层网络的开放性、统一性，提高了 DCS 控制系统控制性能，而且与一、三烧结 DCS 系统的 I/O 兼容。

5.3.2.2 系统的控制功能

A 配料系统

所有原燃料集中在配料室，采用重量法配料。共设有 17 套定量给料装置（CFW），根据电子皮带秤的物流量检测，调节给料速度，控制给料量，如图 5-6 所示。其主要检测及控制项目有：

（1）定量配料；

（2）CFW 的启停（顺序，一齐）；

（3）系统运行中的换槽（槽变更）；

（4）配料槽的料位、品名、水分含量；

（5）空气炮动作。

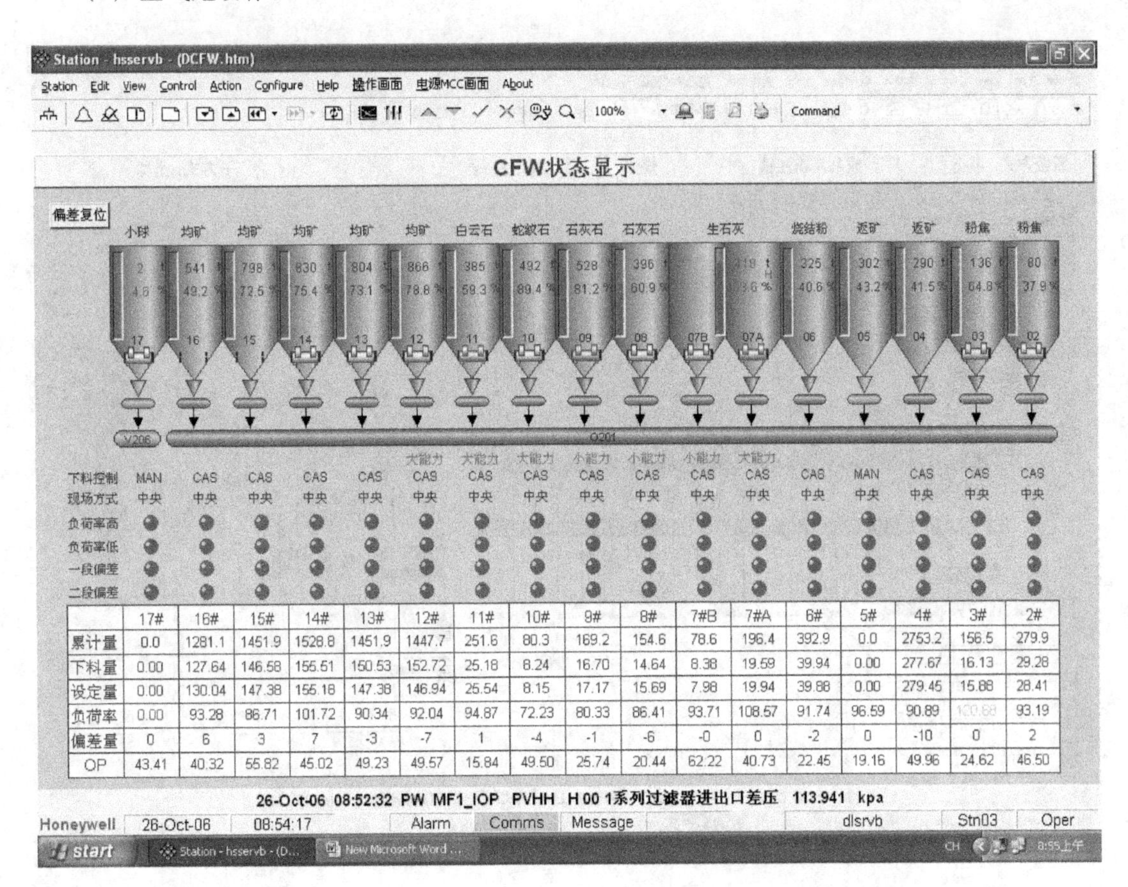

	17#	16#	15#	14#	13#	12#	11#	10#	9#	8#	7#B	7#A	6#	5#	4#	3#	2#
累计量	0.0	1281.1	1451.9	1528.8	1451.9	1447.7	251.6	80.3	169.2	154.6	78.6	196.4	392.9	0.0	2753.2	156.5	279.9
下料量	0.00	127.64	146.58	155.51	150.53	152.72	25.18	8.24	16.70	14.64	8.38	19.59	39.94	0.00	277.67	16.13	29.28
设定量	0.00	130.04	147.38	155.18	147.38	146.94	25.54	8.15	17.17	15.69	7.98	19.94	39.88	0.00	279.45	15.88	28.41
负荷率	0.00	93.28	86.71	101.72	90.34	92.04	94.87	72.23	80.33	86.41	93.71	108.57	91.74	96.59	90.89	120.68	93.19
偏差量	0	6	3	7	-3	-7	1	-4	-1	-6	-0	0	-2	0	-10	0	2
OP	43.41	40.32	55.82	45.02	49.23	49.57	15.84	49.50	25.74	20.44	62.22	40.73	22.45	19.16	49.96	24.62	46.50

图 5-6 CFW 配料系统

B 加水混合与造球

经过配料的物料用皮带机直接送入混合机。混合分两段进行，其中，一段主要使物料混匀并加水湿润；二段主要使混合料成球。主要检测及控制项目有：

（1）一次、二次加水控制；

（2）物料及水分值数据跟踪；

（3）混合料槽料位控制；

（4）原料系统设备运转及混合料取样机运转控制。

C　点火炉与烧结机系统

混合料槽中的物料通过圆辊给料机和带自动清扫机的布料溜槽均匀地布到已铺有铺底料的台车上。料层厚度最高可达620mm。物料由台车点火炉点着，经保温炉的热风保温后，进入烧结过程，如图5-7所示。主要检测及控制项目有：

（1）点火炉、保温炉燃烧控制及氮气吹扫顺序控制；

（2）台车物料层厚度控制；

（3）风箱压力、温度检测及燃烧终点控制；

（4）烧结机头部给矿、尾部排矿监视；

（5）铺底料槽料位控制；

（6）烧结机运转控制。

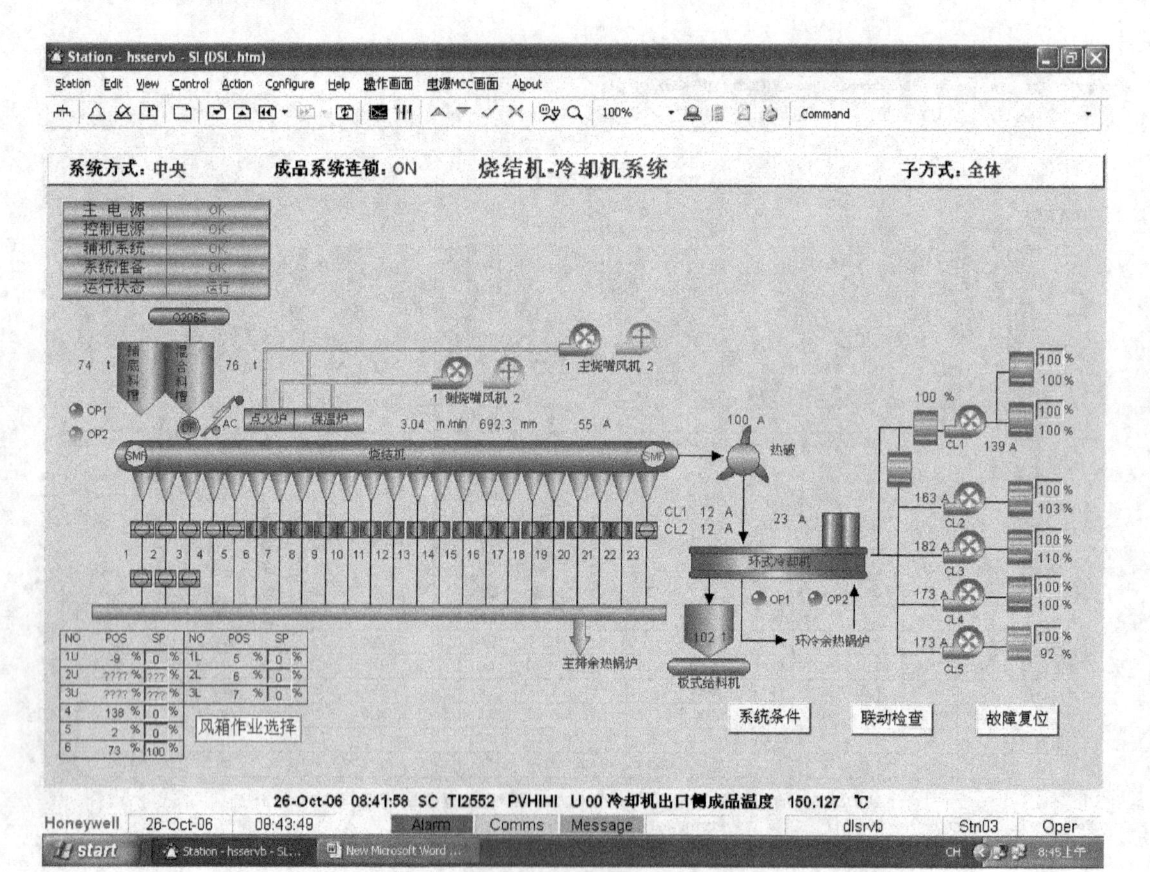

图5-7　烧结机系统

D　主抽风与除尘

在台车运行过程中，主抽风机通过排气管、风箱，沿台车宽度方向分两侧抽风。进入两个主排气管的烟气分别经过各自的电除尘（ESCS）净化，然后汇合，由高度为200m的烟囱排放。在主排气管内沉降的粉尘通过气动双层漏灰阀卸至胶带机上，汇同台车散落料送至烧结矿成品整粒系统。主要检测及控制项目有：

（1）主排气温度、压力、流量、粉尘浓度检测；

（2）除尘器气体压力、温度、流量、粉尘浓度检测；

（3）粉尘槽料位检测及控制；

（4）排放烟气中SO_2、NO_x成分分析；

（5）主排风机运转控制；

（6）除尘设备运转控制。

E 烧结矿的破碎与冷却

在烧结机尾部卸下的热烧结饼，由单辊破碎机破碎后，送入鼓风式环冷机，冷却后，再由板式给矿机卸至皮带机上，运往成品整粒系统。由冷却机排出的高温废气经除尘后，送往点火炉、保温炉用作助燃空气。主要检测及控制项目有：

（1）排矿温度检测及风机速度控制；

（2）废气压力、温度检测及冷风阀开度控制；

（3）余热风机转速控制；

（4）环冷机、板式给矿机的速度控制；

（5）环冷机排矿槽料位控制；

（6）环冷机给料处、卸料处状况监视（工业电视）。

F 烧结矿整粒，成品系统

对冷却后的烧结矿进行整粒。整粒采用1段破碎、4次筛分的流程，双系列同时进行。3次筛上10~20mm粒级送往烧结机上部的铺底料槽，铺底料过多时也可转送成品系统。4次筛下小于5mm的烧结粉作为返矿送回返矿配料槽。主要检测及控制项目有：

（1）成品物料输送量检测；

（2）自动除铁装置动作；

（3）成品取样、分析（粒度、强度、还原粉化率、化学成分）；

（4）成品输送状况监视（工业电视）；

（5）成品系统运转控制。

G 过程数据的采集处理和生产管理

主要检测及控制项目有：

（1）接收烧结矿槽料位品名信息和高炉矿槽料位品名信息，向原料计算机发送烧结矿槽料位品名最新信息等；

（2）接收烧结矿成品和各种烧结原料的成分、粒度、水分等信息，向分析计算机转发烧结矿性状（自动采样）信息；

（3）向铁区管理计算机发送烧结日报、班报、时报等必要的信息；

（4）接收烧结矿性状信息（成品实验室通信）；

（5）接收小球生产状况和设备状况信息；

（6）接收DCS和PLC的各种生产状况和设备状况信息；

（7）按照生产和工艺的要求加工、整理各项生产和设备状况数据，生成合格的烧结时报、班报、日报等报表；

（8）对接收到的各种生产和设备状况数据等信息进行进一步的加工和处理，完成生产和工艺要求的各种计算，对信息进行必要的集成，以比较合理的结构保存到 ORACEL 数据库中，并生成满足生产工艺要求的数据和表格。

此外，还包括主排气余热回收、冷却机余热回收、纯水处理以及公共设施，如集中润滑系统、UPS 电源、全厂指令电话系统等相关功能，这些设备的运转监视也大多在中央集散系统的操作站上进行。

5.4　烧结过程控制

5.4.1　烧结过程特点及控制方法

由于烧结过程兼有连续型和离散型工业流程的特点，其生产过程既包括物理过程，也包含化学过程，具有结构复杂性、参数不确定性等一系列特征，具体体现在：

(1) 关系变量众多。生产规模大，工艺流程长，使得过程的影响因素繁多，并且随着检测仪表、集散控制系统的成熟和发展，工业过程可得到的信息量越来越多，反而为过程的模型化研究增加了难度。

(2) 过程复杂。复杂过程的反应机理复杂，常常伴随着物理化学反应、生化反应、相变反应及物质和能量的转化与传递过程固、液、气三相共存，而且存在不同程度的非线性和时滞等特性，难以建立精确的数学模型。

(3) 过程不确定性因素复杂。生产环境和生产条件十分恶劣，如高温、高压、粉尘等，甚至是易燃易爆或存在有毒物质，导致生产过程中的一些工艺参数，如温度、流量、成分等难以实时准确检测，并且在检测数据中往往有大量的噪声、干扰和误差；此外，环境的动态变化，如生产原料成分不稳定和生产边界条件波动等，以及一些过程重要的生产指标无法直接测量引起的过程信息未知性和不完全性等因素，也造成了过程的不确定。

(4) 过程关联耦合严重。复杂过程中含有许多相互耦合、交互作用严重的变量，一个操作变量的改变会同时引起多个被控变量的改变。

(5) 过程信息的多样化。在实际复杂生产过程中，一方面由于自动控制系统的广泛应用，保存了大量的实际生产数据；另一方面，由于工程技术人员长期与生产过程接触，获得了许多生产过程的经验性知识，因此，在复杂过程中包含有大量的定量、半定量和定性等多种模式的信息。

就以上烧结过程的特性而言，这些复杂性造成传统的依赖对象精确数学模型的控制方法难以取得令人满意的结果。而智能技术具有无需建立对象精确模型的优势，并且可以充分利用人类专家的经验知识，因此，利用智能过程控制模型研究适合烧结过程实现的控制技术既是必要，也是可行的。

智能过程控制模型将综合运用传统建模和优化技术、软测量技术、预测技术及专家系统、神经网络、模糊推理等多种智能建模方法；以已知生产条件为输入，考虑到生产边界条件等的波动，建立生产目标、反应经济效益的工艺指标参数以及操作参数的集成优化控制模型；采用智能集成方法协调多种优化手段获得以成本最低或能耗最小等经济效益指标为目的、满足生产目标要求和生产约束条件的最优操作参数值；将最优操作参数值作为设定值送控制器，实现整个生产过程的在线闭环优化控制。主要包括以下几方面的内容：

(1) 通过过程机理分析，确定生产过程中直接影响生产目标（如产量、质量等）并与经济效益指标（如原料消耗量、能源消耗量等）直接相关的工艺指标参数（如机速、烧结矿化学成分、透气性、燃料比等），并确定生产过程中影响这些工艺指标参数的操作参数。

（2）根据工艺知识、操作工人经验和生产过程数据，结合多种建模技术，建立以成本最低或者能耗最小或者产量最高等经济效益指标为目标的、满足生产要求的优化模型；建立反应生产边界条件、操作参数和工艺指标参数之间关系的过程模型；考虑到环境条件、生产用料变化、生产边界条件等外界扰动可能引起生产不稳定，生产无法控制，建立预测控制模型，采用前馈补偿予以克服；这些生产边界条件、操作参数和生产目标中的部分参数可能是不可测或者不易测的，对此应用机理建模、系统辨识等传统建模方法，神经网络、专家系统、模糊逻辑等智能建模方法及其集成方法建立软测量模型，实现这些参数的在线检测。

（3）由优化模型、过程模型和预测模型组成反应生产目标、工艺指标参数以及操作参数之间关系的集成优化控制模型。由于过程异常复杂，所建立的智能集成优化控制模型已不是传统意义上的优化模型，经典的优化方法不再适用，只有针对所建优化模型的特点采用不同的优化方法并进行有效的集成才能得到满意的结果。在过程模型中，主要考虑可控操作参数与工艺指标参数的关系，而对于那些不可控（或不易控制）操作参数对生产目标的影响，通过补偿的方法加到可控操作参数上，专家推理可用来对最优值和补偿值进行协调。因此，一个智能控制系统往往由多个模型有机结合而成。

（4）采用专家系统集成多种模型，对优化和前馈控制获得的操作参数进行协调，并针对操作参数变量多于控制目标变量的特点，利用统计学中的主元分析法或其他技术，确定影响生产目标的主要操作参数和次要操作参数及其相互间的关系，获得直接控制器操作参数的优化设定值。

（5）优化获得的操作参数通过控制器进行稳定化控制。对于简单参数的直接控制，最常用的办法是采用经典 PID 控制器，而对于一些复杂对象的直接控制，可通过分散控制技术（集散控制系统），采用先进控制算法，如引入模糊控制、专家控制等智能控制算法，实现参数的稳定化控制。

（6）烧结过程从期望生产目标的输入到实际生产目标的反馈，在时间上是有一段滞后的，为实现生产目标的实时在线控制，通过生产目标预测模型实时反馈生产目标值，不断修订优化参数设定值，实现生产目标的在线闭环优化控制，从而保证生产过程运行在满足生产目标前提下的最优生产状态。此外，根据实际生产目标与期望生产目标的偏差在线校正优化模型，确保模型精度。在实际工业应用中，智能集成优化控制一般框架中的每一步并不是都必须完成，而是根据具体工业过程特点，有针对性地进行建模方法和优化控制技术研究。

5.4.2 烧结数学模型

国外是从 20 世纪 60 年代开始对烧结数学模型进行研究，我国的研究工作始于 80 年代。由于烧结技术和计算机技术的发展，烧结数学模型的发展很快，应用范围在不断扩大，它从过程模拟、参数优化向过程控制及新工艺开发等方面迅速发展。

5.4.2.1 理论模型

机理分析和理论研究作为烧结过程控制的基础和前提，得到了国内外学者的广泛重视。比较典型的有澳大利亚的 M. J. Cumming 等人开发的铁矿石烧结模拟模型，它包括 13 种物理变化、11 种化学反应和 26 个状态变量，采用现场实际操作参数和混合料性质作为模型的输入数据，对各过程变量随时间的变化进行了模拟计算，在当时的计算机水平上，计算 1 次需要 7h 以上。

H. Toda 等人建立了模拟焦粉粒度、混合料预热、气流分布等操作因素对烧结料层热曲线影响的数学模型。模型计算了高温带冷却时间沿料高方向的变化，得到了高温带冷却时间与落下强度之间的关系。

北京科技大学周取定教授对铁矿石烧结过程基本理论进行了深入的研究，用传热的基本理论来研究烧结过程的温度分布与蓄热现象，用气体动力学的理论来分析料层透气性及工艺参数的关系，对烧结过程中的固相反应、液相形成及烧结矿生产的机理研究也有进展。在理论研究的基础上提出了一系列很有价值的模拟模型，包括混合料制粒过程、烧结过程布料偏析、点火过程、成品机械处理过程、烧结矿质量统计等模拟模型。通过深入研究烧结过程中气体力学、质量和热量传输问题对烧结过程的影响，提出了烧结工艺优化策略。

Upadhyaya 通过对大量理论和实践模型的深入研究，指出由于忽略相关物料的基础化学特性，过分依赖于外部特性，使得大量的研究模型存在很大的局限性，因此，需要在烧结理论研究和实践研究中寻找结合点，充分考虑内在因素和外在因素的相互关联，同时边界控制也是一个重要的研究方向。

基于机理分析、实验仿真及理论研究获得的烧结过程模型对于进一步实现参数优化有很大的帮助。在实际工业应用中，通过实际生产数据不断修正模型的参数，可以提高模型的精度和适用性，从而更准确地指导生产。

5.4.2.2 工艺参数优化模型

计算机技术、网络技术、数据库技术的发展，可编程逻辑控制器（PLC）、分布式控制系统（DCS）、现场总线控制系统（FCS）的出现与成熟，为在生产过程中实施先进控制创造了技术基础，神经网络、模糊控制、专家系统、灰色理论、自适应控制等技术在单目标参数优化模型中得到了广泛的应用，在烧结中的应用如下。

A 烧结矿化学成分控制模型

烧结矿化学成分主要包括碱度 R、TFe、SiO_2、CaO、MgO、Al_2O_3、FeO、P 和 S 等，除 FeO 外，其余主要受原料成分及其配比的影响。目前，国内外大部分烧结厂主要是通过控制原料场和配料系统来实现对烧结矿化学成分的前馈控制。

从原料下料到烧结成烧结矿，再经过冷却、整粒、取样分析，给出烧结矿化学成分的化验结果，需要长达几个小时的时间响应，即存在相当长的时间滞后。而且原料成分的波动以及原料配比（下料量）的波动会引起烧结矿化学成分的波动。所以，要稳定烧结矿化学成分，必须对其进行提前预报。

20 世纪 80 年代初，日本住友金属公司开发出了烧结矿化学成分控制系统。该系统根据原料和烧结矿之间的物料平衡方程来预测烧结矿化学成分 CaO、SiO_2、MgO 和 FeO 的含量，可预报供给原料 2h 以后的烧结矿化学成分；再根据预报成分和目标成分的偏差，计算并修正混合料最佳配比，以达到稳定成分的目的。利用这一系统可以较好地控制烧结矿 4 种化学成分的波动：CaO 的波动控制在 0.2%，SiO_2 的波动控制在 0.2%，MgO 的波动控制在 0.05%，FeO 的波动控制在 0.5%，成分的波动约降低 30%。该系统已成功运用于住友金属公司的小仓钢铁厂 3 号烧结机、鹿岛厂 3 号烧结机以及和歌山厂 4 号烧结机，并都取得了较好的操作效果。

郭文军等人研制的烧结矿化学成分神经网络预报模型选择了与烧结矿质量有直接关系的碱度、全铁和 FeO 含量作为预报的输出，采用 MATLAB 语言仿真，预报结果与实际结果的偏差均在允许的工艺范围内。

中南大学烧结球团研究所开发的烧结生产控制指导系统，分别采用时间序列模型和人工神经网络方法，建立了烧结矿化学成分的预测模型；结合某烧结厂实际的生产情况，开发出了“以碱度为中心”的烧结矿化学成分控制专家系统。系统总体结构如图 5-8 所示，该系统的离线应用结果表明：系统能够提高烧结矿化学成分的一级品率及其稳定率。

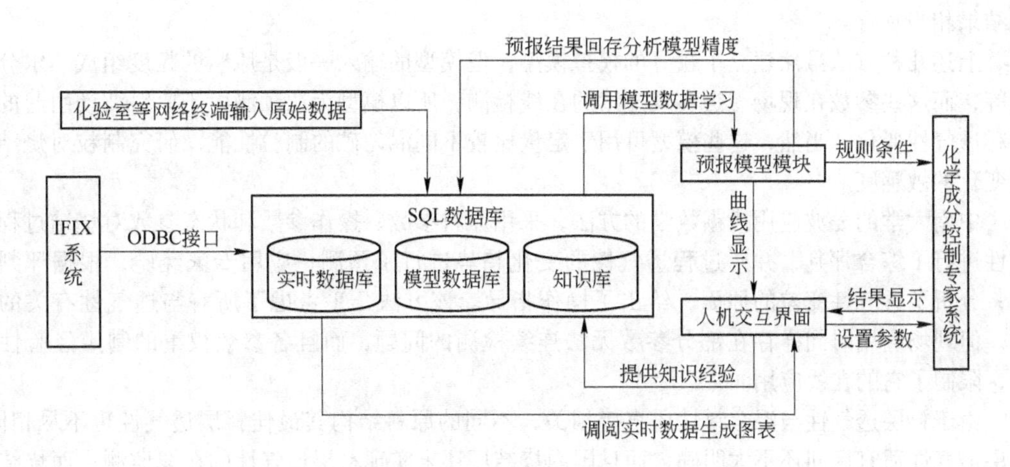

图 5-8 化学成分控制系统总体结构

B 透气性控制模型

原料波动对烧结过程的影响综合体现在料层透气性的波动上，而料层透气性的波动会引起烧结过程状态的波动。料层透气性好，料层阻力小，垂直烧结速度快，烧结时间短，烧结终点超前；反之亦然。因此，料层透气性的稳定对烧结过程状态的控制至关重要。

日本川崎钢铁公司为了稳定烧结过程透气性和烧结矿质量，研究开发了烧结过程操作指导系统（Operation Guide System，简称 OGS），它由一个主系统和两个子系统组成。当烧结过程生产数据输入 OGS 后，主系统就用“决策图表”对透气性、烧结矿质量和生产率进行综合评定，并决定适当的操作动作，以达到产量和质量的目标。两个子系统一个用来评定透气性，另一个则用来对评定用的标准值进行“自动调整”。千叶 4 号烧结厂采用 OGS 以后，每班可减少工人两名，焦炭消耗降低，操作更加稳定。

E. Kasai 等人的研究表明：混合料点火前的透气性与颗粒的平均直径、制粒时的水分含量有关，混合料水分对原始料层透气性和烧结过程透气性的影响规律是一致的。对于同一矿种、相同的总熔剂量，烧结矿的透气性主要依赖于点火前透气性（即混合料透气性）。

其他文献也提出了类似的观点，即认为烧结过程的透气性与混合料的原始透气性直接相关。这样，就把烧结过程透气性的控制转化成了混合料的原始透气性的优化控制。混合料的原始透气性只能在点火之前进行检测，而影响混合料的原始透气性的因素主要是混合料水分、制粒效果以及料层结构，一般是通过调整混合料水分、压料量来控制混合料的原始透气性。混合料原始透气性的检测值相对于它的控制来说就显得有些滞后，需要对其进行提前预报。

R. Venkataramana 等人提出了一个铁矿石烧结过程颗粒粒度分布和冷料层透气性的复合数学模型。这个模型是通过综合制粒和冷料层透气性模型得到的。制粒模型是建立在两段制粒成长机理的基础上的，并结合了制粒所独有的原理；透气性模型包含了气体通过料层的速率和冷料层孔隙率的方程式。该模型从原料的粒度分布和水分含量出发，在没有引入任何中间测量的情况下，模拟了各种不同操作条件下的颗粒粒度分布、冷料层孔隙率和气体速率，模拟结果与实验室烧结设备得到的实验数据拟合较好。

A. G. Waters 等人基于对影响颗粒长大的因素的机理掌握，开发了制粒过程的数学模型。模型以原料粒度分布、添加水量和物理特性为基础，预测了混合料的颗粒粒度分布，模型与试验结果相当吻合。

上述几种方法虽然建立了较好的模拟模型，但模型的输入一般是原料的粒度组成、水分含量等，而这些参数在现场无法实现连续的在线检测，所以模型无法预测由于原料波动引起的混合料透气性变化。当然，这些模型可用于定量比较不同混匀矿的制粒性能，研究制粒对烧结原料变化的敏感度。

中南大学的姜波应用模糊数学的方法，采用原料参数、操作参数和状态参数对烧结过程透气性进行了综合评判，并对过程透气性的变化趋势进行了预测；应用专家经验，根据评判结果，分析了透气性变差的原因，给出了操作指导。该方法几乎考虑了所有与透气性有关的因素，但现场应用时同样存在部分参数无法连续检测的问题，而且各参数权重的制定经验性很强，限制了它的在线应用。

由于料层透气性与混合料性质直接相关，不同的原料结构其最佳料层透气性也不尽相同，料层透气性适宜区间还不太明确，而且国内烧结厂还未实现料层透气性的在线监测；而烧结终点的位置也可以反映料层透气性的情况，所以目前国内大部分研究只考虑了烧结终点位置的稳定控制。

C　能耗控制模型

日本川崎钢铁公司千叶厂在 3 号和 4 号烧结机上开发了烧结能耗控制系统（SECOS），根据碳燃烧量（RC）和炽热区面积比（HZR）两个变量来判断烧结热量波动，从而自动控制焦粉配比，这对降低烧结矿质量波动和提高成品率起到了很好的作用。

还有的研究根据热平衡测定结果探求了烧结设备与工艺存在的问题及解决方法，为烧结工艺实现高产、低耗提供了生产操作优化指导。采用 BP 算法构造了烧结工序能耗的影响因素定量分析模型，探索了用 BP 网络对非机理性因素进行系统分析的新方法，实现了工序能耗因素指标的规划设计。

D　配矿模型

配矿工艺如图 5-9 所示。首先将各种矿石混合起来形成混匀矿，然后送烧结厂烧结形成烧结矿，在烧结时还需加入一些辅料。由于通常要采用多种矿石形成混匀矿，则烧结矿的质量控制问题就显得十分复杂：矿石以及辅料的种类越多，越难以把握矿石配比；矿石之间的相互作用和交叉影响，使配矿问题具有很强的非线性特征，难以进行单因素分析；因为成本过高，实际上不能进行工业实验等。

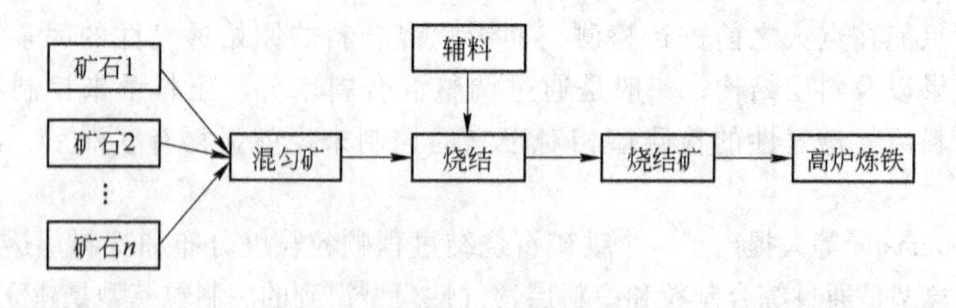

图 5-9　配矿工艺

配矿规律和知识的总结以及知识库的建立，是配矿模型的关键环节。由于配矿问题十分复杂，影响因素很多，许多机理方面的问题还没有解决；即便是配矿专家也很难全面、明确地表述配矿规律和知识，这给配矿知识库的建立带来了很大的困难。针对这一状况，宝钢开发的配矿模型在知识获取和知识库设计上，没有沿用传统的知识表达方式，而是采用了机器学习为主、专家知识为辅的策略，即利用神经网络技术，建立配矿模型，再辅以专家知识构成知识库，而随后的机器推理，实际上就是一定约束条件下的神经网络正向计算。配矿专家系统框架图如图5-10所示。配矿数据库是用Oracle（Develop 2000）开发的，硬件平台为个人PC即可。该系统与现场铁区区域管理机联网，数据共享。数据库部分包括所有与配矿有关的数据和信息，如历史配矿方案与实绩、矿石物化特性、生产工艺参数、国内外矿山资料和矿石价格、货源与运输条件等。知识库主要由神经网络配矿模型构成，辅以有关的专家知识，预测和优化都是依据配矿模型和专家提供的约束条件完成的。

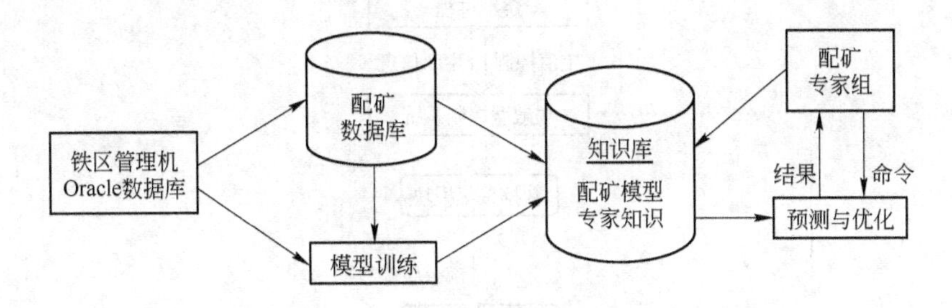

图5-10　配矿专家系统框架图

该系统投入运行后已取得如下实绩：

（1）对矿石的综合评价完全与专家经验吻合；

（2）预测烧结矿质量正确率大于85%；

（3）提出多种优化配矿方案，对配矿起到了很好的指导作用；

（4）取得显著经济效益，经公司财务部门核算，年创效益3500万元。

5.4.3　综合人工智能系统

20世纪80年代后期，特别是90年代以来，过程控制中出现了多学科（如控制论、信息论、系统论、人工智能、管理科学、工程学等学科）的渗透与交叉，同时信号处理、数据库、计算机网络与通信技术的迅猛发展为实现高水平的自动控制提供了强有力的技术工具。过程控制开始突破自动化孤岛模式，采用计算机集成制造系统（CIMS）的思想和方法来组织、管理和指挥整个生产过程，出现了集控制、优化、调度、管理为一体的综合自动化或CIPS（Computer Integrated Processing Systems）模式。在底层自动化和管理信息系统（MIS）基础上，国内外学者开始进行烧结过程多目标综合优化的研究。

比较成功的有日本川崎钢铁公司从20世纪80年代研制开发的烧结操作指导系统（OGS）它根据输入的烧结料层透气性阻力、烧结终点、废气负压、废气温度、废气流量、风箱最高温度和冷却机排风温度等参数，综合评定透气性，再根据评定的透气性及有关产量和质量数据，进行综合判断以决定操作变量，实现烧结过程的标准化和自动化，使料层透气性及烧结矿质量稳定。

中南大学烧结球团研究所范晓慧开发了以透气性为中心的烧结过程状态控制专家系统，根据垂直烧结速度、烧结终点预报值和主管负压判断透气性的状况，通过调整台车速度、料层厚度、混合料水分、焦粉配比来调整透气性稳定烧结终点。李桃深入进行了烧结过程智能实时操作指导系统的研究，提出了工况识别策略、烧结终点控制模糊控制技术以及异常工况的诊断方法。

陈许玲在分析了烧结过程机理的基础上，实现了烧结终点自适应模糊控制系统。该系统从现场的集散型控制系统中采集系统所需的在线检测数据，并将数据存储到系统数据库中，以便系统进行实时地分析、判断。将整个烧结过程分成三个主要阶段，并对各个阶段的主要状态参数进行软测量，再利用系统辨识、模糊控制等技术，根据检测信息、软测量结果以及观察到的现象对各个阶段的生产状态进行判断、分析，给出分段的操作建议；最后综合各个阶段的状态以及生产实际，给出最终的操作指导，用户可以根据这些指导来调整集散型系统的部分操作参数的设定值，以实现对生产的优化控制。烧结终点控制系统结构如图 5-11 所示。

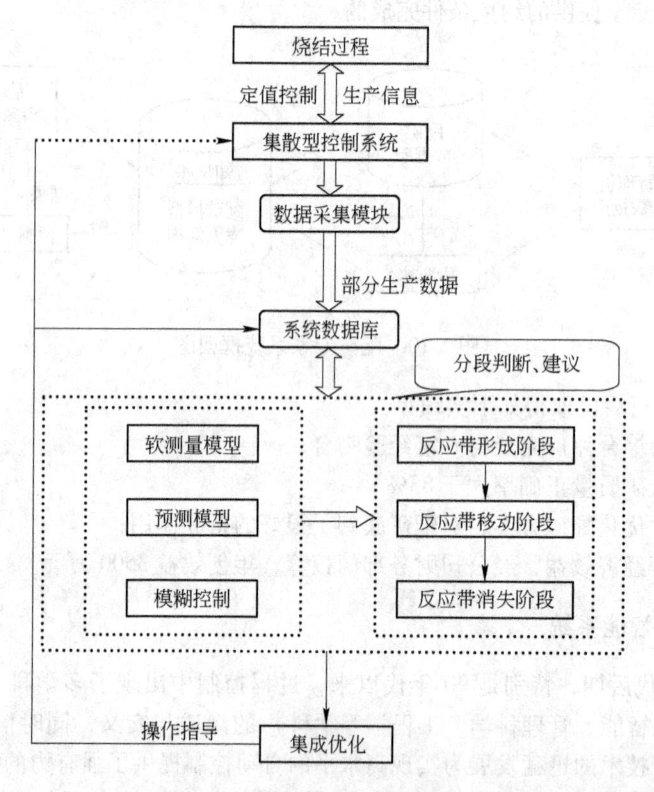

图 5-11　烧结终点控制系统结构

开发的软件系统应用于某炼铁厂烧结车间，应用前后烧结过程主要状态参数的比较如图 5-12所示。

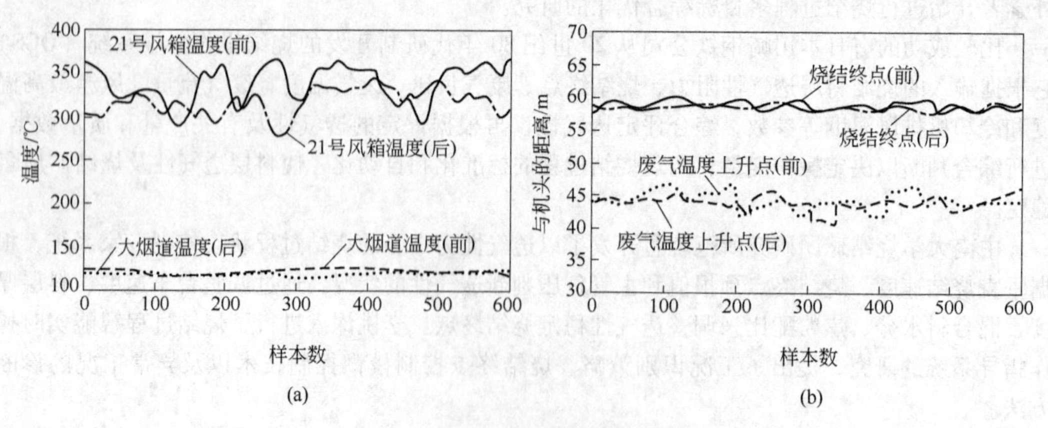

图 5-12　系统应用前后主要状态参数的比较

（a）在线检测参数；（b）计算参数

由图5-12可知，使用该软件后，烧结过程的主要状态参数标准偏差减小，波动下降，烧结生产更稳定；终点温度和大烟道温度有所下降，废气带走的热量降低。

该系统只需在中控室添加1~2台工控机，不需增设其他检测设施，投资少；系统可以代替现场专家或操作工给出合理的操作指导，降低了操作工的劳动强度，每班在不增加工人劳动强度的基础上至少可减少1~2名操作工，劳动生产率可以提高3%~7%。系统使用后，大大提高了烧结终点的稳定率，进而提高了烧结矿的成品率和烧结机的利用系数，降低了单位能耗和生产成本，创造了较好的经济效益。

6 烧结生产工艺流程

6.1 烧结原料准备与配料

6.1.1 原料接受、储存及中和混匀

6.1.1.1 原料接受

根据烧结厂所用原料来源及生产规模的不同，原料接受方式大致分为4种：

（1）处在沿海地区并主要使用进口原料的大型烧结厂，其所需原料用大型专用货舱运输。因此，应有专门的卸料码头和大型、高效的卸料机，卸下的原料由皮带机运至原料场。

卸料机一般为门式，有卷扬滑车、绳索滑车、抓斗滑车和水平牵引式卸料车等。

（2）距选矿厂较远的内陆大型烧结厂可采用翻车机接受精矿、富矿粉和块状石灰石等原料。来自冶金厂的高炉灰、轧钢皮、碎焦及无烟煤、消石灰等辅助原料，以及少量的外来原料则用受料槽接收，受料槽的容积能满足10h烧结用料量即可。受料槽常用螺旋卸料机卸料。生石灰可采用密封罐车或风动运输。

（3）中型烧结厂（年产$1\times10^6\sim2\times10^6$t烧结矿）可采用接受与储存合用的原料仓库。这种原料仓库的一侧采用门形刮板、桥式抓斗机或链斗式卸料机，接受全部原料。如果原料数量、品种较多时，可根据实际情况采用受料槽接收数量少和易起灰的原料。

（4）小型烧结厂（年产2×10^5t以下的烧结厂）对原料的接受可因地制宜，采用简便形式。如用电动手扶拉铲和地沟胶带机联合卸车，电耙造堆，原料棚储存；或设适当形式的容积配料槽，以解决原料接受与储存问题；也可以在铁路的一侧挖一条深约2m的地沟，安装皮带机，用电动手扶拉铲直接将原料卸在皮带机上，再转运到配料矿槽或小仓库内。小型烧结厂污染大、能耗高，目前已全部被淘汰。

全国重点钢铁企业烧结机结构变化情况见表6-1。从表6-1可见，我国烧结机结构近年来一直在朝大型化的方向发展。

表6-1　全国重点钢铁企业烧结机结构变化情况

项　目	2001年	2003年	2005年	2007年	2008年
	台　数	台　数	台　数	台　数	台　数
$130m^2$ 以上	35	45	79	125	149
$90\sim129m^2$	37	43	63	81	88
$36\sim89m^2$	68	75	119	154	154
$19\sim35m^2$	87	102	104	62	53
$18m^2$ 以下	6	7	4	0	0
合　计	233	272	369	422	444

6.1.1.2 原料储存、中和混匀

烧结厂用原料种类多、数量大，原料基地远且分散。为了保证烧结生产连续稳定进行，烧

结厂都设有原料场或原料仓库，用于储存原料并进行中和混匀。原料场的大小由其生产规模、原料基地远近、运输条件及原料种类等因素决定。

图6-1所示为上海宝钢原料场的堆存、中和混匀作业示意图，它包括如下作业：

（1）设有一次堆料场。各种物料从原料码头卸下后，直接用皮带运往一次料场，按品种、成分不同分别堆放并初步混匀。

（2）设有中和料槽。由取料机取料并通过皮带运输机将一次料场中的各种原料送入中和料槽，起储存、配料、控制送料量、提高混匀作业的效果。

（3）设有混匀料场。通过配料槽进行中和作业的混合料送往混匀料场，由堆料机沿料场的长度方向进行平铺堆积，堆积层数为2581（堆料机单程行走次数×同时切出槽数）。然后沿料堆垂直面用取样机切取。料堆成对配制，一个在铺堆时，另一堆取样送烧结厂配矿槽。

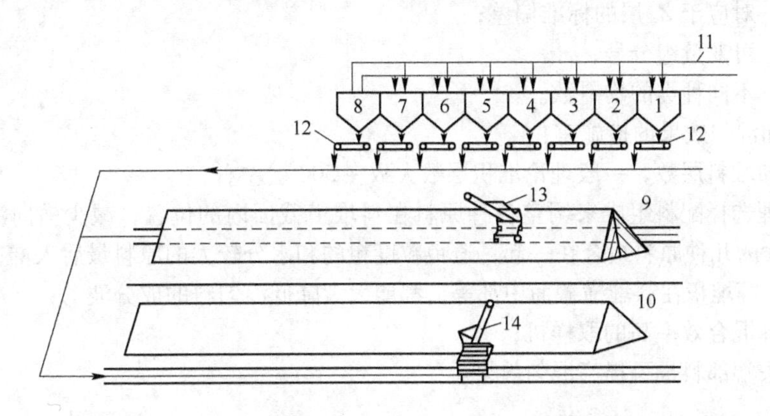

图6-1　宝钢原料场的堆存、中和混匀作业示意图

1～8—配料槽；9，10—中和混匀矿堆场；11—入槽皮带机系统；12—定量给料装置；13，14—堆料机

设置原料场可以简化烧结厂的储矿设施及给料系统，也取消了单品种料仓，使场地和设备的利用率得到改善。

烧结厂的原料仓库的中和作业借助于移动漏矿皮带车和桥式起重机抓斗，将来料在指定地段逐层铺放，当铺到一定高度后，再用抓斗自上而下垂直取样，把中和料卸入料斗送往配料室。原料仓库平铺截取示意图如图6-2所示。

目前原料中和混匀效果的计算尚无统一的方法，常见的有最大值和最小值比较法、图像法和标准偏差法。

一般推荐使用标准偏差法。某种原料的标准偏差可用下式进行计算：

$$\delta = \sqrt{\frac{\Sigma(x_i - \bar{x})^2}{n-1}} \tag{6-1}$$

式中　δ——标准偏差；

x_i——各次取样分析的数据；

$\bar{x}$——平均值，$\bar{x} = \frac{1}{n}\Sigma x_i$；

n——取样分析次数。

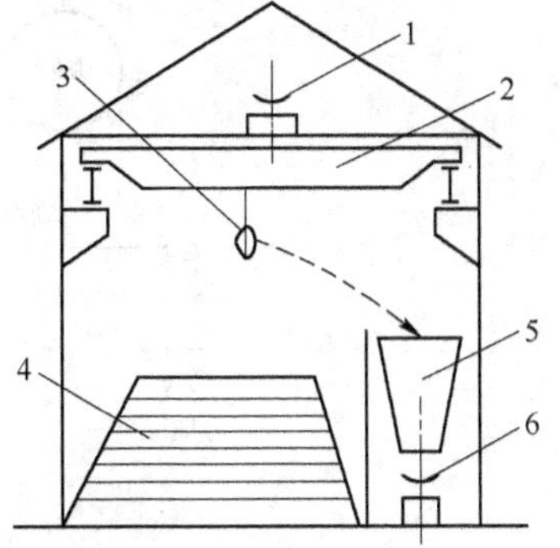

图6-2　原料仓库平铺截取示意图

1—漏矿皮带；2—桥式吊车；3—抓斗；4—中和料堆；5—卸料斗；6—运输皮带

中和混匀效率 η 用混匀前与混匀后的标准偏差之比

计算：

$$\eta = \delta_E / \delta_A \tag{6-2}$$

式中　δ_E——混匀前物料标准偏差；

δ_A——混匀后物料标准偏差。

参与混匀的往往是若干种原料，因此，需要计算混匀前各种原料总的标准偏差，一般表示为：

$$\delta_{ER} = \frac{1}{Z}\sqrt{\sum_{i=1}^{k}(Z_i\delta_i)^2} \tag{6-3}$$

式中　Z——料堆布料总层数；

Z_i——某一种原料的布料层数；

δ_i——对应于 Z_i 层的标准偏差；

i——可变量组分号；

k——不同种类的物料数。

提高中和混匀效果的措施有：

（1）增加堆料层数，一般理论堆积层数大致在500层左右；

（2）合理选择配料组成来调整各种原料在料堆横截面内的位置，减少横向波动，例如把品位相差最大的几种原料组合在一起，避免粒度粗的和水分较大的原料最后入堆；把杂副原料锰矿粉、炉尘等堆积在料堆横截面中部等，都能大大降低混匀料的成分波动；

（3）选择混合效率高的取样机；

（4）除去端部料也可提高混匀效果。

6.1.2　熔剂和燃料的破碎、筛分

烧结生产对熔剂和燃料的粒度都有严格要求，一般要求0~3mm的含量应大于85%，而入厂的原燃料粒度上限值一般超过40mm，所以都需要在烧结厂内进行破碎与筛分。

6.1.2.1　*熔剂的破碎、筛分*

烧结厂常用的石灰石、白云石均需破碎。图6-3所示为常用的两种熔剂破碎筛分流程。

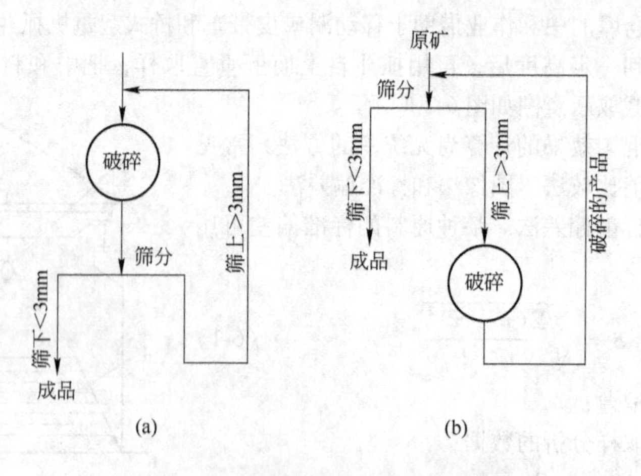

图6-3　常用的两种熔剂破碎筛分流程

流程（a）为一段破碎与检查筛分组成闭路流程，筛下为合格产品，筛上物返回，与原矿一起破碎。流程（b）设预先筛分与破碎组成闭路流程，原矿首先经过预先筛分分出合格的细

粒级，筛上物进入破碎机破碎后返回，与原矿一起进行筛分。

两种流程比较，流程（b）只有当给矿中0～3mm的含量较多（大于40%）时才使用，但因筛孔小，特别是含泥质的矿石筛分效率低。此外，给矿中大块多，筛内磨损加快。而且石灰石原矿中0～3mm的含量一般较少（10%～20%），在这种情况下进行预先筛分，减轻破碎机负荷作用不大。所以目前烧结厂多采用流程（a）破碎熔剂。

熔剂破碎的常用设备有锤式破碎机和反击式破碎机。

锤式破碎机具有产量高、破碎比大、单位产品的电耗小和维护比较容易的特点。锤式破碎机按转子旋转方向有可逆式和不可逆式两种，可逆式破碎机能延长锤头寿命和保证破碎效率。锤头与箅条间隙对产品产量和质量有显著影响，间隙愈小，产品粒度愈细。经常保持间隙在10～20mm时，就可获得较高产量和较好质量。水分是另一个影响破碎效率的重要因素，当原料水分大于3%时，因箅缝堵塞，会影响破碎能力，产品合格率降低。

反击式破碎机属于冲击能破碎矿石的一种设备，与其他形式破碎机比，其设备质量轻，体积小，生产能力大，单位电能消耗低，较适合对熔剂细破碎。

与破碎机组成闭路所用的筛子多采用自定中心振动筛，也有采用惯性筛或其他类型的振动筛的，筛网有单层和双层的。双层筛可防止大块料对下层细网筛冲击，可以提高筛子作业率，对提高下层筛的筛分效率也有一定作用。

我国烧结厂的石灰石破碎大多在厂内进行。日本、美国和法国等国则多在矿山进行，破碎后的石灰石转运烧结厂料场。

6.1.2.2 燃料的破碎、筛分

烧结厂所用的固体燃料有碎焦和无烟煤，其破碎流程是根据进厂燃料粒度和性质来确定的。当粒度小于25mm时，可采用一段四辊破碎机开路破碎流程（见图6-4（a））；如果粒度大于25mm时，应考虑两段开路破碎流程（见图6-4（b））。

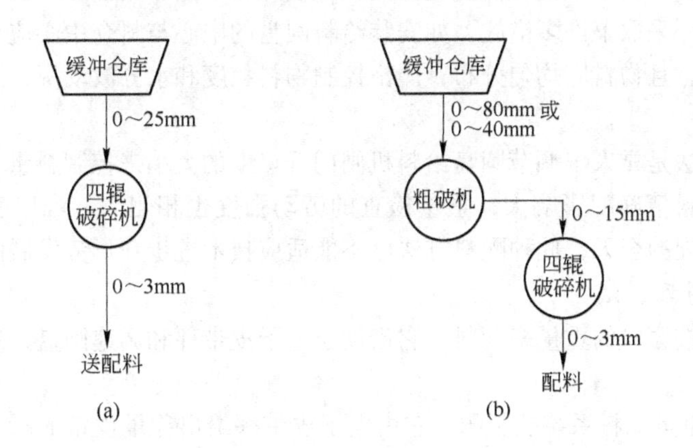

图6-4 燃料破碎筛分流程

（a）一段开路破碎流程；（b）两段开路破碎流程

我国烧结用煤或焦粉的来料都含有相当高的水分（>10%），采用筛分作业时，筛孔易堵，会降低筛分效率。因此，固体燃料破碎多不设筛分。

四辊破碎机是破碎燃料的常用设备。当给料粒度小于25mm时，能一次破碎到3mm以下，无需进行检查筛分；当给料粒度大于25mm时，常用对辊破碎机作粗碎设备，把固体燃料破碎到15mm后，再进入四辊破碎机碎至小于3mm。

6.1.3 配料方法

烧结厂处理的原料种类繁多，且物理化学性质差异也很大。为使烧结矿的物理性能和化学成分稳定，符合冶炼要求，同时使烧结料具有良好透气性以获得较高的烧结生产率，必须把不同成分的含铁原料、熔剂和燃料等，根据烧结过程的要求和烧结矿质量的要求进行精确的配料。

烧结生产实践证明，配料发生偏差是影响烧结过程正常进行和烧结矿产量和质量的重要因素。固体燃料配入量波动为 ±0.2% 时，会使烧结矿的强度和还原性受到影响。烧结矿的铁含量和碱度波动也会影响高炉炉温和造渣制度，严重时，会引发高炉悬料、崩料现象。因此，各国都非常重视烧结矿化学成分的稳定性。我国要求：w(TFe) 波动为 ±(0.5% ~ 0.1%)，$w(CaO)/w(SiO_2)$ 波动为 ±(0.05 ~ 0.10)；日本要求：w(TFe) 波动为 ±(0.3% ~ 0.4%)，$w(CaO)/w(SiO_2)$ 波动为 ±0.03，w(FeO) 波动为 ±0.1%，$w(SiO_2)$ 波动为 ±0.2%。

配料过程是：首先根据冶炼对烧结矿化学成分的要求进行配料计算，以保证烧结矿中铁、碱度、硫、FeO 等主要成分控制在规定范围内；然后选择适当的配料方法和设备，以保证配料的精确性。

配料的精确性在很大程度上取决于所采用的配料方法。目前有两种配料方法，即容积配料法和重量配料法。

6.1.3.1 容积配料法

容积配料法是假设在物料堆积密度一定的情况下，借助于给料设备控制其容积，达到配料所要求的添加比例。为了增加其精确性，经常辅助以重量检查。

该法的优点是设备简单，操作方便，因此我国烧结厂仍有不少采用此法。但由于物料的堆积密度随粒度和湿度等因素的变化而发生波动，致使配料产生较大误差。为了提高容积配料法的准确度，各烧结厂采取了许多措施，如安装给料圆盘的中心与料仓中心应相吻合；保持料仓的料位在一定高度，且物料应均匀分布；严格控制物料粒度和水分波动等，这样基本可满足烧结生产的要求。

由于容积配料法是靠人工调节圆盘给料机闸门开口度的大小来控制料量的，准确度差，且调整时间长，对配料精确度影响大，重量检查的劳动强度也相当大，难以实现自动配料。因此，在严格质量管理的今天，此种配料方法已不能适应技术进步和形势发展的要求。

6.1.3.2 重量配料法

重量配料法是按原料的重量来配料，它借助于电子皮带秤和调速圆盘，通过自动调节系统来实现。

图 6-5 所示为重量配料系统控制图。它由电子皮带秤给出称量皮带的瞬时料量信号，信号

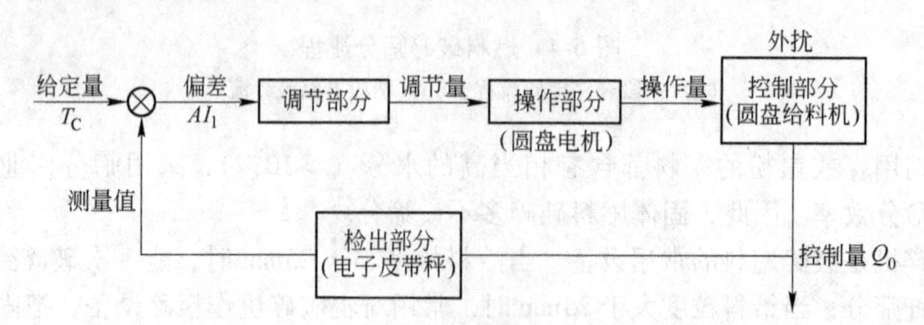

图 6-5 重量配料系统控制图

输入圆盘调整系统，调节部分根据给定值和电子皮带秤测量值的偏差，通过自动调节圆盘转速以达到给定的料量。与容积配料法相比，重量配料法易实现自动配料，精确度高。生产实践证明，当负荷为50%时，重量配料法精确度为1.0%，而容积配料法精确度为5%。我国近期新建的大型厂多采用重量配料法。

6.1.4 理论配料计算

烧结原料数量大，品种多，粒度及化学性质极不均一，配料计算首先计算混匀矿粉成分，然后计算烧结混合料。这种分两步来处理配料的方法即为“两步法”，即先进行混匀配矿计算，然后再进行烧结配料计算。

混匀配矿计算目前广泛采用的是定配比法和线性规划法。定配比法是根据现场或者试验配矿经验，在已知各种含铁原料的配比，保证各原料配比之和为100%的条件下，求出混匀矿的技术经济指标。该法适用于在已知原料成分及其配比的基础上进行人工调整。线性规划法是在未知矿种配比并求各混匀矿成本最低的条件下的一种有效的方法。利用线性规划法对原料进行预处理可扩大原料的寻求范围，更有力地加强原料厂的管理。面对多种含铁原料，用户可根据生产或试验要求的混匀矿相关指标来确定目标函数。通常是将混匀矿成本最低定为目标函数，对其化学成分的要求进行范围限制，然后进行配矿方案的调优。由于未涉及熔剂和燃料配比，减少了调优的约束条件，调优更迅速。

烧结配料计算目前普遍采用的是定配比计算法和简单理论计算法。定配比计算法是根据现场或者试验的配料经验，在已知混匀矿、熔剂以及燃料的配比，保证各配比之和为100%的条件下，求出烧结矿的技术经济指标。简单理论计算法是指采用传统的配料计算辅以一定修正项的数学模型，根据“质量守恒”原理，按不同成分的平衡列出一系列的方程，然后求解。可实现由已知的原料成分和规定的烧结矿成分计算所需的原料配比。这种方法计算简单，速度快，适用于原料种类较少的情况，一般未知原料配比不多于4种。不过配料计算一般都是在通过混匀配矿计算以后，因此原料种数较少，所以非常适用此计算方法。

6.2 烧结料混合与制粒

6.2.1 混合的目的与要求

混合作业的目的有两个：一个是将配合料中的各组分仔细混匀，从而得到质量较均匀的烧结矿；另一个是加水润湿和制粒，得到粒度适宜、具有良好透气性的烧结混合料。

根据原料条件的不同，其混合作业可采用两段式混合或一段式混合。

两段式混合是将配合料依次在两台设备上进行。一次混合的主要任务是加水润湿和混匀，使混合料中的水分、粒度及物料中各组分均匀分布，当加入热返矿时，它还可以将混合料预热。二次混合除有继续混匀的作用外，主要任务是制粒，同时还可通入蒸汽预热混合料。加强混合过程中的制粒，使细粒料物料黏附在核粒子上，形成粒度大小一定的粒子，可改善烧结料层的透气性，获得较高的烧结生产率。

一段式混合工艺在现代的烧结厂基本已不采用。另有少数烧结厂采用一次、二次混合合并型，延长混合机长度以保证有足够的制粒时间。国内一些烧结厂为了强化混合制粒，甚至增加了第三次混合。

6.2.2 混匀效率与制粒效果的评价

混合作业效果主要从两个方面来衡量：一个方面是以混合前后混合料各组分的波动幅度来

衡量，通常称为混匀效率；另一个方面是对比混合前后混合料粒度组成的变化，称为制粒效果。

6.2.2.1 混匀效率

如同中和料的混匀效率一样，可以使用标准偏差（σ）法表示：

$$\sigma = \sqrt{\sum_{i=1}^{n}(C_i - \overline{C})^2/(n-1)} \tag{6-4}$$

式中 C_i——某个测试项目在所取试样中的含量,%；

$\overline{C}$——某一测试项目在此试样中的平均含量,%。

$$\overline{C} = \frac{1}{n}\sum_{i=1}^{n}C_i$$

混合料的混匀效率也可用下式表示：

$$\eta = C_{最小}/C_{最大} \tag{6-5}$$

式中 η——混匀效率；

$C_{最大}$——C_i 的最大值；

$C_{最小}$——C_i 的最小值。

混匀效率 η 愈接近1，说明混合效果愈好。

此外，混匀效率还可用平均均匀系数 K_0 来表示：

$$K_0 = (\Sigma|C_i - \overline{C}|)/(n\overline{C}) \tag{6-6}$$

平均均匀系数 K_0 愈接近0，说明混合效果愈好。

上述几种方法比较，标准偏差（σ）法充分反映了大的偏差的影响；混匀效率 η 计算简单，但欠准确；平均均匀系数 K_0 是一组试样的所有值均参加计算，因而较全面，但计算复杂。

6.2.2.2 制粒效果

制粒效果以混合料的粒度组成来表示，可按下式求得每一粒级的产率，然后给出粒度特性曲线。

$$B_i = Q_i/Q_0 \tag{6-7}$$

式中 B_i——某一粒级的产率,%；

Q_i——某一粒级的出量，kg；

Q_0——试样总量，kg。

可以通过比较制粒前后某一粒级的产率的增量来评价制粒效果，也可以用制粒前后烧结混合料的平均粒度的增值来表示制粒效果。

6.2.3 影响混合与制粒的因素

6.2.3.1 原料的性质

对烧结料混合制粒过程有影响的是矿物的润湿性、粒度与粒度组成和颗粒的形状等。

在混合制粒过程中，依靠颗粒间的毛细水作用，使粒子相互聚集成小球，易润湿的矿物在颗粒间形成的毛细力强、制粒性能好。铁矿物的制粒性能由强到弱依次是褐铁矿、赤铁矿、磁铁矿。含泥质的铁矿物易成球。

对烧结混合料制粒小球的结构研究表明，球粒一般是由核颗粒和黏附细粒组成，称为“准颗粒”。“准颗粒”的形成条件与粒度组成有密切关系。早期的研究是以小于0.2mm的颗粒作为黏附细粒，大于0.7mm的颗粒作为核颗粒。理想的是以1～3mm的作核，0.25～1.0mm的中间颗粒难以粒化，因此越少越好。对于铁精矿烧结，配加一定数量的返矿作核颗粒，要求返矿粒度上限最好控制在5～6mm以下。

此外，在粒度相同的情况下，多棱角和形状不规则的颗料比球形表面光滑的颗粒易成球，且制粒小球的强度高。

6.2.3.2　*加水量及加水方式*

添加到混合料中的水量对混合料成球及透气性有很大影响。不同混合料适宜的加水量也不一样。研究表明，细粒粉状物料的制粒是从粒子被水润湿并形成足够的毛细力后才开始的。水对烧结混合料制粒过程的作用可区分为3个阶段。

在低水量区，由于添加水被粒子表面吸附，还未能形成一定的毛细力，也就不可能有足够力使散状物料聚集成球粒。烧结料层透气性停留在低水平上，烧结过程无法进行。

随着水量增加，粒子间开始充填毛细水，在毛细力作用下，细粒粉末开始黏附在核粒子上形成黏附层，并不断长大形成准颗粒。这为制粒区，制粒区所需水量为有效制粒水（混合料总水分去除吸湿水后的剩余部分）。烧结混合料制粒在很大程度上受有效水影响。两种不同的铁精矿在这一制粒区呈现相同规律，确立了有效制粒水与制粒过程的关系，其制粒效果是受水的添加量制约的。

当水量继续增加时，过剩的水填满小球粒之间的孔隙，小球粒将会发生变形和兼并，使料层孔隙率下降，透气性恶化，这是烧结不希望的过湿区。

加水方式是提高制粒效果的重要措施之一。一次混合的目的在于混匀，应在沿混合机长度方向均匀加水，加水量占总水量的80%～90%。二次混合的主要作用是强化制粒，加水量仅为10%～20%。分段加水法能有效提高二次混合作业的制粒效果，通常在给料端用喷射流水，以形成小球核；继而用高压雾状水，加速小球长大；距排料端1m左右时停止加水，小球粒紧密、坚固。前苏联南方采选公司二次混合采用分段加水后，混合料小于1.6mm的降低了17%，透气性提高了15%。某些烧结厂混合机的加水管改成渐开式，给水时采用高压空气，改善水的雾化，提高了制粒效果。

6.2.3.3　混合时间

为了保证烧结料的混匀和制粒效果，混合过程应有足够的时间。20世纪70年代初以前，世界各国的混合制粒时间大部分为2.5～3.5min，即一次混合1min，二次混合1.5～2.5min。国外最近新建厂则大都把混合时间延长至4.5～5min或更长。生产实践证明，混合制粒时间在5min之前效果最明显。但日本釜石厂的混合时间长达9min。

混合作业大都采用圆筒混合机，其混合时间可按下式计算：

$$t = L/(60V) \tag{6-8}$$

式中　t——混合时间，min；

L——混合机长度，m；

V——料流速度，m/s。

$$V = 2\pi Rn\tan\alpha/60 = 0.105Rn\tan\alpha \tag{6-9}$$

将式6-9代入式6-8则得：

$$t = L/(0.105Rn\tan\alpha) \tag{6-10}$$

式中　R——圆筒混合机半径，m；

n——圆筒混合机转速，r/min；

α——圆筒混合机倾角，(°)。

由式6-10可以看出，混合时间与混合机长度、转速和倾角有关。

增加混合机的长度无疑可延长混合制粒时间，有利于混匀和制粒。因要与烧结机大型化配套，目前圆筒混合机也向大型化发展，直径已达4～5m，长度为21～26m不等。

混合机转速决定着物料在圆筒内的运动状态。计算表明，混合机的临界转速为$30/\sqrt{R}$r/min。一次混合机转速为临界转速的0.2～0.3倍；二次混合机转速为临界转速的0.25～0.35倍。

混合机的倾角决定着物料在机内的停留时间。一次混合机的倾角在2.5°～4°之间；二次混合机的倾角应不大于2.5°。

6.2.3.4　*混合机的充填率*

充填率是以混合料在圆筒中所占的体积来表示。充填率过小时，产量低，且物料相互间作用力小，对混匀制粒不利；充填率过大，在混合时间不变时，能提高产量，但由于料层增厚，物料运动受到限制和破坏，对混匀制粒也不利。一般认为，一次混合机的充填率为15%左右，而二次混合比一次混合的充填率要低些。

6.2.3.5　*添加物*

生产实践表明，往烧结料中添加生石灰、消石灰、皂土等，能有效提高烧结混合料的制粒效果，改善料层透气性。此外，近期国内外研究将有机添加物应用于强化烧结混合料制粒，也取得明显效果，这些有机添加物包括腐殖酸类、聚丙烯酸酯类、甲基纤维素类等。

6.3　混合料烧结

烧结作业是烧结生产工艺的中心环节，是检验并反映上述工艺质量的一个工序，也是烧结生产最终产品的工序。

采用带式烧结机抽风烧结时，其工作过程为：当空台车运行到烧结机头部的布料机下面时，铺底料和烧结混合料依次装在台车上，经过点火器时混合料中的固体燃料被点燃，与此同时，台车下部的真空室开始抽风，使烧结过程自上而下地进行，控制台车速度，保证台车到达机尾时全部料都已烧结完毕，粉状物料变成块状的烧结矿；当台车从机尾进入弯道时，烧结矿被卸下来；空台车靠自重或尾部星轮驱动，沿下轨道回到烧结机头部，在头部星轮作用下，空台车被提升到上部轨道，又重复布料、点火、烧结、卸矿等工艺环节。

6.3.1　混合料布料

6.3.1.1　*铺底料*

首先往烧结台车的链条上铺上一层粒度为10～25mm的烧结矿作铺底料，其厚度约30mm。然后再在其上布烧结混合料。

铺底料的主要作用是：

（1）可防止烧结时燃烧带的高温与箅条直接接触，保护箅条，延长箅条使用寿命，而且还可以防止烧结矿粘箅条，减少散料，改善环境；

（2）有过滤层作用，可防止细粒粉进入烟气，减少烟气中的灰尘含量，可延长风机转子使用寿命；

（3）保持有效抽风面积，使气流分布均匀，改善烧结过程的真空制度。

有铺底料与无铺底料主要烧结技术指标见表6-2。表6-2中的指标表明，采用铺底料工艺，烧结机利用系数提高，并且烧结矿质量也有所改善。

表6-2 有铺底料与无铺底料主要烧结技术指标

条　件	利用系数 /t·(m²·h)⁻¹	混合料中大于2.5mm的含量（二混后）/%	热返矿中小于3mm的含量/%	转鼓指数（大于5mm）/%	烧结矿筛分指数/%	返矿残碳/%
有铺底料	1.20～1.40	47.0	8.73	80	9.10	0.95
无铺底料	1.14～1.22	36.5	47.0	77～79	11.93	1.28

6.3.1.2　烧结料布料

烧结混合料布在铺底料的上面，布料时要求烧结混合料的粒度、化学组成及水等沿台车宽度均匀分布，料面平整，并保持料层具有均一的良好的透气性；另一方面，烧结混合料的粒度较粗，在1～10mm之间，对于烧结过程而言，布料时产生一定的偏析是有好处的，即沿料层高度其粒度自上而下逐渐变粗，碳的分布自上而下减少，可改善料层的气体动力学特性和热制度，提高烧结矿质量。

布料的好坏在很大程度上取决于布料装置。典型的烧结机布料系统是由圆辊布料机和反射板经由下料溜槽组成（见图6-6），由圆辊布料机将下矿漏斗的烧结混合料给到反射板下矿溜槽后进入台车上。给料量通过调节闸门和圆辊转速调整，粒度偏析主要取决于溜槽倾角，所以溜槽倾角是可调的。

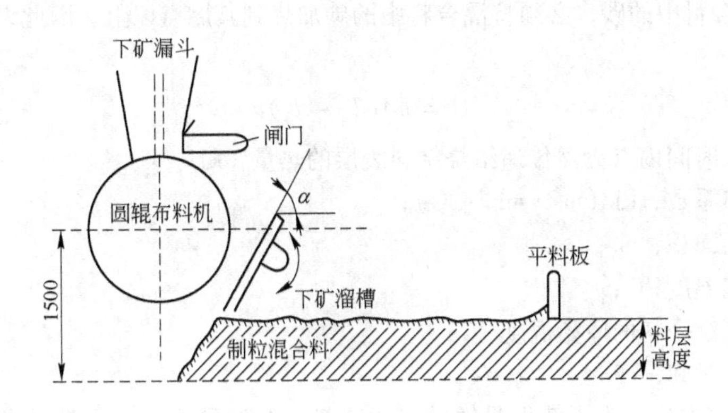

图6-6　烧结布料装置

近年来，国外许多烧结厂对布料技术进行了不少改进，使其满足布料的填充密度及料层结构的合理性、稳定性和化学成分的均匀性。

日本新日铁公司在生产上采用两套新型布料装置。一套是该公司君津和广畑厂的条筛和溜槽布料装置，条筛上的棒条横跨烧结机整个宽度，混合料的粗粒从棒条上通过，然后落向箅条，从而形成上细下粗的偏析；另一套是八幡厂的格筛式布料装置（IFF），筛棒自起点成三层散开，棒间距离逐渐增大，每条筛棒各自做旋转运动，以防止物料堆积在筛面上。这种装置首先是较大粗颗粒落在箅条上，随后布料的粒度就愈来愈小。

为了改善料层透气性，国内外一些烧结厂采用松料措施，比较普遍的是在反射板下边，在料中部的位置上沿水平方向安装一排或多排30～40mm的钢管，称为“透气棒”。钢管间距离为150～200mm，铺料时钢管被埋上，当台车离开布料器时，那些透气棒原来所占的空间被腾空，料层形成一排排透气孔带，可改善料层透气性。图 6-7 所示为装有透气棒的神户加古川烧结厂布料系统设备示意图。

在我国，宝钢、首钢、梅山冶金公司等烧结厂先后使用了水平松料器，均使料层升高，产量提高，能耗下降。

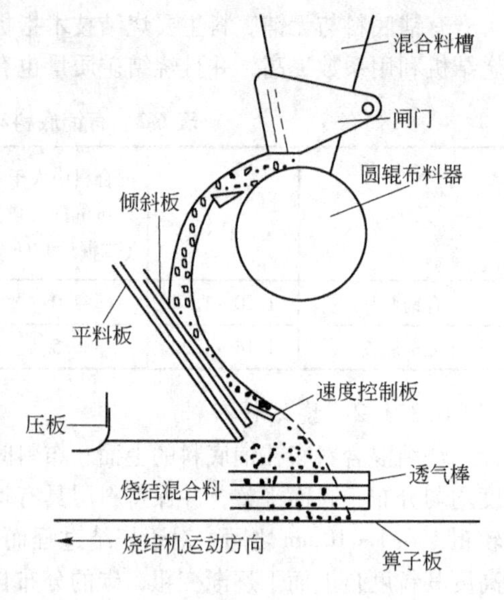

图 6-7　安装透气棒的布料装置

6.3.2　点火与保温

6.3.2.1　点火的目的与要求

点火的目的是供给混合料表层以足够的热量，使其中的固体燃料着火燃烧，同时使表层混合料在点火器内的高温烟气作用下干燥、脱碳和烧结，并借助于抽风使烧结过程自上而下进行。点火好坏直接影响烧结过程的正常进行和烧结矿质量。因此，烧结点火应满足如下要求：有足够高的点火温度；有一定的点火时间；适宜的点火负压；点火烟气中氧的体积分数充足；沿台车宽度方向点火要均匀。

6.3.2.2　影响点火过程的主要因素

A　点火时间与点火温度的影响

为了点燃混合料中的碳，必须将混合料中的碳加热到其燃点以上，因此，点火火焰需向碳提供足够的热量：

$$Q = hA(T_g - T_s)t \tag{6-11}$$

式中　Q——点火时间内点火器传递给烧结料表层的热量，kJ；

h——传热系数，kJ/(m^2·min·℃)；

A——点火面积，m^2；

T_g——火焰温度，℃；

T_s——烧结混合料的原始温度，℃；

t——点火时间，min。

由式 6-11 可以看出，为了获得足够的点火热量，有两种途径：一是提高点火温度；二是延长点火时间。

点火温度一定时，相应的点火时间也有一个定值，这样才能确保表层烧结料有足够热量，使烧结过程正常进行。延长点火时间虽然可使烧结料得到更多热量，这对提高表层烧结矿的强度和成品率有利，但同时也会增加点火燃料消耗。这种办法在料层较薄时有一定的积极作用，现在烧结料层高度有了很大提高，表层烧结矿所占整个烧结料层的比例很小。因此，采用延长点火时间和增设保温段来改善烧结矿质量的方法也就不那么重要了。

若提高点火温度，点火时间可相应缩短。目前国内外研制的许多新型点火器都是采用集中火焰点火，可以有效地使表层混合料在较短时间内获得足够热量，而且还可以降低点火燃料消耗。

B　点火强度的影响

点火强度是指单位面积上的混合料在点火过程中所需供给的热量或燃烧的煤气量。计算式为：

$$J = Q/(60vB) \tag{6-12}$$

式中 J——点火强度，kJ/m^2；

Q——点火段的供热量，kJ/h；

v——烧结台车的正常速度，m/min；

B——台车宽度，m。

点火强度主要与混合料的性质、通过料层风量和点火器热效率有关。日本普遍用低风箱负压点火，点火强度 $J = 42000kJ/m^2$，最低的川崎公司 $J = 27000kJ/m^2$；我国采用低风箱负压(1960Pa)，$J = 39300kJ/m^2$。

料层表面所需热量由点火器供给。点火器的供热强度 J_0($kJ/(m^2 \cdot min)$)是指在正常的点火时间范围内给单位点火面积所提供的热量。它与点火强度的关系为：

$$J_0 = J/t \tag{6-13}$$

根据测定的结果，点火深度基本上与点火器的供热强度成正比。点火供热强度高，点火料层厚度大，高温区宽，表层烧结矿质量好，但烧结速度减慢。为了把有限的点火热量集中在较窄的范围内，以提高料层表面的燃烧温度，点火器供热强度不宜太高，通常以 29000 ~ 58600$kJ/(m^2 \cdot min)$为宜。

C 烟气中氧的体积分数的影响

烟气中含有足够的氧可保证混合料表层的固体燃料充分燃烧，这不但可以提高燃料利用率，而且也可提高表层烧结的质量。假若烟气中氧的体积分数不足，固体燃料燃烧推迟，一方面会使表层供热不足，另一方面会影响垂直烧结速度，使产量下降。根据前苏联经验，当点火烟气中氧的体积分数为13%时，固体燃料的利用率与混合料在大气中烧结时相同。在氧的体积分数为3% ~13%时，点火烟气中的氧增加1%，烧结机利用系数提高0.5%，燃料消耗降低0.3kg/t（烧结矿）。根据前苏联专家计算不同固体燃料单耗的条件下碳完全燃烧所需的点火烟气中最低氧的体积分数表明，当燃料单耗为40kg/t（烧结矿）和成品率为67%时，最低氧的体积分数为8.1%；当燃料单耗为67kg/t（烧结矿）和成品率为60%时，点火烟气中氧的体积分数不应低于12.2%。

提高点火烟气中氧的体积分数的主要措施是：

(1) 增加燃烧时的过剩空气量。点火烟气中氧的体积分数与过剩空气量可用下式计算：

$$Q_2 = 0.21(\alpha - 1)L_0/V_n \times 100\% \tag{6-14}$$

式中 Q_2——烟气中氧的体积分数,%；

α——过剩空气系数；

L_0——理论燃烧所需空气量，m^3/m^3；

V_n——燃烧产物的体积，m^3/m^3。

由式6-14可以看出，点火烟气中氧的体积分数随过剩空气系数的增大而增加。但提高过剩空气量使烟气中氧的体积分数增加的办法，只适用于高热值的天然气或焦炉煤气，对低热值的高炉煤气或混合煤气，其过剩空气量要大受限制。

利用预热空气助燃不但可节省燃料，而且也是提高烟气中氧的体积分数的方法。前苏联的生产经验表明，利用300℃的冷却机废气助燃点火，可提高氧的体积分数2%，并可减少天然气或焦炉煤气17%、高炉煤气6.6%，降低固体燃料消耗0.5 ~0.7kJ/t（烧结矿），同时增产0.6% ~0.8%。

（2）采用富氧空气点火。无论对高温热值煤气或热值较低的煤气，富氧点火都是提高烟气中氧的体积分数的重要措施。点火烟气中氧的体积分数增加到9%～10%，氧消耗为3.5 m^3/t(烧结矿)时，烧结矿生产率可提高2.5%～4.5%，固体燃料消耗可降低10kJ/t(烧结矿)。但是采用富氧空气点火费用高，而且氧气供应困难。

6.3.2.3　点火技术的改进

近年来，国内外烧结点火技术进步表现在：采用高效低燃耗的点火器；选择合理的点火参数；合理组织燃料燃烧。

高效低燃耗点火器的特点是：

（1）采用集中火焰直接点火技术，缩短点火器长度，降低点火强度，点火强度通常为29～58.6MJ/(m^2·min)；

（2）使用高效率的烧嘴，缩短火焰长度，降低炉膛高度（400～500mm），点火器容积缩小，热损失减少；

（3）降低点火风箱的负压，避免冷空气吸入，沿台车宽度方向的温度分布更加均匀。

6.3.3　混合料烧结过程

带式烧结机抽风烧结过程是自上而下进行的，烧结机结构示意图如图6-8所示。混合料点火开始以后，烧结过程依次出现烧结矿层、燃烧层、预热层、干燥层和过湿层。然后后四层又相继消失，最终只剩烧结矿层。

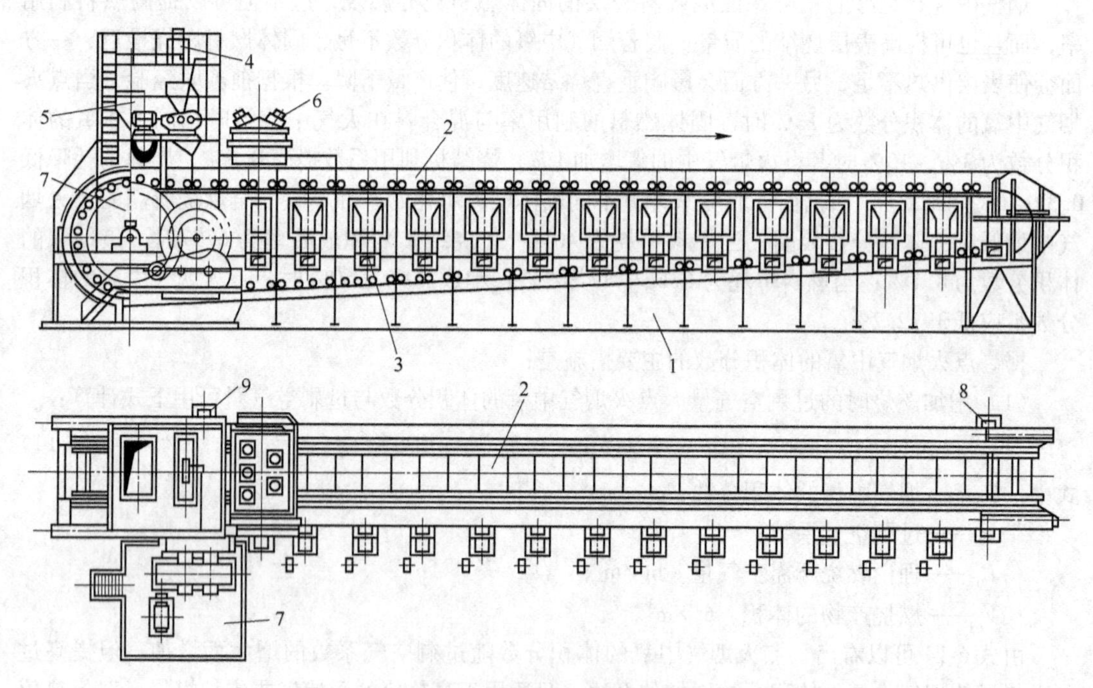

图6-8　带式烧结机结构示意图

1—烧结机的骨架；2—台车；3—抽风室；4—装料；5—装铺底料；6—点火器；7—烧结机传动部分；8—卸料部分碎屑出口处；9—烧结机头部碎屑出口处

6.3.4　强化烧结过程的途径

影响烧结过程的工艺因素很多，合理选择烧结工艺参数，对强化烧结过程，提高烧结产量和质量有重要影响。下面主要讨论风量与风压、料层厚度以及返矿对烧结过程的影响。

6.3.4.1　风量与负压

国内外烧结生产实践证明，在一定范围内增加单位烧结面积的风量，能有效地提高烧结矿的产量和质量。目前，对烧结风量与负压的选择有如下几种情况。

A　高负压大风量烧结

70年以来，国外一些烧结厂在不断强化烧结过程的基础上，采用高负压大风量，以满足进一步提高烧结料层厚度的要求。单位烧结面积的风量一般高达85～100$m^3/(m^2 \cdot min)$，主风机的抽风负压为14.2～17.1kPa，有的高达19.6kPa以上。首钢2号、3号烧结机对比试验表明，单位烧结面积风量分别为80$m^3/(m^2 \cdot min)$和100$m^3/(m^2 \cdot min)$时，烧结机利用系数后者比前者提高34%。

一般来说，在料高一定的条件下，提高负压伴随着风量增加，烧结利用系数提高，但烧结矿强度有所下降；若风量一定，随负压和料层高度的增加，利用系数几乎为一常数，烧结矿强度提高。

根据生产实践和实验室测定结果，烧结风量与负压、垂直烧结速度和单位烧结矿的电耗有关。

$$\Delta p = k_1 Q^{1.8} \tag{6-15}$$

$$v_{\perp} = k_2 Q^{0.9} \tag{6-16}$$

$$q = k_3 Q^{1.9} \tag{6-17}$$

式中　k_1, k_2, k_3——与原料性质和操作有关的系数；
Δp——抽风负压，Pa；
$v_{\perp}$——垂直烧结速度，mm/min；
q——单位烧结矿电耗，kW·h/t；
Q——风量，$m^3/(m^2 \cdot min)$。

式6-15～式6-17表明，风量增加，垂直烧结速度也增加。但风量增加采用提高负压的办法是不经济的，因为负压与风量的1.8次方成正比，即提高风机负压后，风量增加并不大，而单位烧结矿的电耗则几乎直线上升。

日本和歌山烧结机主要参数及烧结生产指标见表6-3。从表6-3可以看出，日本和歌山的3号和4号烧结机在原料条件、配料组成和强化措施大体相同，两者的利用系数几乎相等时，采用14500Pa风机与20000Pa风机相比较，其单位烧结矿的电耗从16.2kW·h/t增加到23kW·h/t，增加了40%。

表6-3　日本和歌山烧结机主要参数及烧结生产指标

机号	烧结面积/m^2	风机设计负压/Pa	风机实际风压/Pa	实际单位面积风量/$m^3 \cdot (m^2 \cdot min)^{-1}$	落下强度(>10mm)/%	孔隙率/%	还原率/%	利用系数/$t \cdot (m^2 \cdot h)^{-1}$	料层厚度/mm	电耗/$kW \cdot h \cdot t^{-1}$
3号	109	14500	14900	89	84.87	45.0	67.8	1.58	303	16.2
4号	189	20000	18600	93	87.7	40.3	65.1	1.63	340	23

此外，高负压大风量还有一些不利因素。负压增加，主风机Δp-Q曲线向左移，漏风率增大，对料层压实收缩大，烧结矿气孔率减少，还原性下降。同时，高负压风机的噪声大，也污

染环境。因此，采用过高的负压和大风量生产并不是一个理想的方案，对于一般生产，采用多高的负压和风量要根据原料条件、料层厚度，对烧结矿的质量要求、燃料消耗和电力消耗综合进行考虑或通过实验来确定。

B 低负压大风量烧结

该方法是采用高的单位面积风量和较低的风机负压，在不断强化烧结过程的基础上不断提高烧结料层厚度。其单位烧结面积每分钟的风量为80~90m³，负压为10290~12250Pa。

实施大风量烧结主要靠改善料层透气性。表6-4列出首钢烧结厂采用六项提高料层透气性的措施（包括蒸汽预热混合料、改进布料、安装松料器、实行铺底料、配加少量粉矿和钢渣、严格控制返矿）后，提高料层高度各工艺参数的变化。当料层高度自313mm提高到426mm时，其风量和负压没有多大变化，但烧结矿强度增加0.7%，FeO的质量分数下降了1.68%，槽下筛分小于5mm的由8.67%下降到5.43%，固体燃耗由每吨烧结矿62.8kg下降到55.9kg。这一措施对于老厂改造，在既定风机能力的条件下无疑是正确的。前苏联扎波罗热烧结厂（62.5m² 烧结机）的工业生产也表明，加入生石灰改善混合料层透气性，垂直烧结速度提高，在料层高度从280mm增加到425mm时，烧结矿的平均粒度增大，槽下筛分小于5mm的由17.7%降至11.45%，固体燃耗每吨烧结矿下降了4kg。

表6-4 改善料层透气性后风量和负压变化情况

料层高度/mm	风量/$m^3 \cdot min^{-1}$	抽风面积/m^2	负压/Pa	透气性指数 $P=\frac{Q}{A}\left(\frac{H}{\Delta p}\right)^{0.6}$
313	5648	75	10699	2285
378	5526	75	10750	2518
426	5344	75	10380	2637

低负压大风量法在强化的基础上提高料层，每吨烧结矿的电耗相差很少。应该指出，增加料层厚度，由于料层总阻力增加，会降低垂直烧结速度。因此，采用此法提高料层高度同时必须改善料层透气性，否则，低负压下就不可能获得较高的生产率。

C 低负压小风量烧结

这一方法使用较少，我国只有小型烧结厂由于条件限制才采用此法。近年来西欧和日本由于钢铁不景气而限制钢产量，烧结矿产量也相应压缩，为降低烧结能耗及成本，并提高烧结矿质量，也采用低负压小风量方法烧结。如日本住友222m² 的3号烧结机改用小风机，单位烧结面积风量由94m³/(m²·min)降至52m³/(m²·min)；英国雷文斯克雷格3号烧结机（252m²，机冷）设计采用两台风量为92.8m³/(m²·min)、负压为13280Pa的主风机，采用单机操作，每吨烧结矿节电6.5kW·h；日本广畑320m² 烧结机厂采用控制主风机转速，由900r/min、10500kW改为600~900r/min、2300~7800kW，每吨烧结矿节电10kW·h。

从节电角度考虑，采用大面积烧结机低负压大风量操作，与采用较小面积高负压大风量烧结方法比较，其产量相同时，电耗较低，此外，在料高一定的情况下，低负压小风量操作可使烧结成品率和机械强度提高，但利用系数会降低，而且大面积烧结机的投资比较高。因此，过分增加烧结面积以满足低负压小风量烧结也是不适宜的。

统计资料表明，国外自20世纪70年代中期以后所建的烧结厂单位烧结面积风量为80~90m³/(m²·min)，负压为10780~12740Pa。

6.3.4.2 料层厚度

改变料层厚度能显著影响烧结生产率、烧结矿质量及固体燃料消耗。生产率随料层厚度的改变有极值特性，这是因为增加料层厚度，一方面使垂直烧结速度降低，另一方面由于烧结矿强度提高而使成品率增加。图6-9所示为负压一定时生产率与料层厚度的关系。当料层厚度在300mm以内时，随着料层厚度的增加，生产率有一定程度的提高。但当料层厚度达到350mm时，再增加料层厚度，生产率则有所降低。因此，在一定的风机负压下，就有一个相应适宜的料层厚度。随着风机负压提高，适宜的料层厚度随之增加。

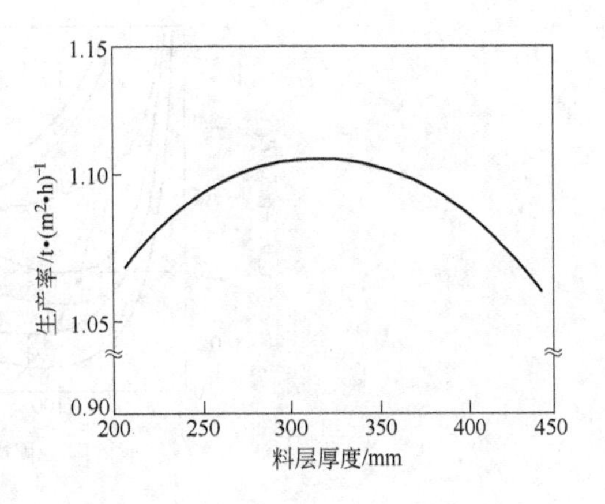

图6-9 负压一定时生产率与料层厚度的关系

另外，料层厚度增加，使烧结料层中的蓄热量增加，烧结带在高温区的停留时间延长，烧结矿的形成条件改善，液相的同化和熔体结晶较为充分。而且料层增高后，表层烧结矿的数量相对减少。因此，厚料层烧结可在不增加燃料用量的条件下，使烧结矿的强度提高。

对于每一料层高度的烧结混合料，其碳含量有一个相应值，此值应确保碳燃烧时放出的热量满足烧结料烧结要求。随着料层厚度增加，蓄热量增加，固体燃料消耗下降，可使烧结过程的温度——热水平沿料层高度的分布较为合理。

但是，随着料层增厚，料层阻力增大，水分冷凝现象加剧。因此，为减少过湿层的影响，厚料层烧结应预热混合料，同时采用低碳、低水操作。

6.3.4.3 返矿平衡

返矿是烧结过程中的筛下产物，其中包括未烧透和没有烧结的混合料，以及在运输过程中产生的强度较差的小块烧结矿。返矿的成分和成品烧结矿基本相同，但其TFe和FeO的质量分数较低，且含有少量的残碳，它是整个烧结过程中的循环物。

由于返矿粒度较粗，气孔多，加入混合料中可改善烧结料层透气性。对于细粒精矿烧结来说，返矿可以作为物料的制粒核心，改善烧结混合料的粒度组成，提高垂直烧结速度。同时，由于返矿中含有已烧结的低熔点物质，它有助于烧结过程液相的生成。热返矿用于预热混合料，可减轻过湿现象。

返矿的质量和数量直接影响烧结的产量和质量，应当严格加以控制。正常的烧结生产过程是在返矿平衡的条件下进行的。烧结生产中筛分所得的返矿（R_A）与加入到烧结混合料中的返矿（R_E）的比例为1时，就称为返矿平衡。

$$B = R_A / R_E = 1 \pm 0.05 \tag{6-18}$$

烧结机投产后，需要较长时间才能达到返矿平衡（$B=1$）。如果烧结生产的返矿量增大，即$B>1$时，则应适当增加烧结料中的燃料用量，以提高烧结矿的强度，减少返矿量，使之达到平衡；若返矿量减少，即$B<1$时，则应降低混合料中的配碳，使返矿量增加。烧结生产一般维持在大致平衡的程度，即$B=1\pm0.05$。若相当长时间仍未达到返矿平衡的要求，则表明烧结过程的目标参数与操作参数之间的关系不相适应，应加以调整。

影响返矿平衡的因素很多，图6-10所示为不同料层高度及燃料用量条件下返矿平衡与返矿量的关系。从图6-10可以看出：

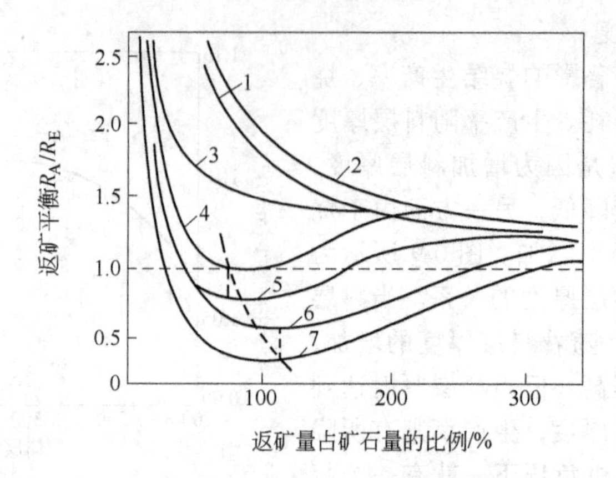

图 6-10　不同料层高度及燃料用量条件下返矿平衡与返矿量的关系（理想示意图）

1—$K=0$，$R_A=E+R_E-0.2R_E$ 的极限曲线；2—$K=0$，$R_A=E+R_E$ 的极限曲线；

3—$K=6\%$，$H=20$cm；4—$K=6\%$，$H=40$cm；5—$K=6\%$，$H=60$cm；

6—$K=10\%$，$H=40$cm；7—$K=10\%$，$H=60$cm

（1）中等返矿量时（曲线4），返矿平衡有一最低值，而此平衡值随着返矿量增加，在各种情况下都接近于数值1；

（2）随着燃料用量 K 增加或料层高度 H 增加，返矿量减少，返矿平衡曲线移到最小的平衡值（曲线5、曲线6、曲线7）；

（3）$K=0$，即混合料不含燃料，当返矿粒度与矿石粒度相同时，$R_A=E+R_E$（曲线2），若矿石有20%大于返矿上限粒度，则 $R_A=E+R_E-0.2R_E$（曲线1），这是极限曲线。

试验证明，随着返矿量增加和料层高度的提高，烧结生产率下降，在此情况下，燃料用量对促进生产率提高只有微小作用。图6-11所示为在返矿平衡和相同机械强度下烧结生产率与返矿量的关系。从图6-11可以看出，在燃料用量一定时，中等返矿量可以达到最高生产率；在料层高度一定时，随着返矿量下降，生产率有所提高。在6%～10%焦粉和200～600mm料

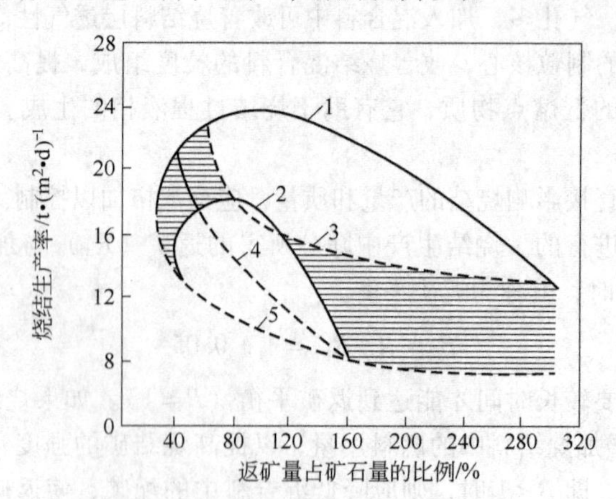

图 6-11　在返矿平衡和相同机械强度下烧结生产率与返矿量的关系

1—10%焦炭与不同料层高度；2—6%焦炭与不同的料层高度；3—30mm料层高度与不同燃料量；4—30mm料层高度与不同的燃料量；5—60mm料层高度与不同的燃料量

阴影部分：焦粉为6%～10%，料层高度为20～60cm，返矿供应平衡

高范围内，只有图中阴影部分才能保持返矿平衡。

在返矿平衡的条件下烧结矿从2m高度落下3次的烧结矿强度与返矿量的关系如图6-12所示。图6-12表明，在燃料用量不变的条件下，随着返矿量增加，烧结矿强度降低，这时必须降低料层高度，才能保持返矿平衡；返矿量不变时，随料层高度减少，烧结矿强度降低，这时只有增加燃料用量，才能保持返矿平衡；在料层高度不变时，随着返矿量增加，强度略有提高，继续增加返矿量，强度不再增加，并且有下降趋势。

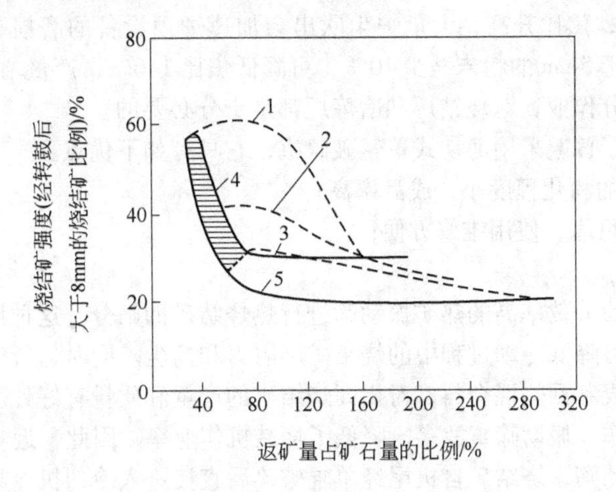

图6-12 在返矿平衡的条件下烧结矿从2m高度落下3次的烧结矿强度与返矿量的关系
1—$H=60$cm，K变动；2—$H=30$cm，K变动；3—$H=20$cm，K变动；4—$K=6\%$，H变动；
5—$K=10\%$，H变动；阴影—$K=6\%\sim10\%$，$H=20\sim60$cm时，返矿供应平衡

6.4 烧结矿处理

从烧结机上卸下的烧结饼都夹带有未烧好的矿粉，且烧结饼块度大，温度高达600～1000℃，对运输、储存及高炉生产都有不良的影响。因此，需进一步处理。

处理流程有热矿和冷矿两种，如图6-13所示。热矿流程已很少采用了。烧结厂大都采用冷矿流程，包括：破碎、筛分、冷却和整粒。

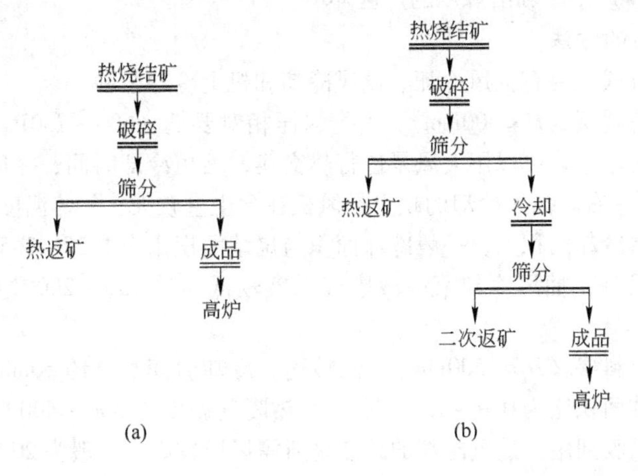

图6-13 烧结矿处理流程
（a）热矿；（b）冷矿

6.4.1　烧结矿的破碎和筛分

生产实践证明，不设置破碎筛分作业时，大块烧结矿不仅堵塞矿槽，而且在冶炼过程中，在高炉的上、中部未能充分还原便进入炉缸，破坏了炉缸的热工制度，造成焦比升高。若不筛除粉末，不仅仅影响烧结矿的冷却，粉末进入高炉内会恶化料柱透气性，引起煤气分布不均，炉况不顺，风压升高，悬料、崩料，高炉产量下降。据统计，烧结矿中的粉末每增加1%，高炉产量下降6%～8%，焦比升高，大量炉尘吹出会加速炉顶设备的磨损和恶化劳动条件。据安钢经验，烧结矿小于5mm的粉末减少10%，可降低焦比1.6%，产量增加7.6%。因此，在烧结机尾设置破碎筛分作业，对烧结厂和冶炼厂都是十分必要的。

目前，我国烧结厂普遍采用剪切式单辊破碎机，它具有如下优点：

（1）破碎过程中的粉化程度小，成品率高；

（2）结构简单、可靠，使用维修方便；

（3）破碎能耗低。

国内以前多采用筛分效率高的热矿振动筛进行热烧结矿的筛分，这种设备能有效地减少成品烧结矿中的粉尘，可降低冷却过程中的烧结矿层阻力和扬尘。同时，所获得的热返矿可改善烧结混合料的粒度组成和预热混合料，对提高烧结矿的产量和质量有好处。但热矿振动筛也有缺点，因在高温下工作，振动筛事故多，降低了烧结机作业率。因此，近年来设计投产的大型烧结机取消了热矿振动筛，烧结矿自机尾经单辊破碎后直接进入冷却机冷却。

6.4.2　烧结矿的冷却

6.4.2.1　*冷却的意义*

将炽热的烧结矿（700～800℃）冷却至100～150℃，有如下好处：

（1）冷烧结矿便于整粒，为高炉冶炼提供粒度均匀的产品，可以强化高炉冶炼，降低焦比，增加产量；

（2）冷矿可用胶带机运输和上料，适应高炉大型化的要求；

（3）可提高高炉炉顶压力，延长烧结矿矿仓和高炉炉顶设备的使用寿命；

（4）采用鼓风冷却时，有利于冷却废气的余热利用；

（5）有利于改善烧结厂和冶炼厂的厂区环境。

6.4.2.2　*冷却的方法*

烧结矿的冷却方式主要有抽风冷却、鼓风冷却和机上冷却几种。

抽风冷却采用薄料层（$H<500$mm），所需风压相对要低（600～750Pa），冷却机的密封回路简单，而且风机功率小，可以用大风量进行热交换，缩短冷却时间，一般经过20～30min烧结矿可冷却到100℃左右。抽风冷却的缺点是风机在含尘量较大、气体温度较高的条件下工作，叶片寿命短，且所需冷却面积大，一般冷却面积与烧结面积比为1.25～1.50，不能适应烧结设备大型化的要求。另外，抽风冷却第一段废气温度较低（约150～200℃），不便于废热回收利用。

鼓风冷却采用厚料层（$H=1500$mm），低转速，冷却时间长，约60min，冷却面积相对较小，冷却面积与烧结面积比为0.9～1.2。冷却后热废气温度为300～400℃，较抽风冷却废气温度高，便于废气回收利用。鼓风冷却的缺点是所需风压较高，一般为2000～5000Pa，因此必须选用密封性能好的密封装置。

抽风冷却与鼓风冷却比较，各有优缺点，但总的看来，鼓风冷却优于抽风冷却。在新建的烧结厂中，抽风冷却已逐渐被鼓风冷却取代。

带式冷却机和环式冷却机是比较成熟的冷却设备，在国内外获得广泛的应用。它们都有较好的冷却效果，两者比较，环式冷却机具有占地面积较小、厂房布置紧凑的优点。带式冷却机则在冷却过程中能同时起到运输作用，对于多于两台烧结机的厂房，工艺便于布置，而且布料较均匀，密封结构简单，冷却效果好。

机上冷却是将烧结机延长后，烧结矿直接在烧结机的后半部进行冷却的工艺。其优点是单辊破碎机工作温度低，不需热矿振动筛和单独的冷却机，可以提高设备作业率，降低设备维修费，便于冷却系统和环境的除尘。国内首钢、武钢烧结厂等已有机上冷却的成功经验。

目前，烧结矿冷却方式与设备的研究日趋深入，这一技术经过20多年的发展，取得显著的进步，新的冷却技术和设备不断涌现。但不管采用什么样的设备，除具有良好的冷却效果外，还应具备如下条件：

（1）冷却能耗低，且应为烧结生产工序能耗的降低创造条件；

（2）有利于废热回收利用；

（3）环境污染要小；

（4）便于检修和操作，占地面积小。

6.4.2.3 影响烧结矿冷却的因素

影响烧结矿冷却比较显著的参数有：冷烧比、风量、风压、料层厚度、烧结矿块度及冷却时间等。

冷烧比与冷却方式有关。抽风冷却的冷烧比一般为1.25～1.50，根据我国太钢、武钢、涟钢的生产实践，表明冷烧比可以小于1.5。鼓风冷却的冷烧比为0.9～1.20，宝钢的冷烧比为1.02。对于机上冷却，冷烧比为0.8～1.0，其中褐铁矿、菱铁矿为主要原料时在0.8以下。

冷却风量按每吨烧结矿计，鼓风冷却为2000～2200m^3（标态），抽风冷却为3500～4800m^3（标态）。图6-14所示为冷却风量与冷却时间的关系。从图6-14中可以看出，随着单位面积通过风量的增加，冷却速度加快，冷却时间缩短。而同一风量时，大粒的烧结矿冷却比小粒度的烧结矿冷却速度快，未经筛分的烧结矿的冷却速度最慢，所需冷却时间最长，这是料层阻力增大所致。料层厚度也影响烧结矿冷却速度，如图6-15所示，随着料层厚度增加，所需冷却时间延长。

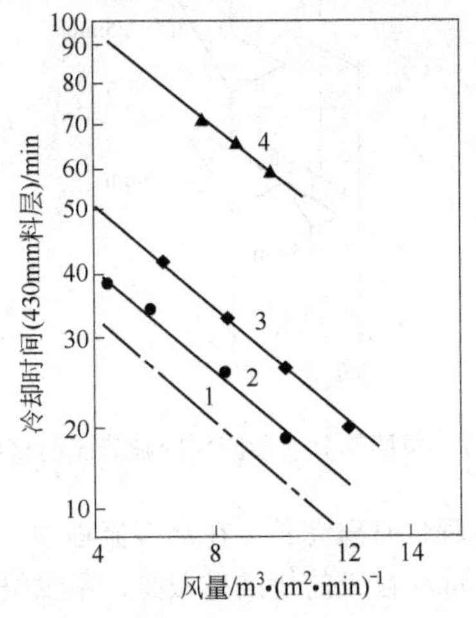

图6-14 冷却风量与冷却时间的关系

1—9.5mm的烧结矿；2—大于6.3mm的烧结矿；

3—大于3.15mm的烧结矿；

4—未筛分的烧结矿

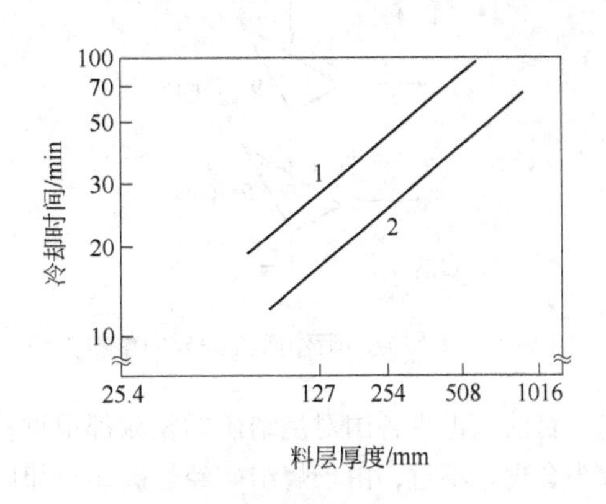

图6-15 料层厚度与冷却时间的关系

（大于3mm的烧结矿）

1—单位烧结面积的风量为30.48m^3/（m^2·min）；

2—单位烧结面积的风量为60.96m^3/（m^2·min）

从冷却风量、料层厚度与冷却时间的关系可以看出，冷却时间加长，每吨烧结矿冷却所需风量减少。因此，适当提高料层，扩大冷却面积，延长冷却时间，虽然基建投资要高一些，但电耗随之减少，排出废气的温度有所提高，余热利用价值高，且烧结矿的强度相应改善。

6.4.3　烧结矿的整粒

随着高炉现代化、大型化和节能的需要，对烧结矿的质量要求越来越高。烧结矿整粒技术就是随高炉冶炼技术的发展而逐步发展完善的一项技术。近年来，国内新建的烧结厂大都设有整粒系统，一些老厂改造时也增设了较完善的整粒系统。

设有整粒系统的烧结厂，一般烧结矿从冷却机卸出后要经过冷破碎，然后经 2 ~ 4 次筛分，分出小于 5mm 粒级的作返矿，10 ~ 20mm（或 15 ~ 25mm）作铺底料，其余的为成品烧结矿，成品烧结矿的粒度上限一般不超过 50mm。经过整粒的烧结矿粒度均匀，粉末量少，有利于高炉冶炼指标的改善。如德国萨尔萨吉特公司高炉使用整粒后的烧结矿入炉，高炉利用系数提高了 18%，每吨生铁焦比降低 20kg，炉顶吹出粉尘减少，延长了炉顶设备的使用寿命。

烧结厂的整粒流程各异。大型烧结厂多采用固定筛和单层振动筛作四段筛分的整粒流程，如图 6-16 所示。冷破碎为开路流程，每台振动筛分出一种成品烧结矿或铺底料，能较合理地控制烧结矿上、下限粒度范围。成品中的粉末少，设备维修方便，总图布置整齐，是一个较为合理的整粒流程，但投资较大。小型烧结厂则多采用单层或双层振动筛作三段筛，图 6-17 所示为单层筛分三段四次冷筛分流程整粒流程。

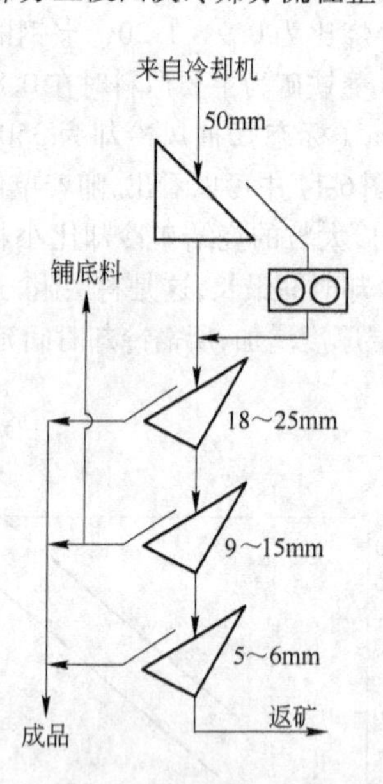

图 6-16　单层振动筛作四段筛分的整粒流程

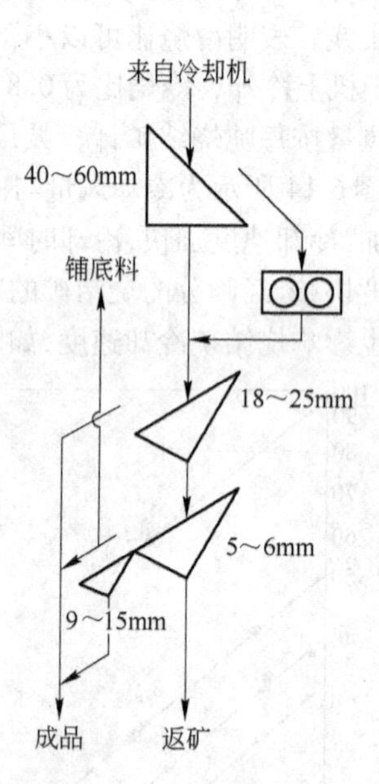

图 6-17　单层筛分三段四次冷筛分流程整粒流程

目前，世界各国对烧结矿的整粒都很重视，整粒流程也日臻完善。在众多流程中，图 6-16 较为合理，不过，由于烧结矿经热破、冷却后，大于 50mm 粒级的烧结矿很少，不少烧结厂已停止使用 50mm 筛和冷破碎机。

6.5　烧结矿质量评价

评价烧结矿质量的指标主要有：化学成分及其稳定性、粒度组成、转鼓强度与筛分指数、低温还原粉化性、还原性、软熔性等。

2005 年我国颁布的冶金行业标准 YB/T 421—2005 优质铁烧结矿的技术指标见表 6-5。2005 年我国颁布的冶金行业标准 YB/T 421—2005 普通铁烧结矿的技术指标见表 6-6。

表 6-5 我国优质铁烧结矿的技术指标（YB/T 421—2005）

项目名称	化学成分				物理性能/%			冶金性能/%	
	$w(TFe)$/%	$w(CaO)/w(SiO_2)$	$w(FeO)$/%	$w(S)$/%	转鼓指数（大于6.3mm）	筛分指数（小于5mm）	抗磨指数（小于0.5mm）	低温还原粉化指数（*RDD*（大于3.15mm））	还原度指数（*RI*）
允许波动范围	±0.40	±0.05	±0.50						
指标	≥57.00	≥1.70	≤9.00	≤0.030	≥72.00	≤6.00	≤7.00	≥72.00	≥78.00

注：$w(TFe)$、$w(CaO)/w(SiO_2)$（碱度）的基数由各生产企业自定。

表 6-6 我国普通铁烧结矿的技术指标（YB/T 421—2005）

项目名称		化学成分				物理性能/%			冶金性能/%	
矿度	品级	w（TFe）/%	w（CaO）/w（SiO_2）	w（FeO）/%	w（S）/%	转鼓指数（大于6.3mm）	筛分指数（小于5mm）	抗磨指数（小于0.5mm）	低温还原粉化指数（*RDD*（大于3.15mm））	还原度指数（*RI*）
		允许波动范围		不大于						
1.50～2.50	一级	±0.50	±0.08	11.00	0.060	≥68.00	≤7.00	≤7.00	≥72.00	≥78.00
	二级	±1.00	±0.12	12.00	0.080	≥65.00	≤9.00	≤8.00	≥70.00	≥75.00
1.00～1.50	一级	±0.50	±0.05	12.00	0.040	≥64.00	≤9.00	≤8.00	≥74.00	≥74.00
	二级	±1.00	±0.10	13.00	0.060	≥61.00	≤11.00	≤9.00	≥72.00	≥72.00

注：$w(TFe)$、$w(CaO)/w(SiO_2)$（碱度）的基数由各生产企业自定。

6.5.1 化学成分及其稳定性

成品烧结矿主要检测的化学成分是：TFe，FeO，CaO，SiO_2，MgO，Al_2O_3，MnO，TiO_2，S，P 等。要求有用成分要高，脉石成分要低，有害杂质（如 S、P）要少。

业界普遍认同以下规律，即提高含铁品位1%，高炉焦比下降2%，产量可提高3%。同时要求各成分的含量波动范围要小，根据冶金行业标准 YB/T 421—2005 的规定：$w(TFe)$波动为±0.4%，碱度 R 波动为±0.05。

硫和磷是钢与铁的有害元素，矿石中硫的质量分数升高 0.1%，高炉焦比升高 5%。而且硫会降低生铁流动性及阻止碳化铁分解，使铸件易产生气孔。硫会大大降低钢的塑性，在热加工过程出现热脆现象。因此，要求成品烧结矿中硫和磷的质量分数越低越好。

此外，Cu、Pb、Zn、As、F 及碱土金属对钢铁质量和高炉生产也有不良影响。

6.5.2 粒度组成

目前我国对高炉炉料的粒度组成检测尚未标准化，推荐采用方孔筛为：5mm × 5mm、6.3mm × 6.3mm、10mm × 10mm、16mm × 16mm、25mm × 25mm、40mm × 40mm、80mm × 80mm 等七个级别。其中 5mm × 5mm、6.3mm × 6.3mm、10mm × 10mm、16mm × 16mm、25mm ×

25mm、40mm×40mm 六个级别为必用筛，使用摇动筛分级，粒度组成按各粒级的出量用质量分数（%）表示。

6.5.3　转鼓强度与筛分指数

转鼓强度是评价烧结矿抗冲击和耐磨性能的一项重要指标。目前世界各国测定烧结矿转鼓强度的方法尚不统一，由于国际标准（ISO 3271—77）获得广泛采用，我国根据 ISO 国际标准，制定了 GB 3209—87 取代原有 YB 421—77 的国家标准。

GB 3209—87 标准采用的转鼓为 *ID*1000mm×500mm，内侧有两个成 180°的提升板（见图 6-18），装料 15kg，转速为 25r/min，转 200 转，鼓后采用机械摇动筛，筛孔为 6.3mm×6.3mm，往复 30 次，以大于 6.3mm 的粒级表示转鼓强度。

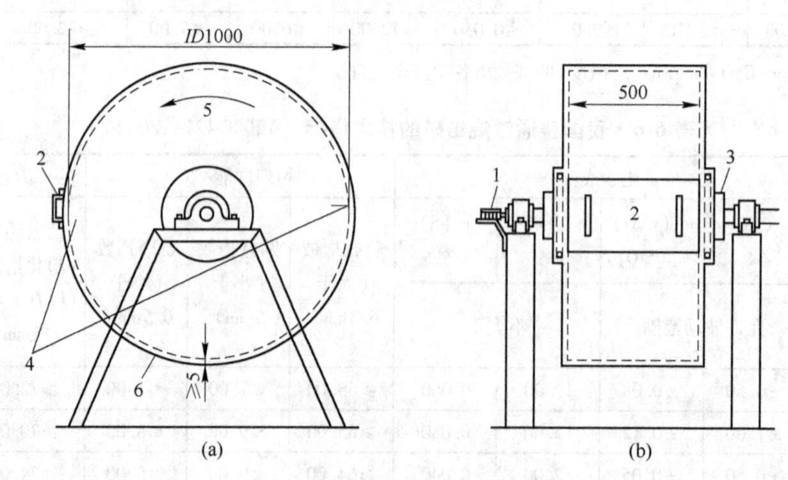

图 6-18　试验设备示意图

（a）侧视图；（b）主视图

1—转动计数器；2—带把手的鼓门；3—短轴（不穿过鼓腔）；4—两个提升板（50mm×50mm×5mm）；5—转动方向；6—板；*ID*—内径

检验结果的计算公式如下。

（1）转鼓强度：

$$TI = m_1/m_0 \times 100\%$$

（2）抗磨强度：

$$A = [m_0 - (m_1 + m_2)]/m_0 \times 100\%$$

式中　m_0——入鼓试样质量，kg；

m_1——转鼓后大于 6.3mm 粒级部分的质量，kg；

m_2——转鼓后 0.5～6.3mm 粒级部分的质量，kg。

TI、*A* 均取两位小数，要求 $TI \geqslant 70.00\%$，$A \leqslant 5.00\%$。

在实验条件下，烧结矿不足 15kg 时，可采用 1/2 或 1/5GB（国标）转鼓，其装料相对减少为 7.5kg 和 3kg。

筛分指数测定方法是：取 100kg 试样，等分为 5 份，每份 20kg，用筛孔为 5mm×5mm 的摇筛往复摇动 10 次，以小于 5mm 的出量计算筛分指数。筛分指数按下式计算：

$$C = (100 - A)/100$$

式中　C——筛分指数，%；

A——大于5mm粒级的量，kg。

我国要求烧结矿筛分指数 $C \leqslant 6.0\%$，球团矿筛分指数 $C \leqslant 5\%$。

6.5.4 低温还原粉化性

铁矿石进入高炉炉身上部大约在500～600℃的低温区时，由于热冲击及铁矿石中 Fe_2O_3 还原（$Fe_2O_3 \rightarrow Fe_3O_4 \rightarrow FeO$）发生晶形转变等因素，导致块状含铁物料的粉化，这将直接影响高炉炉料顺行和炉内气流分布。低温还原粉化性的测定就是模拟高炉上部条件进行的。

低温还原粉化性能测定有静态法和动态法两种。我国静态法测定低温还原粉化性能的标准为GB 13242—91。动态法测定低温还原粉化性能的标准为参考国际标准ISO 13930：2007《高炉炉料用铁矿石——低温还原—粉化动态试验》（Iron ores for blast furnace feedstocks——Determination of low-temperature reduction-disintegration indices by dynamic method）。目前国内仍主要以静态法测定为主。

GB 13242—91 铁矿石静态法测定低温还原粉化性能标准是参照国际标准ISO 4694—84 制定的。基本原理是把一定粒度范围的试样，在固定床中500℃温度下，用CO、CO_2 和 N_2 组成的还原气体进行静态还原。恒温还原60min后，试样经冷却，装入转鼓（ϕ130mm×200mm）转300转后取出，用6.3mm×6.3mm、3.15mm×3.15mm、0.5mm×0.5mm的方孔筛分级，分别计算各粒级出量，用 *RDI* 表示铁矿石的粉化性。

6.5.4.1 试验条件

还原试验：反应罐为双壁 ϕ75mm；试样500g，粒度为10.0～12.5mm；还原气体中 $\varphi(CO):\varphi(CO_2):\varphi(N_2)=20:20:60$，$\varphi(H_2)<0.2\%$（或 $2.0\% \pm 0.5\%$），$\varphi(H_2O)<0.2\%$，$\varphi(O_2)<0.1\%$；气体流量（标态）为15L/min；还原温度为（500±10）℃；还原时间为60min。

转鼓试验：转鼓尺寸为 ϕ130mm×200mm；转速为30r/min；时间为10min。

6.5.4.2 试验结果表示

还原粉化性 *RDI* 用质量分数表示。

还原强度指数：

$$RDI_{+6.3} = m_{+6.3}/m_0 \times 100\%$$

还原粉化指数：

$$RDI_{+3.15} = m_{+3.15}/m_0 \times 100\%$$

耐磨指数：

$$RDI_{-0.5} = m_{-0.5}/m_0 \times 100\%$$

式中 m_0——还原后转鼓前的试样质量，g；

$m_{+6.3}$——转鼓后大于6.3mm粒级的出量，g；

$m_{+3.15}$——转鼓后大于3.15mm粒级的出量，g；

$m_{-0.5}$——转鼓后小于0.5mm粒级的出量，g。

本标准规定，试验结果评定以 $RDI_{+3.15}$ 的结果为考核指标，$RDI_{+6.3}$、$RDI_{-0.5}$ 只作参考指标。

ISO 13930：2007《高炉炉料用铁矿石——低温还原—粉化动态试验》的原理是一定粒度范围的试验样在温度500℃的旋转反应管内，用 H_2、CO、CO_2、N_2 组成的还原气体进行等温还原60min。还原后的试样用6.3mm×6.3mm、3.15mm×3.15mm和0.5mm×0.5mm的方孔筛进行筛分。分别用大于6.3mm、小于3.15mm和小于0.5mm的矿石质量与还原后试验样的总质量之比表示三个低温粉化指数（*LID*）的值，其关键装置如图6-19和图6-20所示。动态法测定的

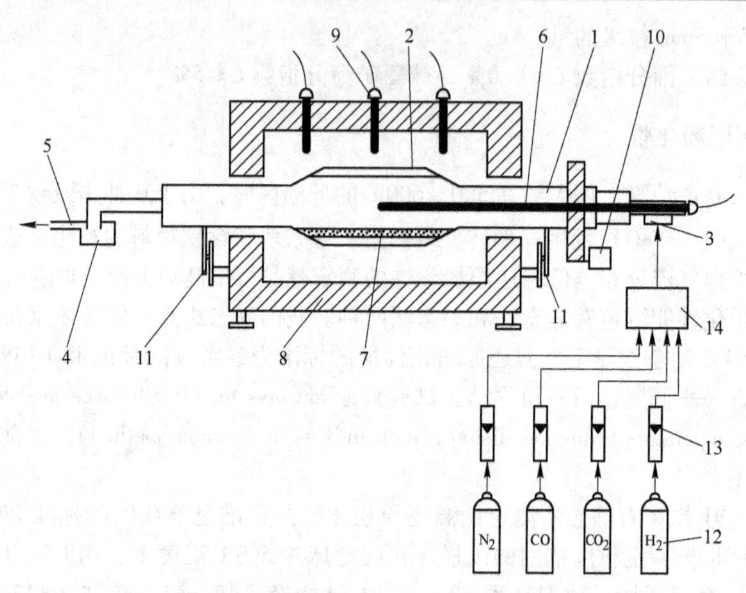

图 6-19　试验设备示意图（流程图）

关键装置　还原反应管：1—还原反应管；2—提料板（4 个）；3—入气口；4—灰尘收集器；5—出气口；6—测量还原温度用热电偶；7—试验样；反应炉：8—电炉；9—测量电炉温度的热电偶；10—旋转装置（电动马达）；11—反应管支撑轮；供气系统：12—气瓶；13—气体流量计；14—混气箱

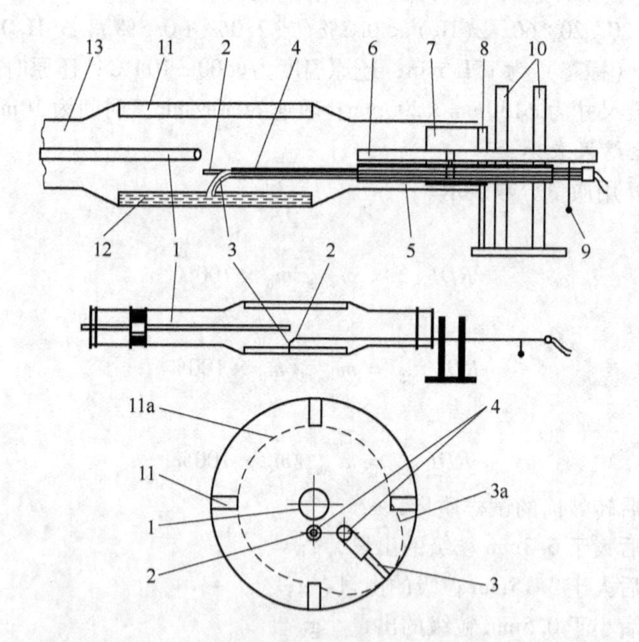

图 6-20　可用于测量气流和还原管中试验样温度及温度分布的装置示意图

关键装置：1—标准热电偶（图 6-19 中的热电偶 6）；2—包皮直线热电偶，直径为 3mm；3—包皮曲线热电偶，直径为 3mm；3a—曲线热电偶跟踪的轨迹；4—热电偶 2 和 3 的支撑管（直径为 6mm）；5—每个支撑管 4 所用滑动框架（直径为 10mm），可沿着还原管移动；6—框架 5 的支撑管（直径为 15mm），有刻度；7—固定环；8—绝热层（陶瓷棉）；9—悬臂平衡块补偿热电偶 3；10—调节高度的支架；11—提料架（4 个）；11a—提料架运行轨迹；12—试验样；13—入气口低温还原粉化率结果分别以质量分数表示 $LTD_{+6.3}$、$LTD_{-3.15}$、$LTD_{-0.5}$。计算方法（计算结果保留一位小数）为：

$$LTD_{+6.3} = \frac{m_1}{m_0} \times 100\%$$

$$LTD_{-3.15} = \frac{m_0 - (m_1 + m_2)}{m_0} \times 100\%$$

$$LTD_{-0.5} = \frac{m_0 - (m_1 + m_2 + m_3)}{m_0} \times 100\%$$

式中 m_0——还原后包括从吸尘器中收集的试验样筛分之前的质量，g；

m_1——6.3mm 筛上余量，g；

m_2——3.15mm 筛上余量，g；

m_3——0.5mm 筛上余量，g。

6.5.5 还原性

烧结矿还原性是模拟炉料自高炉上部进入高温区的条件，用还原气体从烧结矿中排除与铁结合氧的难易程度的一种度量。它是评价烧结矿冶金性能的主要质量标准。

最早提出模拟高炉还原过程测定含铁矿物还原性的是 R·林德（Linder），后来日本、前苏联、德国也制定了本国标准方法。国际标准化组织（ISO）于 1984 年和 1985 年拟订出铁矿石还原性试验的国际标准方法（ISO 4696—84、ISO 7215—85），我国参照国际标准制定出 GB 13241—91国家标准试验方法。GB 13241—91 国家标准方法规定如下。

6.5.5.1 试验条件

反应罐：双壁内径 ϕ75mm（见图 6-21）；

试样：粒度为 10.0～12.5mm，500g；

还原气体：$\varphi(CO)/\varphi(N_2) = 30/70$（$\varphi(H_2) < 0.2\%$、$\varphi(CO_2) < 0.2\%$、$\varphi(H_2O) < 0.2\%$，$\varphi(O_2) < 0.1\%$）；

还原温度：(900 ± 10)℃；

气体流量（标态）：15L/min；

还原时间：180min。

6.5.5.2 还原度计算

还原度计算式为：

$$R_t = \left(\frac{0.11w_1}{0.43w_2} + \frac{m_1 - m_t}{m_0 \times 0.43w_2} \times 100\right) \times 100\%$$

式中 R_t——还原 t 时间的还原度；

m_0——试样质量，g；

m_1——还原开始前试样质量，g；

m_t——还原 t 时间后试样质量，g；

w_1——试验前试样中 FeO 的质量分数，%；

w_2——试验前试样中全铁的质量分数，%；

0.11——FeO 氧化成 Fe_2O_3 时必须的相应氧量的换算系数；

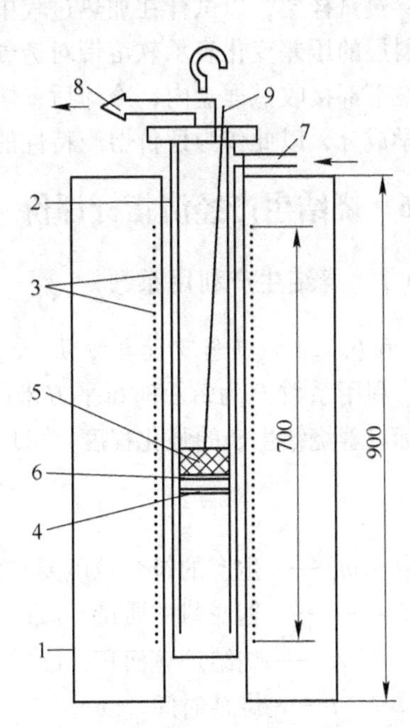

图 6-21 还原管和还原炉的示意图

1—还原炉；2—还原管；3—电热元件；4—多孔板；5—试样；6—高 Al_2O_3 球；7—煤气孔入口；8—煤气出口；9—热电偶

0.43——TFe 全部氧化成 Fe_2O_3 时需氧量的换算系数。

本标准规定，以 180min 的还原度指数作为考核指标，用 *RI* 表示。

6.5.5.3　还原速率指数计算

根据试验数据作还原度 R_t 与还原时间 t 的关系曲线，从曲线读出还原达到 30% 和 60% 时相对应的还原时间。

还原速率指数（*RVI*）用 O/Fe 摩尔比达到 0.9（相当于还原度为 40%）时的还原速率表示，单位为%/min。计算公式为：

$$RVI = \left(\frac{dR_t}{dt}\right)_{40} = \frac{33.6}{t_{60} - t_{30}}$$

式中　t_{60}——还原度达到 60% 时所需时间，min；

t_{30}——还原度达到 30% 时所需时间，min；

33.6——常数。

本标准规定还原速率指数 *RVI* 作为参考指标。

6.5.6　还原软化熔融特性

高炉内软化熔融带的形成及其位置主要取决于高炉操作条件和炉料的高温性能。而软化熔融带的特性对炉料还原过程和炉料透气性将产生明显的影响。因此，许多国家对铁矿石软熔性的试验方法进行了广泛深入的研究。但是，到目前为止，其试验装置、操作方法和评价指标都不尽相同。一般以软化温度及软化区间、熔融带透气性、熔融滴下物的性状作为评价指标。它是模拟高炉内的高温软熔带，在一定荷重和还原气氛下，按一定的升温速度，还原气体自下而上穿过试样层，以试样在加热过程中某收缩值的温度表示起始软化温度和软化区间，以气体通过料层的压差变化表示软熔带对透气性的影响。当温度升高到 1400～1500℃时，炉料熔化后滴落在下部接收试样盒内，冷却后，熔化产物经破碎分离出金属和熔渣，测定其相应的回收率和化学成分，以此作为评价熔滴特性的指标。

6.6　烧结生产经济指标评价

6.6.1　烧结生产利用系数

6.6.1.1　概念及计算方法

利用系数 P 为每小时每平方米产合格烧结矿产品的吨数，它是表示烧结机生产率的指标，也标志着烧结生产的强化程度，可用下式表示：

$$P = \frac{m_1 - m_2}{1000} \cdot \frac{1}{A} \cdot \frac{60}{t}$$

式中　m_1——生产的符合粒度要求的烧结矿总质量（包括辅底料），kg；

m_2——辅底料的质量，kg；

A——烧结炉箅面积，m^2；

t——烧结时间，min。

6.6.1.2　提高烧结生产利用系数的技术措施

提高烧结生产利用系数的技术措施有：

（1）以生石灰替代部分石灰石。生石灰消化后形成极细的 $Ca(OH)_2$ 胶凝体，可改善混合料的制粒性；且胶凝体在干燥后仍能保持混合料小球的强度，也能改善烧结料的透气性；同时，生石灰还能改善烧结过湿层的透气性。

（2）强化混合料制粒。通过延长混合造球时间、改进混料筒结构、使用添加剂等措施强化烧结混合料制粒。

（3）混合料预热。混合料采用蒸汽预热，可防止混合料水分冷凝，有效改善混合料实际料层的热态透气性。

（4）改进烧结机布料系统。进行偏析布料、采用计算机动态控制给料等手段改进烧结机布料系统。

（5）进行小球烧结。小球烧结法的重要效果是能有效提升烧结的产量。

6.6.2 返矿率

铁矿石烧结后因强度较差和未完全烧结的烧结矿经破碎筛分处理而返回烧结工序的筛下物称为返矿。返矿量与烧结混合料总量之比为返矿率。在西欧国家，根据控制技术方面的需要，返矿率均以返矿量占矿石量的百分比来计算。烧结产出的返矿量（R_A）与烧结混合料中配入的返矿量（R_E）相等时，称为返矿平衡（B），即 $B = R_A/R_E = 1$。它是烧结过程得以进行的必要条件。

6.6.2.1 返矿的种类

烧结矿返矿分为热返矿、冷返矿和高炉料槽下返矿 3 种。

（1）热返矿。包括烧结台车运行到烧结机尾时，烧结机两侧和表层的未烧好的烧结矿；黏结成块的热烧结饼经机尾单辊破碎机剪切和热振动筛筛分后的筛下物。

（2）冷返矿。它是热烧结矿经冷却和整粒后的筛下物。

（3）高炉料槽下返矿。它是高炉料槽中的烧结矿在入炉前进行筛分时的筛下物。

返矿粒度一般都在 5mm 以下。热返矿送到烧结混合料皮带上返回烧结；冷返矿和高炉料槽下返矿则返回烧结配料室。

6.6.2.2 返矿率与返矿质量

烧结返矿率取决于原料的性质、原料的准备技术和设备状况以及烧结的操作技术。赤铁矿、褐铁矿和含结晶水脉石高的矿粉，以及不易脱水的高湿度的细精矿等返矿率一般较高，可达 40% ~50%。混合料的混合和制粒不好、烧结机的布料不均、烧结点火热量不足、烧结终点控制不好或未能烧透以及烧结矿卸出后的多次破碎及筛分等都会增加返矿率。此外，当烧结制度（如料层高度、点火温度、燃料用量、抽风负压等）与原料性质不相适应，或烧结作业失常未能及时调整时，返矿率也会升高。返矿中如含有大量未经烧结的烧结混合料，则返矿细粉多、含碳高、质量差，对烧结过程有不利的影响。质量良好的返矿多数是已烧结成矿但机械强度较差的粒状物料，其粒度一般应在 5mm 或 6.3mm 以下。

6.6.2.3 返矿对烧结过程的影响

质量良好的返矿可改善混合料的粒度组成，提高料层的透气性，特别是在细精矿烧结时，返矿有利于细精矿制粒，从而提高细精矿的烧结生产率。质量好的返矿在烧结过程中易形成液相，可增加烧结过程的液相量，从而提高烧结矿的机械强度。对于脉石难熔的难烧矿粉，返矿的作用更加显著。德国卡佩尔（F. Cappel）的研究表明：在燃料配比（占矿石量）一定、烧结矿的机械处理流程一定，且保持返矿平衡的条件下，提高返矿率（占混合料量），烧结返矿生产率上升；但当返矿率达到一定值时，继续增加返矿率烧结生产率则下降。所以，对烧结矿生产来说，有一个最佳返矿率，它可以使生产率达到最高点。烧结生产率与返矿率及燃料比的关系如图 6-22 所示。他的研究还表明：当料层高度 H 一定时，烧结矿的机械强度随着燃料比

(占矿石量的百分数)及返矿率的增加而增加，但当返矿平衡时，返矿率增加，配入混合料的矿石及燃料量必然减少，因而烧结矿的机械强度也随之下降。烧结矿强度与混合料中返矿率及燃料比的关系如图6-23所示。导致烧结生产过程不稳定的另一个原因，是进入烧结混合料中的热返矿量波动引起烧结混合料中水、碳的波动，因而导致烧结矿的产量及质量波动。采用热冲击秤或将热返矿经冷却后送入配料室参加配料，可以解决此项问题。

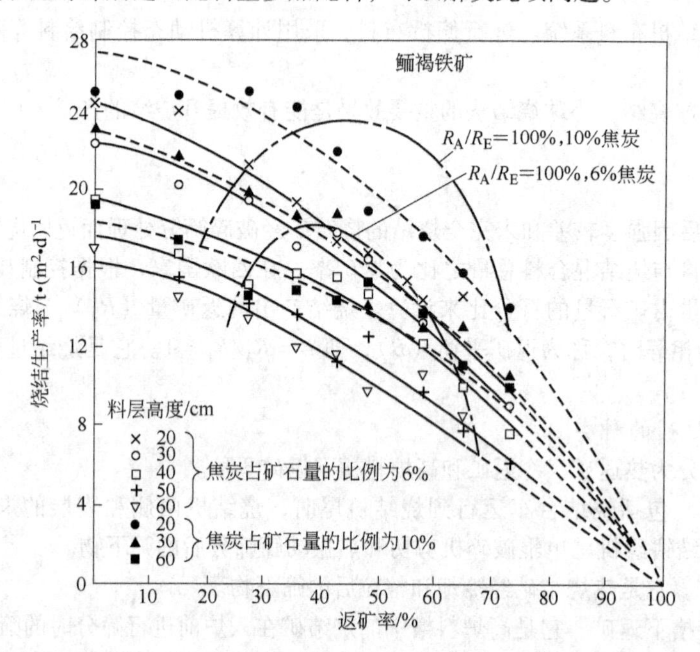

图6-22　烧结生产率与返矿率及燃料比的关系

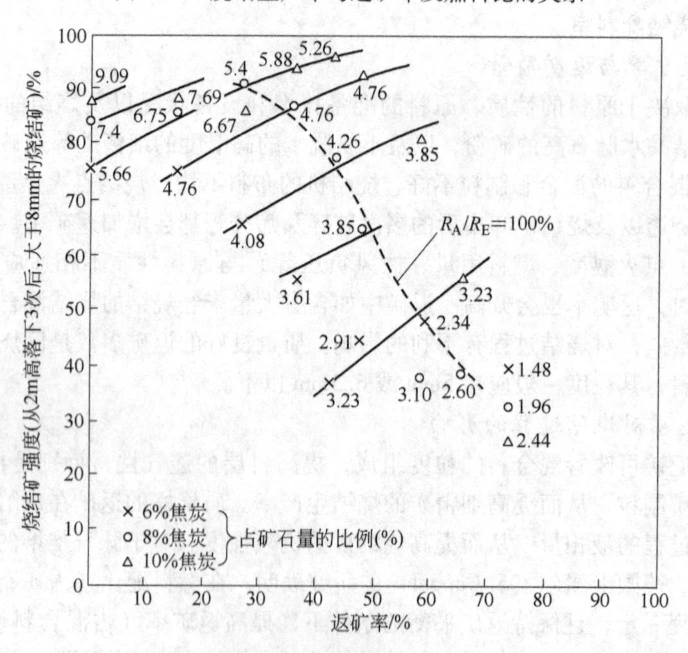

图6-23　烧结矿强度与混合料中返矿率及燃料比的关系

(图内数字为混合料中燃料量所占比例,%)

6.6.2.4 返矿平衡

返矿平衡是烧结生产过程得以进行的必要条件。烧结机投产后，需要经过较长时间才能达到返矿平衡（$B=1$）。如果返矿槽的料位增加，即 $B>1$ 时，则可增加混合料中的燃料量以获得强度较大的烧结矿，促进平衡；如果返矿槽料位下降，使槽内存料有被用尽的危险时，要降低配加的燃料量，使返矿量增加。如果较长时间内未能达到返矿平衡，表明烧结过程的目标参数与操作参数之间的关系不相适应，则应调整操作参数。同理，在烧结杯试验中也必须遵循这个原则。如果没有返矿平衡，很容易导致错误的结论。返矿平衡与燃料比和返矿率的关系如图6-24所示，返矿平衡与返矿率及料层高度的关系如图6-25所示。从图6-24和图6-25中可知：

（1）其他条件不变，随着返矿率的增加，返矿平衡值不断下降，因为混合料中的燃料量未变；

（2）随着燃料量的增加或料层高度提高，这些曲线移向较小的平衡值；

（3）若燃料量按占矿石总量的百分数计算，则当返矿率增大到一定值后，随着返矿率继续增加，返矿平衡移向较大的平衡值，这是因为烧结混合料中的燃料量减少的缘故。

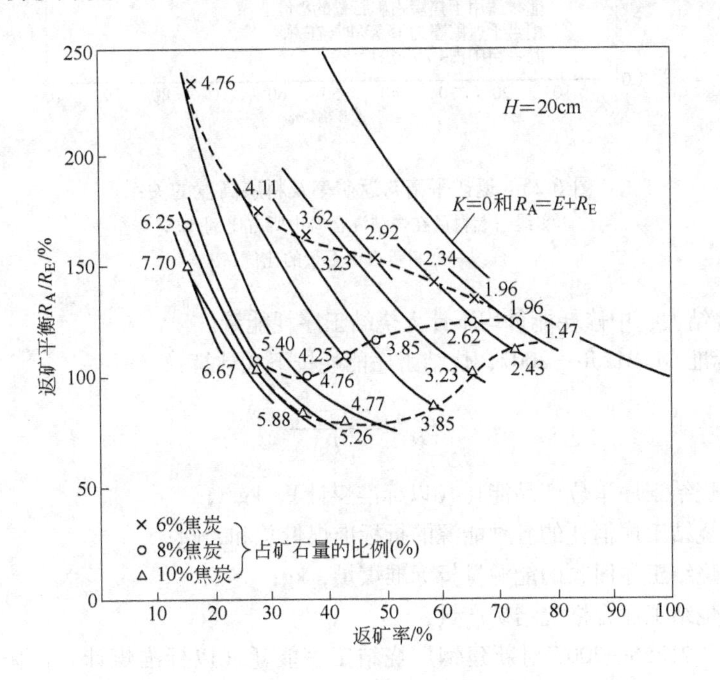

图6-24 返矿平衡与燃料比和返矿率的关系

（图内数字为混合料中燃料量所占比例,%）

实线—燃料量占烧结混合料量的比例,%；

虚线—燃料量占矿石量的比例,%

6.6.3 工序能耗

6.6.3.1 烧结工序能耗的概念及计算方法

烧结工序能耗是指烧结矿从熔剂、燃料破碎至成品烧结矿经过皮带机进入炼铁区域为止生产全过程所消耗的能源（包括一次、二次能源和耗能工质），扣除回收外供能源后折算成标准煤。它是直接生产系统（工序）与间接生产系统（辅助、附属、损失）的耗能量之和。原料

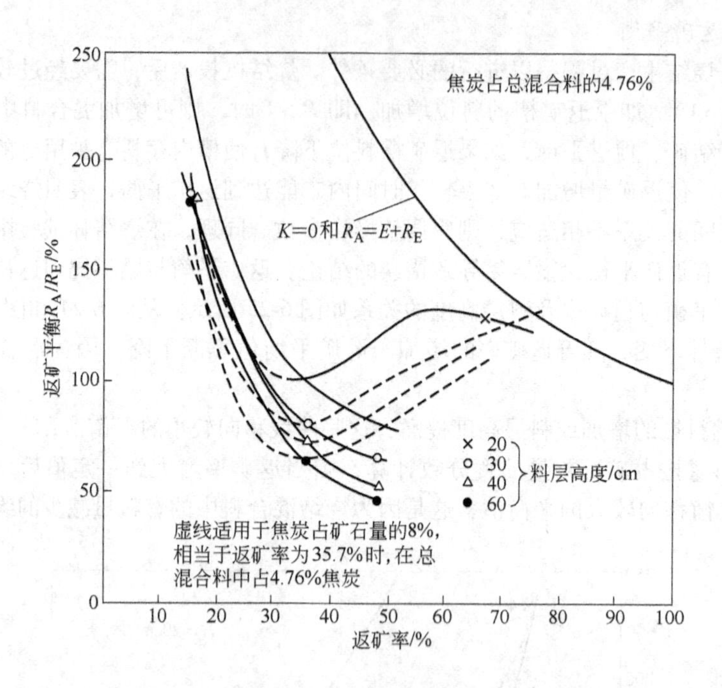

图 6-25　返矿平衡与返矿率及料层高度的关系

实线—燃料量在烧结混合料中所占比例,%;

虚线—燃料量占矿石量的比例,%

场的耗能以及烧结大、中修耗能量均不计入烧结工序耗能量。

根据国家标准 GB 21256—2007，烧结工序能耗按下式计算：

$$E_{SJ} = \frac{e_{sjz} - e_{sjh}}{P_{SJ}}$$

式中　E_{SJ}——烧结工序单位产品能耗（以标准煤计），kg/t；

e_{sjz}——烧结工序消耗的各种能源的折标准煤量总和，kg；

e_{sjh}——烧结工序回收的能源量折标准煤量，kg；

P_{SJ}——烧结工序合格烧结矿产量，t。

国家标准 GB 21256—2007 对新建钢厂烧结工序能耗（以标准煤计）的限额为不超过 60 kg/t(电力折标准煤系数采用等价值 0.404kg/(kW·h))。

6.6.3.2　降低烧结工序能耗的措施

烧结工序能耗约占钢铁生产总能耗的 8.3%，降低烧结工序能耗对于提高钢铁企业的经济效益具有重要意义。烧结工序能耗包括固体燃料消耗、电力消耗、点火煤气消耗、动力（压缩空气、蒸汽、水等）消耗等，其中固体燃料消耗占 75% ~80%，电力消耗占 13% ~20%，点火消耗占 5% ~10%。烧结厂结合生产实际情况，通过对现有设备进行改造，加强工艺管理，使得工序能耗得到进一步降低，具体实施的措施如下：

（1）降低固体燃料的消耗。具体为：

1）原料合理搭配。根据各种原料的高温烧结性能，对原料进行合理搭配，能提高烧结成品率及烧结矿转鼓强度，有利于降低烧结固体燃料的消耗。

2）控制燃料粒度及粒度组成。烧结所用固体燃料的粒度与混合料的特性有关，固体燃料的最好粒度范围是0.5～3mm，存在大于3mm和小于0.5mm的粒级都是不希望的，这部分粒级含量的增加均会使固体燃耗增加，烧结矿成品率降低。烧结厂通过强化四辊破碎机的管理，保证了固体燃料粒度0.5～3mm的在70%～75%之间，将固体燃料消耗控制在了最低范围。

3）提高混合料温度。烧结厂采用生石灰预热、热水预热、热返矿预热、蒸汽预热提高混合料温度。同时，改一次混合加冷水为加热水工艺，提高了烧结混合料温度，避免水汽在料层中冷凝，杜绝了形成过湿现象，使烧结料层透气性变好。提高混合料的温度，使其达到露点以上，可以显著减少或消除水汽在料层中的冷凝量，降低过湿层对气流的阻力，从而改善了料层透气性，使抽过料层的空气量增加，为料层内的热交换创造了良好的条件，燃烧速度加快，提高台时产量，节约固体燃料。

4）加强混合料制粒。制粒机筒体内壁为螺旋状，螺旋的方向和滚筒旋转的方向相反，从而延长了制粒时间，增强了制粒效果。在制粒过程中，还采用"一混加足水，二混雾水制粒"的技术，这样一来，混合料在一混滚筒内已加足水，且由以前的加常温水改为加热水，做到提前润湿，提高了料温，加强了白灰的消化；二混采用雾化喷头补水，雾水有助于混合料粒度长大，从而强化制粒工艺，改善混合料的粒度组成，减少混合料中小于3mm粒级的含量，增加3～5mm粒级的含量，使混合料粒度趋于均匀，可明显改善烧结料层的透气性，增高料层，改善烧结矿强度，对烧结矿产量和质量的不断提高、能耗的降低起到了很大作用。

5）厚料层烧结。烧结厂始终坚持厚铺慢转为原则。生产中，随着料层厚度的增加，强度差的所占的比重相应降低，成品率相应提高，返矿率下降，从而减少了固体燃料消耗。烧结料层的自动蓄热作用随着料层高度的增加而加强。因此，提高料层厚度，采用厚料层烧结，充分利用烧结过程的自动蓄热，可以降低烧结料中的固体燃料用量，根据实际生产情况，料层每增加10mm，燃料消耗可降低1.5kg/t左右。

（2）降低电耗。电耗在烧结工序能耗中是仅次于固体燃耗的第二大能耗，约占13%～20%，因此，降低电耗也是降低烧结工序能耗的重要措施。具体为：

1）烧结台车和首尾风箱（密封板）、台车与滑道、台车与台车之间的漏风占烧结机总漏风量的80%以上，因此，烧结厂通过强化设备使用与维护，及时更换、维护台车（烧结两相邻台车间存在较大的漏风缝隙，其两相邻台车间的竖缝隙尺寸大小各不相同，小的有1～2mm的，大的有3～5mm的，甚至7～8mm的，且各缝隙的形状也各不相同，有上下一致属长方形的，有上下不一致或上大下小，或上小下大形的，这就使得此部位的密封难以采取有效的密封），改善布料方式，减少台车挡板与混合料之间存在的边缘漏风等，并对台车滑道及时补油，显著减少了有害漏风，增加了通过料层的有效风量，提高了烧结矿产量，节约了电能。

2）加大对大烟道、除尘系统、风机系统的漏风治理。此类漏风主要是由于管道的磨损、热胀冷缩变形、夹带灰尘气流冲刷等，使之出现局部缝隙或漏洞而漏风，通过有效的治理，可进一步降低电耗。

3）要求每班必须对台车箅条压块销孔螺栓进行紧固一次，同时对缺损的及时进行补齐，有效地减少了漏风，提高了风机利用率。

（3）减少大功率设备空转时间，降低电耗。通过合理组织大型设备开停机，一是采用对长时间停机的设备坚持设备不空运转，二是采用对短时间停机的设备不停机等措施，降低电耗。

（4）严格控制点火温度和点火时间。烧结厂根据生产经验，将点火温度控制为(1100±50)℃，点火时间控制在1min以内，避免出现点火温度过高。点火温度过高会造成烧结料表面过熔，形成硬壳，降低料层的透气性，并使表层烧结矿中FeO的质量分数增加，同时，点火热耗升高；点火温度过低会使表层烧结料欠熔，不能烧结成块，返矿量增加，导致返回流程，造成二次加工成本升高。

（5）加强跑冒滴漏的治理。由于设备常年运行中腐蚀严重，特别是风、水、汽的各种管道，有的架设在空中，有的深埋于地下，长年累月被空气氧化、水汽腐蚀，出现沙眼、泄漏点的现象时有发生。为加强跑冒滴漏治理，由生产科、技术科、设备科、安全科等有关科室和专业人员每周对全厂的跑冒滴漏现象进行全面检查。各生产区域进行经常性的检查，提出治理计划，区域内能够自己治理的及时进行治理；需要厂有关专业科室协调解决的上报相关科室。在开展工作中，以在厂局域网上发布联查通报的形式督促问题的及时解决。

（6）加强余热回收利用。一般来说，烧结机主烟道烟气余热占烧结工序能耗的13%～23%，冷却机（环冷机或带冷机）废气余热占烧结工序能耗的19%～35%，两者之和高达50%～60%。目前，不少企业已对冷却机废气余热进行回收利用用于发电，如马钢。但大部分企业还未对烧结机主烟道烟气余热进行有效利用，因此，烧结行业在节能上仍有一定的提升空间。

6.7 我国重点钢铁企业烧结主要技术经济指标

我国重点钢铁企业烧结主要经济技术指标见表6-7和表6-8，韩国浦项142.5m^2和436m^2烧结机的生产技术指标见表6-9和表6-10。从表中看，我国烧结平均利用系数在1.341～1.480 $t/(m^2 \cdot h)$之间，该项指标与韩国浦项相比存在较大的差距，且我国烧结行业的利用系数呈逐年降低的趋势，这跟我国近年来烧结原料条件劣化有一定关系。我国烧结矿的工序能耗自2001年以来呈逐年降低的趋势，至2009年，工序能耗（以标准煤计）已降至54.95kg/t，这与我国的烧结设备大型化及烟气余热的利用度提高有较大关系。

表6-7 2001～2006年全国重点钢铁企业烧结主要经济技术指标

技术经济指标	2001年	2002年	2003年	2004年	2005年	2006年
利用系数/$t \cdot (m^2 \cdot h)^{-1}$	1.47	1.48	1.48	1.46	1.48	1.43
烧结矿品位/%	55.95	56.60	56.90	56.00	55.91	55.85
烧结矿合格率/%	90.27	90.31	91.83	91.39	92.63	93.50
烧结机日历作业率/%	86.44	89.42	88.60	88.94	89.34	89.92
全员劳动生产率/t·(a·人)$^{-1}$	3847.00	4634.36	4693.68	4707.15	5429.50	6034.00
固体燃料消耗/$kg \cdot t^{-1}$	59	57	55	54	53	54
转鼓强度/%	71.62	83.72	71.83	73.24	83.78	75.75
碱　度	1.76	1.83	1.94	1.93	1.94	1.95
工序能耗（以标准煤计）/$kg \cdot t^{-1}$	68.71	67.75	66.42	66.38	60.13	55.04

表6-8 2007～2009年全国重点钢铁企业烧结主要经济技术指标

项　目	铁品位/%	碱度	转鼓指数/%	固体燃料消耗/$kg \cdot t^{-1}$	利用系数/$t \cdot (m^2 \cdot h)^{-1}$	台时产量/t·(台·h)$^{-1}$	日历作业率/%	工序能耗（以标准煤计）/$kg \cdot t^{-1}$
2007年	55.65	1.840	76.02	54	1.416	152	90.30	55.47
2008年	55.39	1.858	76.59	53	1.356	164	89.77	55.32
2009年	55.77	1.835	77.30	54	1.341	175	93.99	54.95

表 6-9 2001 年以来韩国浦项 142.5m² 烧结机的生产技术指标

项 目	2001 年	2002 年	2003 年	2004 年	2005 年 1~3 月
月均产量/t	15.10×10^4	15.70×10^4	15.40×10^4	16.30×10^4	16.00×10^4
利用系数 $/t\cdot(m^2\cdot h)^{-1}$	1.488	1.546	1.524	1.588	1.592
固体燃料消耗 $/kg\cdot t^{-1}$	51.25	50.97	50.93	50.64	53.57
w(TFe)/%	57.59	58.26	58.56	58.44	58.34
碱 度	1.75	1.76	1.79	1.79	1.73

表 6-10 2001 年以来韩国浦项 436m² 烧结机的生产技术指标

项 目	2001 年	2002 年	2003 年	2004 年	2005 年 1~3 月
月均产量/t	44.60×10^4	46.00×10^4	45.50×10^4	43.90×10^4	43.30×10^4
利用系数 $/t\cdot(m^2\cdot h)^{-1}$	1.666	1.706	1.648	1.542	1.694
固体燃料消耗 $/kg\cdot t^{-1}$	51.02	50.36	50.87	56.79	57.35
w(TFe)/%	58.31	58.60	58.71	58.52	58.57
碱 度	1.76	1.81	1.86	1.84	1.85

6.8 我国对烧结清洁生产的指标要求

2008 年 4 月 8 日国家环境保护部颁布《清洁生产标准 钢铁行业（烧结）》环境保护标准，要求于 2008 年 8 月 1 日开始实施。

6.8.1 清洁生产的定义

清洁生产指不断采取改进设计、使用清洁的能源和原料、采用先进的工艺技术与设备、改善管理、综合利用等措施，从源头削减污染，提高资源利用效率，减少或避免生产、服务和产品使用过程中污染物的产生和排放，以减轻或者消除对人类健康和环境的危害。

6.8.2 指标分级

该标准给出了钢铁行业烧结生产过程清洁生产水平的三级技术指标：一级为国际清洁生产先进水平；二级为国内清洁生产先进水平；三级为国内清洁生产基本水平。

6.8.3 指标要求

钢铁行业（烧结）清洁生产指标要求（摘录）见表 6-11。

表 6-11　钢铁行业（烧结）清洁生产指标要求（摘录）

清洁生产指标等级	一级	二级	三级
二、资源能源利用指标			
1. 工序能耗(以标准煤计)/kg · t^{-1}	≤47	≤51	≤55
2. 固体燃料消耗(以标准煤计)/kg · t^{-1}	≤40	≤43	≤47
3. 生产需水量/m^3 · t^{-1}	≤0.25	≤0.30	≤0.35
4. 烧结矿返矿率/%	≤8	≤10	≤15
5. 水重复利用率/%	≥95	≥93	≥90
6. 烧结矿显热回收	采用该技术		
7. 烧结原料选取	控制易产生二噁英物质的原料		
三、产品指标			
1. 烧结矿品位/%	≥58	≥57	≥56
2. 转鼓指数/%	≥87	≥80	≥76
3. 产品合格率/%	100	≥99.5	≥94.0
四、污染物产生指标			
1. 烧结机头 SO_2 产生量/kg · t^{-1}	≤0.9	≤1.5	≤3.0
2. 烧结机头烟尘产生量/kg · t^{-1}	≤2.0	≤3.0	≤4.0
3. 烧结原燃料无组织排放控制	对原燃料场无组织粉尘排放浓度进行监测,并达到行业相关标准要求		
	设有挡风抑尘墙和洒水抑尘措施		洒水抑尘措施
五、废物回收利用指标			
烧结粉尘回收利用率/%	100		≥99.5
六、环境管理要求			
1. 环境法律法规标准	符合国家和地方有关环境法律、法规的规定，污染物排放达到国家、地方和行业现行排放标准，总量控制和排放许可管理要求……		
2. 组织机构	建立专门环境管理机构和专职管理人员，开展环保和清洁生产有关工作		
3. 环境审核	按照《钢铁企业清洁生产审核指南》的要求进行审核；环境管理制度健全，原始记录及统计数据齐全有效		
4. 废物处理	用符合国家规定的废物处置方法处置废物；严格执行国家或地方规定的废物转移制度；对危险废物要建立危险废物管理制度，并进行无害化处理		
5. 生产过程环境管理	（略）		
6. 相关方环境管理均有具体内容	（略）		

6.8.4　我国烧结行业与清洁生产标准的差距

我国烧结行业与清洁生产标准的差距主要有：

（1）烧结工序能耗。2008 年全国重点钢铁企业烧结工序能耗（以标准煤计）为 55.49 kg/t,基本上处在国内清洁生产基本水平以下。这说明我国烧结工序能耗清洁生产水平偏低。

（2）烧结矿返矿率。据不完全统计，2007 年我国有 18 台烧结机返矿率低于 8%，达到国际清洁生产先进水平。首钢 90m^2 烧结机的返矿为 32.60kg/t，三明的 180m^2 烧结机返矿为 75.5kg/t，达州为 75kg/t，宝钢不锈钢公司 136m^2 烧结机为 78.20kg/t，是国际领先水平。全国有 4 台烧结机的返矿率在 8% ~10%，达到国内清洁生产先进水平；有 21 台烧结机返矿率在 10% ~15%，达到国内清洁生产基本水平；有 58 台烧结机的返矿率在大于 15% 的水平，没有达到国内清洁生产基本水平，最高的一台烧结机返矿率在 38.8%。

（3）烧结矿含铁品位。2008 年全国重点钢铁企业烧结矿含铁品位为 55.39%，低于本标准的三级水平（要求≥56%）。这与近年来全世界的铁矿石含铁品位总体呈下降趋势有关。

全国重点企业之中，烧结矿品位大于 58% 的企业有徐州、太钢两个单位（分别为 58.85% 和 58.31%），属于国际清洁生产先进水平；宝钢、本钢、鞍钢、邢台、新兴铸管 5 个单位的烧结矿品位为 57% ~58%，属于国内清洁生产先进水平；首钢、北台、武钢、唐钢等 17 个单位烧结矿品位为 56% ~57%，属于国内清洁生产基本水平；有 46 个单位的烧结矿含铁品位低于 56%，单位最低烧结品位为 42.33%，没有达到本标准的三级水平。

（4）转鼓指数。2008 年全国重点钢铁企业烧结矿转鼓指数为 76.59%，处于本标准的三级水平。

（5）产品合格率。2008 年全国重点钢铁企业烧结矿合格率为 93.87%，处于本标准的三级水平。

（6）烧结机头 SO_2 产生量。钢铁联合企业烧结工序的 SO_2 排放占总量的 40% ~60%，目前，烧结工序 SO_2 排放强度为 2.42 ~3.22kg/t，经过治理后的排放为 0.80 ~2.00kg/t。目前已拥有烧结烟气脱硫设备的企业有宝钢、包钢、柳钢、三明、石钢、济钢、梅钢、马钢、邯钢、攀钢等企业，在建设的烧结脱硫装置的钢铁企业有十几个。

7 烧结新技术和新工艺

随着钢铁工业的发展和科学技术的进步，高炉冶炼对烧结矿质量提出了更高要求，即烧结矿要有良好的热态性能和冷强度，以及稳定适宜的化学组成。

近年来，烧结各项强化措施得到普遍推广应用。如配加生石灰、强化混合制粒、安装松料器、提高抽风负压、高料层低碳烧结及采用新型高效点火器等，这些措施使传统的烧结法在工艺技术和产品质量方面都达到了较高水平，但仍存在能耗高、产品质量差及对原料粒度范围适应性较小的缺点，因此，广大的造块工作者进行了大量研究工作，提出和开发了不少新工艺、新技术，其中高铁低硅烧结新技术、小球团烧结法、低温烧结法、厚料层烧结等最受人们关注。

7.1 高铁低硅烧结新技术

铁矿石中的 SiO_2 是高炉炉渣的最主要来源，入炉铁矿石中 SiO_2 的质量分数每增加 1%，铁品位下降 3%，渣量平均增加 26.3%，焦比上升 40kg/t，产量下降 7.5%。因此，入炉炉料中 SiO_2 的质量分数是影响高炉冶炼指标的一个重要因素。烧结矿是高炉的主要炉料，20 世纪 80 年代国外开始把注意力集中到降低烧结矿中 SiO_2 的质量分数、提高烧结矿的铁品位研究上来，日本是最早研究低硅烧结的国家，80 年代中后期，烧结矿中 SiO_2 的质量分数已降到 4.8%，90 年代降到 4.5% 左右。芬兰科维哈钢铁公司烧结矿中铁的质量分数一般都达到62% ~62.5%，高炉渣比减少到 200kg/t。我国各钢铁厂对高铁低硅烧结技术日益重视，不少烧结厂都在尽可能提高烧结矿的铁品位，如宝钢、莱钢、太钢等烧结矿品位都达到了 58% ~59%，SiO_2 的质量分数降到 5% 以下。宝钢烧结矿中 TFe 和 SiO_2 的质量分数的变化情况如图 7-1 所示。

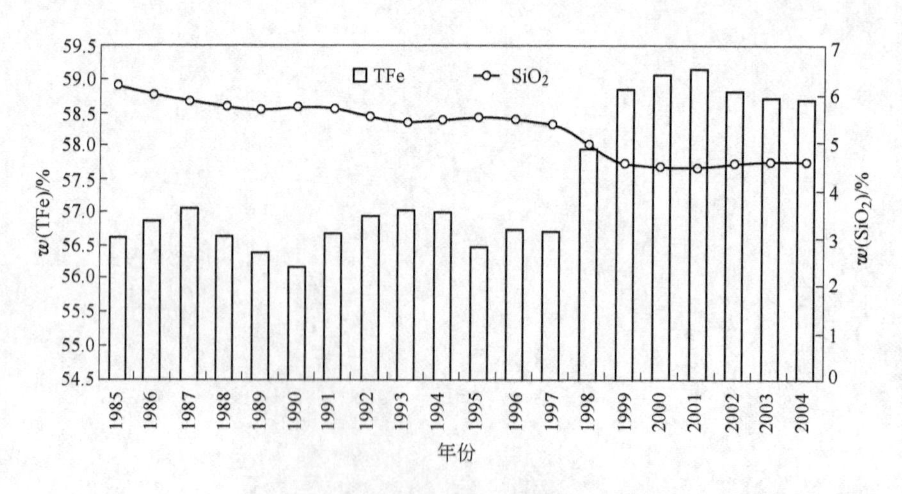

图 7-1 宝钢烧结矿中 TFe 和 SiO_2 的质量分数的变化情况

近年来，国内外许多烧结厂一直致力于烧结矿的提铁降硅研究与生产，开发出了许多改善烧结矿产量和质量的新工艺及相应技术措施，如高料层烧结、全生石灰烧结、分割制粒等，生产中

烧结矿的最低 SiO_2 的质量分数为 4.5% 左右。也有资料报道，工业试验中成功生产 TFe 的质量分数为 63%、SiO_2 的质量分数为 4.0% 左右的烧结矿，而且其性能可满足高炉生产的要求。

7.1.1 高铁低硅烧结固结机理

烧结矿强度主要靠液相固结来体现，其液相量可达 40% ~50%。烧结固结机理发展可分为 3 个阶段。

第一阶段为早期烧结，即低铁高硅低碱度烧结。为了保证烧结矿的强度，主要发展钙铁橄榄石和玻璃质黏结相，因此采用高燃耗操作。烧结矿中 FeO 的质量分数高，但强度并不好，还原性差，低温粉化性能好。

第二阶段为普通高碱度烧结。此阶段为了改善烧结矿质量，力争发展铁酸钙黏结相。烧结矿的矿物组成以铁酸钙为主，铁酸钙的质量分数一般在 35% 以上，除此之外，还含有一定量的钙铁橄榄石和玻璃质。烧结矿的物理强度提高，还原性能有较大的改善。

第三阶段为高铁低硅烧结。高铁低硅烧结的概念定为烧结矿中 $w(TFe) \geqslant 58\%$，$w(SiO_2) < 5\%$。高铁低硅烧结矿的固结机理仍然以铁酸钙液相固结为主，钙铁橄榄石和玻璃质微量，对烧结矿的强度影响较小。铁矿物再结晶的固相固结机理对高铁低硅烧结的作用也是不容忽视的。在大量的研究中发现，高铁低硅烧结矿中的铁酸钙远低于普通高碱度烧结矿中的铁酸钙，当碱度为 1.8 ~2.4 时，大多数烧结矿中的铁酸钙含量都不到 30%，但烧结矿的强度并不低。从烧结矿的矿物组成看，铁酸钙 + 磁铁矿 + 赤铁矿总和一般占烧结矿中矿物组成的 92% ~95%，在电镜下可观察到为数不少的连成片的磁铁矿和赤铁矿再结晶。高铁低硅烧结的固结机理不同于低铁高硅低碱度和普通高碱度烧结固结机理。

7.1.2 强化高铁低硅烧结的技术措施

在烧结过程中，降低烧结矿中 SiO_2 的质量分数后，在相同的碱度和相同焦粉配比及不采取任何强化措施的条件下，生成的液相量减少，这将对烧结矿的强度产生不利影响；同时，烧结矿的生产率、还原粉化指数等质量指标也会变坏，这就为高铁低硅烧结带来了困难。所以，进行高铁低硅烧结生产必须要采取一定的技术措施。

7.1.2.1 *碱度制度*

当烧结矿中 SiO_2 的质量分数降到 5% 以下时，高碱度烧结是高铁低硅烧结的基本条件，也就是说，高铁低硅烧结必须是高碱度烧结，而且碱度随着 SiO_2 质量分数的降低有所升高。如宝钢烧结矿碱度从初期 SiO_2 的质量分数高于 6% 的 1.55 提高到目前的 1.8（SiO_2 的质量分数为 5% 以下）。莱钢 SiO_2 的质量分数为 5.5% 左右时，碱度为 1.8；SiO_2 的质量分数低于 4.5% 时，碱度提高到 2.0；SiO_2 的质量分数降到 4.0% 时，碱度提高到 2.2。图 7-2 所示为 SiO_2 的质量分数为 4.5% 时碱度对烧结矿产量和质量的影响。从图 7-2 中可以看出，当碱度从 1.6 提高到 2.4 时，烧结矿的利用系数和转鼓强度都随着碱度提高而提高。当碱度低于 2.05 时，实验室的转鼓强度低于 65%。碱度为 2.4 时，转鼓强度最高。从微

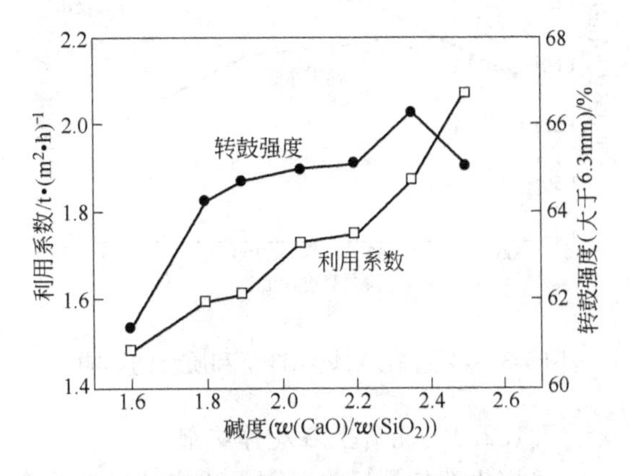

图 7-2　烧结矿碱度对其产量和质量的影响

观结构上看，烧结矿中的针状铁酸钙也是随着碱度提高而增加，但当碱度提高到 2.5 时，烧结矿中的针状铁酸钙与碱度为 2.4 时相比并没有增加，而且出现了硅酸二钙，烧结矿中出现裂纹。这说明当碱度超过 2.4 时，由于 CaO 过多，形成硅酸二钙，导致烧结矿结构受到破坏从而使强度变差。因此，当 SiO_2 的质量分数降到 4.5% 时，较理想的碱度范围应该是 2.0 ~ 2.4，这比过去一些资料中报道的低温烧结理想的碱度范围 1.8 ~ 2.0 高。

7.1.2.2　*厚料层和低配碳量烧结*

厚料层对任何烧结工艺来说都是改善烧结矿质量的重要措施之一，但对高铁低硅烧结来说，由于固结机理的改变，高料层烧结更显得重要，它可以保证固相固结需要的长的高温保持时间。高料层烧结时，除了有利于铁酸钙的形成外，由于料层阻力增加，垂直烧结速度提高，高温带加宽，高温保持时间延长，有利于铁氧化物的固相扩散再结晶和重结晶。同时冷却速度降低，减少非晶质结构玻璃质的生成，使得烧结矿的微观结构更合理。

图 7-3 所示为料层高度对烧结矿产量和质量的影响。当料层高度从 600mm 提高到 700mm 时，烧结矿的强度随料层高度增高而增加，但当料层提高到一定高度时，转鼓强度的提高幅度减慢。对烧结利用系数来说，提高料层有两个方面的影响：（1）由于提高料层，成品率提高，烧结利用系数提高；（2）提高料层，垂直烧结速度降低，烧结利用系数降低。在图 7-3 中，当料层从 600mm 提高到 650mm 时，烧结利用系数提高；当料层从 650mm 提高到 700mm 时，烧结利用系数有所降低；当料层从 700mm 提高到 750mm 时，烧结利用系数明显降低。因此，高铁低硅烧结必须采用高料层烧结，但不是料层越高越好，应根据各厂的实际情况，如烧结矿产量、质量要求及风机能力等，采用合理的料层高度。

高铁低硅烧结必须是低碳烧结。高铁低硅烧结主要靠复合铁酸钙（SFCA）和铁氧化物的再结晶固结，复合铁酸钙中不含 Fe^{2+}，所以高铁低硅烧结矿的强度与 FeO 的质量分数是没有关系的。另外，高铁低硅烧结时，SiO_2 少，提高配碳量增加的液相量是有限的，相反，配碳量的提高反而抑制复合铁酸钙的生成，不利于提高烧结矿的强度。图 7-4 所示为焦粉用量对烧结产量和质量的影响。从图 7-4 中可以看出，焦粉用量为 5.3% 时，烧结矿强度最好，继续提高焦粉用量，虽然利用系数稍有所增加，但转鼓强度大幅度降低，此时烧结矿表面看来很好，但质脆。

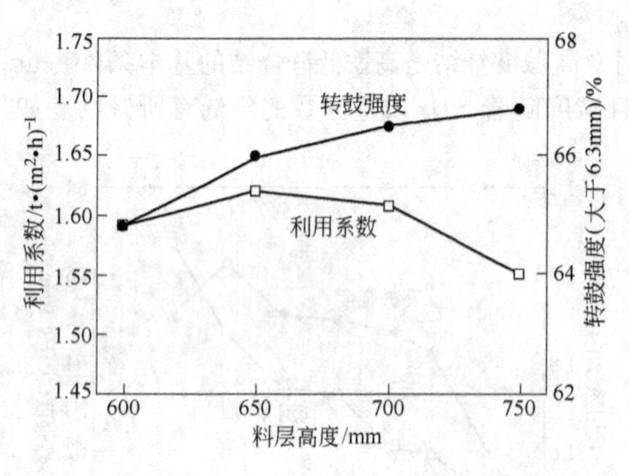

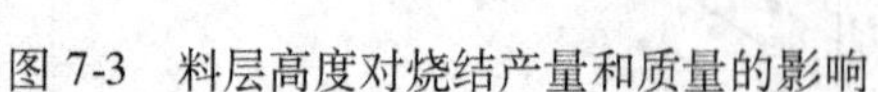
图 7-3　料层高度对烧结产量和质量的影响

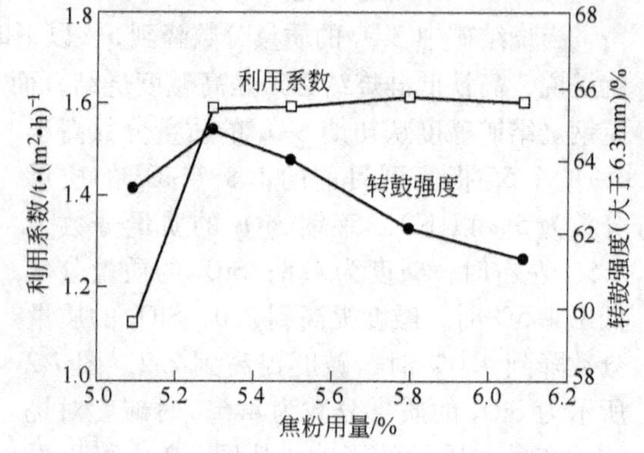

图 7-4　焦粉用量对烧结产量和质量的影响

7.1.2.3　*优质生石灰作熔剂*

采用生石灰是目前我国强化烧结生产的普遍措施之一。生石灰用量对烧结产量和质量的影响如图 7-5 所示。从图 7-5 中可知，当生石灰的用量达到 3% 时，烧结矿的产量和质量明显改善；当生石灰的用量超过 3% 后，烧结矿的产量和质量的提高趋于平缓。但研究结果表明，生石灰的质量好坏对烧结矿产量和质量的影响明显。生石灰中 CaO 的质量分数为 84%、活性度为 200 与 CaO 的质量分数为 73%、活性度为 145 的生石灰相比，在用量相同的条件下，前者烧结的利用系数可提高 0.20 ~ 0.25t/(m^2 · h)，转鼓强度可提高 2% ~3%。因此，对高铁低硅烧结而言，应优先采用优质生石灰，保证符合铁酸钙生成。

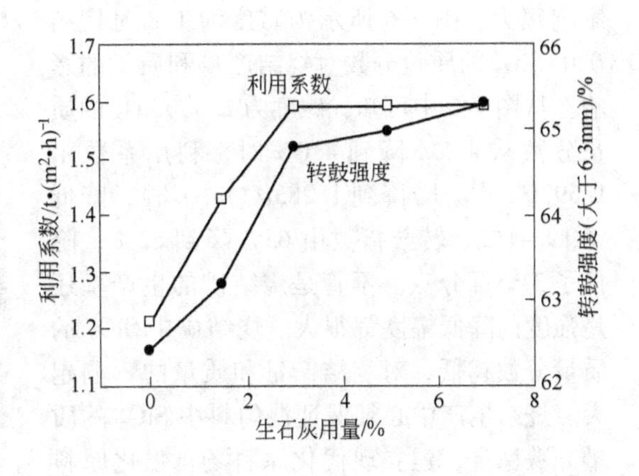

图 7-5 生石灰用量对烧结产量和质量的影响

7.1.2.4 适当降低 MgO 的质量分数，调整 Al_2O_3 的质量分数

生产实践证明，配加白云石能改善烧结矿低温粉化性能和转鼓强度，因此，我国烧结生产中几乎都配加白云石。但对于高铁低硅烧结来说，白云石中的 MgO 对烧结矿强度是不利的，因为 MgO 的存在，将会生成镁橄榄石（熔点为 1890℃）、钙镁橄榄石（熔点为 1454℃）、镁蔷薇辉石（熔点为 1570℃）、镁黄长石（熔点为 1454℃）等高熔点矿物。高铁低硅烧结需采用低碳操作，这样才有利于铁酸钙的生成，而上述矿物的形成都要消耗烧结料中的 SiO_2，使得烧结液相量进一步减少，同时 SiO_2 也是复合铁酸钙中的一种组分，大量高熔点的含硅矿物的形成也会减少复合铁酸钙的生成。一般来说，高硅高镁、低硅低镁烧结有利于烧结矿强度的提高。另外，烧结矿强度还取决于烧结矿的矿物组成和结构，烧结矿的成矿作用主要发生在冷却阶段。复合铁酸钙的质量分数与烧结过程中形成的熔体黏度有关，复合铁酸钙的质量分数随熔体黏度下降而减少，黏度小，其固化率也高，复合铁酸钙来不及结晶析出，熔体凝固。反之，熔融物很黏稠，固化缓慢，有利于复合铁酸钙形成。烧结熔体可以看做一种硅酸盐熔融体，其中硅酸盐网状结构对矿物的形成起着重要的作用。MgO 是抑制网状物形成的，不利于复合铁酸钙的形成。因此，适当降低 MgO 的质量分数有利于复合铁酸钙的形成，有利于提高烧结矿强度。烧结矿中存在少量的 Al_2O_3 对复合铁酸钙形成有利。Al_2O_3 本身也是复合铁酸钙的一种组分，并且是一种网状形成物，黏度大，有利于复合铁酸钙的形成。研究发现，Al_2O_3 的质量分数在 2% 以内，复合铁酸钙的质量分数几乎与 Al_2O_3 的质量分数呈线性关系增长，Al_2O_3 的质量分数过高（超过 2%）时，烧结温度也升高，复合铁酸钙结构破坏，生成次生赤铁矿和玻璃质，使烧结矿的粉化增加。因此，烧结矿中 Al_2O_3 的质量分数最好控制在 2% 以内。

7.1.2.5 配加蛇纹石

根据宝钢使用情况，配加蛇纹石生产的烧结矿具有较好的强度，碱度为 1.75 ±0.05，TFe 的质量分数为 57% ~58%，FeO 的质量分数为 6% ~8%，SiO_2 的质量分数为 5.7% ±0.2%，Al_2O_3 的质量分数小于 2.1%，生产率高。同样条件下，若用白云石和硅砂，所获烧结矿液相中的硅酸盐成分明显增多，且分布不均匀，烧结矿强度不及配加蛇纹石者高。

7.1.2.6 加强原料混匀，稳定 SiO_2 的质量分数

由于烧结矿中 SiO_2 的质量分数低，混匀矿中 SiO_2 的质量分数的波动对烧结产量和质量的

影响很大。图 7-6 所示为碱度为 1.8 时烧结矿中 SiO_2 的质量分数对烧结产量和质量的影响。从图 7-6 中可知，碱度为 1.8，SiO_2 的质量分数从 4.5% 降到 4.0% 时，利用系数由 1.592t/(m^2·h)降到 1.283t/(m^2·h)，降低了 19.41%，转鼓指数由 65% 降到 62%，降低了 3 个百分点。不管是烧结矿的生产率还是强度的降低幅度都很大。烧结矿中 SiO_2 的质量分数越低，对烧结产量和质量的影响越大。烧结生产中必须保证混匀料中 SiO_2 的质量分数稳定，建立现代化原料场，强化原料混匀工作。

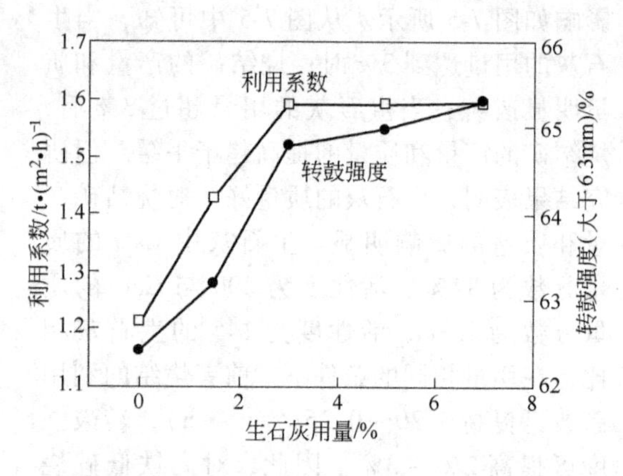

图 7-6　碱度为 1.8 时烧结矿中 SiO_2 的质量分数对烧结产量和质量的影响

7.1.3　高铁低硅烧结矿高炉冶炼效果

宝钢很早就开始开发低 SiO_2 烧结技术，到 1998 年，烧结矿中 SiO_2 的质量分数由原来的 5.4% 下降到 4.8%，烧结矿品位由原来的 56.5% 上升到 58.2%，高炉渣量从原来的 305kg/t 下降到 265kg/t。1999 年，宝钢烧结矿中 SiO_2 的质量分数比 1998 年下降约 0.4%，仅此一项使高炉渣量降低 28kg/t，不仅节约高炉焦比 3kg/t，还使高炉每年少产高炉渣 28×10^4t。宝钢的生产实践证明：0.1%(质量分数)的 SiO_2 约影响烧结矿品位 0.26%，以 75% 左右烧结比计算，影响高炉渣量 3.5kg/t。

梅山高炉的低 SiO_2 烧结矿初步生产实践证明：烧结矿中 SiO_2 的质量分数由 7.35% 下降到 5.90%，则 TFe 的质量分数由 53.15% 上升到 55.38%，即烧结矿中 SiO_2 的质量分数每降低 1.0%，烧结矿品位升高 1.5%，为高炉创造了较好的原料条件。高炉在限风减产的条件下，利用系数仍提高 2.0%，折算综合焦比降低 4.0kg/t，其他具体指标见表 7-1。

表 7-1　梅山高炉使用低 SiO_2 烧结矿的生产效果

日　期	$w(SiO_2)$ /%	w(TFe) /%	有效铁品位/%	高炉熟料率/%	高炉矿耗 /kg·t^{-1}	利用系数 /t·(m^3·h)$^{-1}$	生铁合格率/%	一级品率 /%	焦比 /kg·t^{-1}
试验期	5.79	55.98	63.29	83.9	1413	2.043	100	97.09	508
基准期	7.35	54.59	62.35	81.62	1406	2.004	100	96.73	511
比较（试验期 - 基准期）	-1.38	1.39	0.94	2.28	7	0.039		0.36	-4.04

7.2　球团烧结新工艺

烧结和球团是目前广泛用于制取高炉炉料的铁矿粉造块方法。尽管两种方法在技术上已经成熟，但各自都存在一定缺陷，两种工艺都受到原料粒度的限制，烧结矿运输和储存时易碎裂成小块，而球团矿的高温性能差。基于上述情况，人们开始研究一种新的造块方法——球团烧结法，它既弥补了现有烧结和球团两种工艺的不足，又吸收了这两种工艺的优点。

7.2.1　HPS 小球烧结工艺

7.2.1.1　HPS 烧结技术概述

HPS 小球烧结工艺是指将烧结料制成一定粒度的小球进行烧结的铁矿石烧结工艺。矿粉经过成球处理可以大幅度地提高混合料中小料球（一般指大于3mm的）的数量，从而改善烧结料的透气性和强化烧结过程，特别是对细矿粉（精矿粉）烧结效果更好。

早在20世纪60年代，苏联曾研究使用细粒精矿添加生石灰预先成球的方法，再与返矿、石灰石和焦粉混合进行烧结，并在西西伯利亚钢厂的烧结机上进行半工业性试验。70年代日本一些钢铁厂将高炉灰、烧结粉尘与细粒精矿添加黏结剂制成小球送到二次混合机，与常规制粒的烧结料进行混合，然后进行烧结，这种部分小球烧结法已在工厂得到应用。1978年，日本钢管公司针对烧结原料粒度变细的特点开始研究全部小球烧结工艺，1988年，根据研究成果对福山厂5号烧结机（550m^2）进行技术改造，在工业上实现了全部小球烧结法，简称HPS（Hybrid Pelletized Sintering）。HPS工艺在福山厂5号烧结机上投入运转以来，一直成功地进行生产。小球团烧结工艺与普通烧结、球团工艺的比较见表7-2。HPS工艺具有如下主要特征：

（1）能适应粗、细原料粒级，从而扩大了原料来源；

（2）矿相结构主要由扩散型赤铁矿和细粒型铁酸钙组成，因而其还原性和低温粉化性都得到了改善；

（3）由于采用了圆盘造球机制粒，提高了制粒效果，改善了料层透气性，从而提高了烧结矿质量。

表7-2 小球团烧结工艺与烧结、球团工艺的比较

项目	烧结工艺	球团工艺	小球团烧结工艺
原料	烧结料（小于125μm的占20%）	球团料（小于0.44μm的占70%）	烧结料+球团料
制粒	准粒度（3~5mm）圆筒混合机	球团（8~15mm）圆盘，圆筒造球机	小球团（5~8mm）圆盘造球机，圆筒混合机外滚焦粉
产品形状	不规则（5~50mm）	球状（8~15mm）	小球团（5~8mm）和块状物
产品结构	渣相固结	扩散固结	扩散固结
产品中w(TFe)/%	55~58	60~63	58~61
渣量/%	15~20	5~10	7~12
JIS还原度/%	60~65	60~75	70~80
低温粉化率/%	35~45		30~40
软化性能	优良	次于烧结矿	相当于烧结矿

7.2.1.2 HPS工艺固结方式

HPS烧结矿是由小球团熔结而成，因此，小球团之间的熔结对成品烧结矿的机械强度和高温性能的影响是至关重要的。

当烧结温度达到一定值时，球体外表产生一定数量的液相。但球体仍以固体状态存在，球体颗粒与液相间的毛细力可使小球相互熔结。

黏度小的液相有助于球体间毛细力的提高。小球团烧结与普通烧结相比，其混合料中的粉末（小于3mm）量要小得多，液相相对也低得多。此外，其混合比较充分并且均匀，导致液相也均匀分布。液相相对低和分布均匀增强了球体间的毛细力，最终使小球团烧结矿的强度高于普通烧结矿。

对不同碱度的小球团烧结矿的显微结构研究表明，它们的矿相结构都是类似于一般的普通烧结矿的液相黏结，高碱度时以铁酸钙为主要黏结相，低碱度时以玻璃相为主要黏结相。

7.2.1.3　HPS 烧结工艺流程和特点

HPS 小球烧结工艺流程如图 7-7 所示。在全部小球烧结工艺流程中，全部原料（含返矿）经配料（只配入一小部分燃料）、混合后，由造球机将混合料制成一定粒度的小球（3～8mm），然后在圆筒混合机内将细粒燃料黏附于小球表面。为了减少小球的破碎，用梭式布料机及宽皮带布料机将小球均匀地布在台车上，进行点火抽风烧结。如球粒较大，则需先进行干燥而后点火，以防止爆裂。烧结后的产品处理与普通烧结相同。

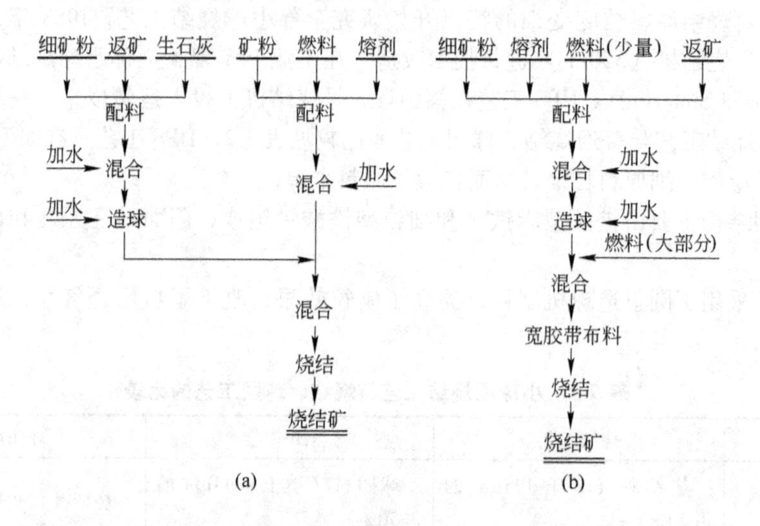

图 7-7　HPS 小球烧结工艺流程

（a）部分小球烧结；（b）全部小球烧结

HPS 法具有如下特点：

（1）增设造球设施。将全部混合料制成小球团是小球团烧结的核心，混合料经一次混合后进入造球系统，在圆盘造球机内进行造球，这一新工艺对生球强度要求不像球团工艺那样严格，因此不需筛分，球团尺寸以 5～12mm 为宜。增加造球设施的目的在于可较大地改善以细精矿为主要烧结原料的料层透气性，易于实行高料层低负压生产。

（2）增加外滚煤粉工艺环节。小球团烧结法的燃料添加方式是以小球外滚煤粉为主（70%～80%），小球内部仅配加少量煤粉（20%～30%），煤粉粒度以小于1mm 为宜，外滚煤粉能有效改善固体燃料的燃烧效率。

采用圆盘造球机外滚煤粉效果不佳，这是因为生球在圆盘内产生分级作用，大粒级球在圆盘内停留时间短，结果粒度不同的球其外滚煤粉量不同，影响均匀烧结。若采用圆筒外滚煤粉，不同粒级球团的停留时间差别较小，可保持均匀的外滚煤粉量。

（3）采用新型布料系统。因采用一般烧结的辊式布料机会造成生球破裂，HPS 工艺采用梭式胶带机和两条与烧结机同样宽的胶带，靠沿烧结机宽度上的偏析布料。另一种布料方式是采用摆动胶带机配宽胶带机，将球布到辊式偏析布料机上，以解决在料层厚度上的合理偏析布料，而将大球布在底下，小球及脱落煤粉布在上部，改善球层透气性，又有利于烧结过程中热量的合理分布。

（4）烧结点火前设置干燥段。与常规烧结工艺比较，准颗粒铺在烧结机台车上后，如直接送点火器下面，生球受高温热气流冲力，由于小球内水分迅速蒸发产生热应力，易导致小球破裂，恶化烧结料层透气性。因此，在点火前设置干燥段是必要的。

适宜的干燥温度及表观流速（标态）应分别低于250℃和0.8m/t，抽风干燥时间约3min。但应尽可能缩短干燥段，以扩大烧结机的有效烧结面积。

（5）产品为外形不规则的小球集合体。小球团烧结矿的固结基本上是固相扩散型。其中有：1）磁铁矿部分氧化，产生赤铁矿“联结桥”，进而形成较大黏度的赤铁矿晶粒及其粒状集合体；2）由于小球团内外配碳，氧化气氛减弱，因此存在磁铁矿同晶集合体及粒状集合体的固结形式；3）由于小球团内部赤铁矿和磁铁矿共存，因此存在大量的粒状磁铁矿和赤铁矿的彼此嵌镶，两者以不规则粒状集合体形成交错混杂的相互黏结形式；4）纤细状的铁酸钙、钙铁橄榄石常充填混杂于金属矿物之间，也有一定固结作用。

HPS小球烧结技术可以获得以下效果：

（1）改善烧结料层透气性，提高烧结速度与产量；

（2）有利于增加料层高度和降低固体燃料消耗量，以实现低温烧结；

（3）由于小球自身依靠固相扩散固结，而小球间为液相黏结，所以可提高烧结矿强度，增加成品率；

（4）可以降低烧结矿中FeO的质量分数，改善其还原性；

（5）可以用低负压抽风烧结，节省电耗。

7.2.1.4　HPS小球团烧结矿高炉冶炼效果

HPS小球团烧结矿在日本福山厂2号高炉（2828m³）和5号高炉（4617m³）上进行了对比试验，结果见表7-3和表7-4。

表7-3　日本福山厂2号高炉使用球团烧结矿冶炼效果

项　目		基准期（A）	试验期（B）	差别（B－A）
高炉炉料中	块矿/%	16.0	16.0	
	球团矿/%	0	0	
	烧结矿/%	84.0	17.0	
	球团烧结矿/%	0	47.0	
高炉实际焦比/kg·t⁻¹		531.4	528.7	－5.9
校正后焦比/kg·t⁻¹		531.4	525.2	（－3.3）
因还原度提高的效果				（－2.6）
平均还原度/%		66.3	70.1	3.8
计算渣量/kg·t⁻¹		330	321	－9.0

表7-4　日本福山厂5号高炉使用球团烧结矿冶炼效果

项　目		前	后
配料比/%	块　矿	20	20
	球团矿	2	2
	烧结矿	78	23
	球团烧结矿		55
生产指标	产量/t·d⁻¹	9700	10300
	利用系数/t·(m³·d)⁻¹	2.08	2.21
	燃料比/kg·t⁻¹	517.5	505.0
	鼓风温度/℃	1050	1050
	湿度/g·m⁻³	55	55
	渣量/kg·t⁻¹	327	309

从表7-3可以看出，基准期A焦比为531.4kg/t，而在试验期B为528.7kg/t，若试验期B的各种生产条件调整到与基准期A一样，则试验期B的校正焦比为525.2kg/t，比基准期降低了6.2kg/t，其中2.6kg/t来自还原度提高，3.3kg/t来自渣量的减少。

从表7-4可以看出，在5号高炉使用小球团烧结矿后，渣量下降了18kg/t，燃料比下降了12.5kg/t，而且在全焦操作条件下，生铁日产量由原来的9700t（利用系数为2.08t/(m^3·d)）提高到10300t（利用系数为2.21t/(m^3·d)）。实际上5号高炉日产量已达到11000t生铁。

7.2.2　复合造块烧结新工艺

铁矿石复合造块烧结工艺的概念由中南大学烧结球团研究所提出。该工艺是将细粒铁矿（或铁精矿）单独分出制备成球团，再与粗粒的铁矿粉及其他原料混匀后铺到烧结机上进行烧结，制成由酸性球团矿“嵌入”高碱度烧结矿而组成的优质复合炼铁炉料，工艺流程如图7-8所示。该工艺技术具有合理利用现有铁矿资源、提高烧结矿质量、实现中低碱度生产、大幅提高利用系数、显著降低生产能耗等优点。

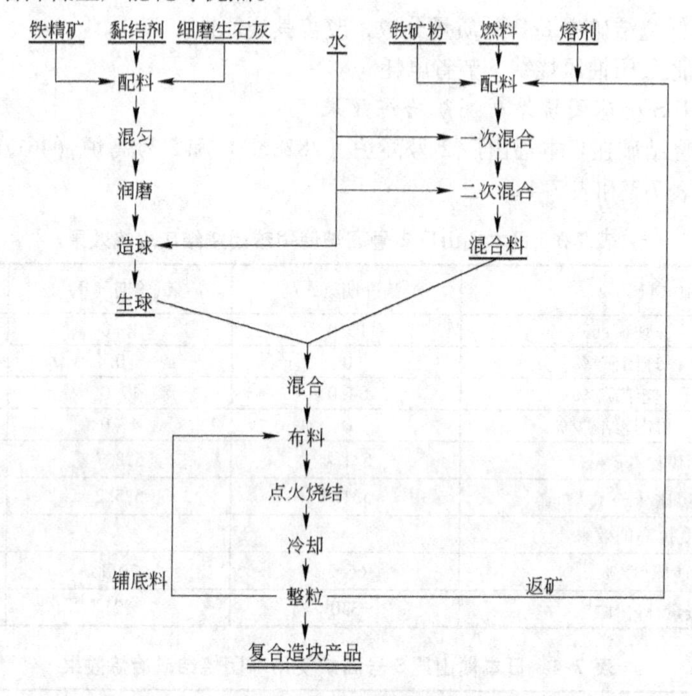

图7-8　铁矿石复合造块烧结工艺流程

铁矿石复合造块烧结工艺生产得到的产品的冶金性能见表7-5和表7-6。从显微镜下观察，得到的产品有3种典型结构：（1）高碱度烧结矿结构；（2）酸性球团结构；（3）过渡结构。各结构如图7-9～图7-18所示。

表7-5　铁矿石复合造块产品还原性能与低温还原粉化性能

造块工艺	总碱度	还原性指数 *RI*/%	低温还原粉化指数/%		
			$RDI_{+6.3}$	$RDI_{+3.15}$	$RDI_{-0.5}$
常　规	2.0	93.9	57.93	80.65	4.15
复　合	1.4	93.6	56.35	78.58	4.89
	2.0	93.8	58.67	80.01	5.11

表 7-6　铁矿石复合造块产品软熔性能

工　艺	总碱度	软化开始温度/℃	熔融开始温度/℃	滴下开始温度/℃	最大压差/kPa
常　规	2.0	1076	1208	1426	6.59
复　合	1.4	1143	1236	1377	7.39
	2.0	1150	1254	1368	6.19

图 7-9　复合造块产品外观情况

图 7-10　复合造块产品中酸性球团与高碱度烧结矿

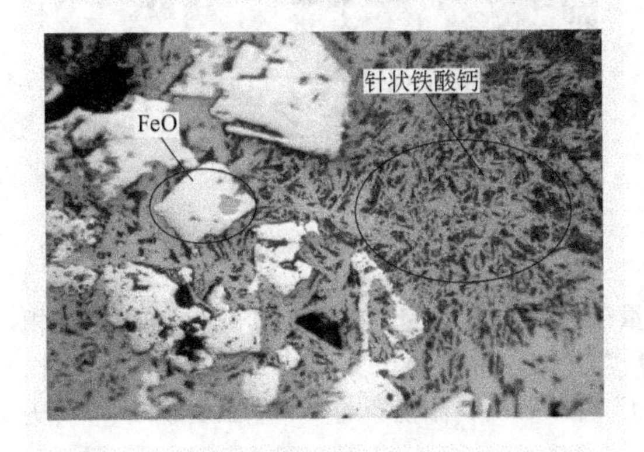

图 7-11　高碱度烧结矿针状铁酸钙分布状况

图 7-12　高碱度烧结矿条状铁酸钙分布状况

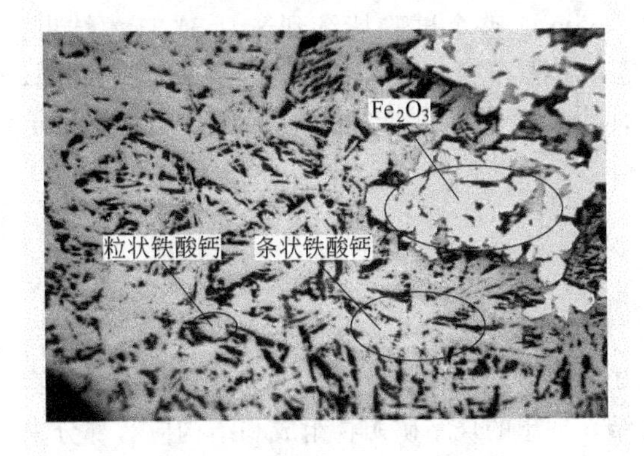

图 7-13　高碱度烧结矿粒状铁酸钙分布状况

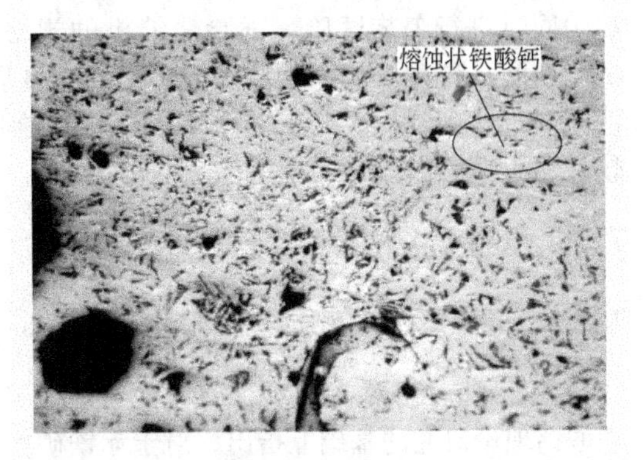

图 7-14　高碱度烧结矿熔蚀状铁酸钙分布状况

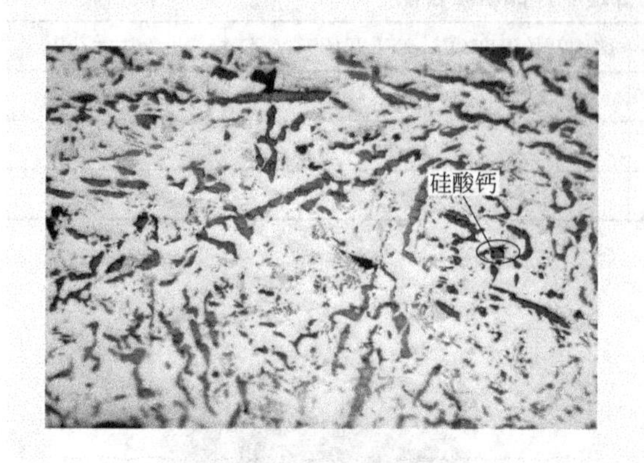

图 7-15　高碱度烧结矿嵌布在铁酸钙中少量硅酸钙

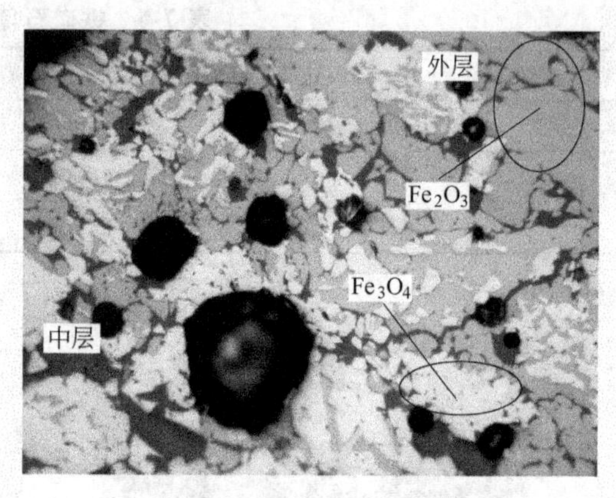

图 7-16　酸性球团中外层结构

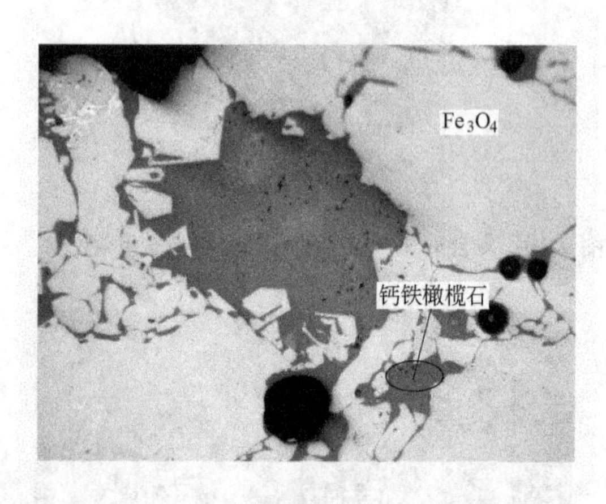

图 7-17　酸性球团核心结构

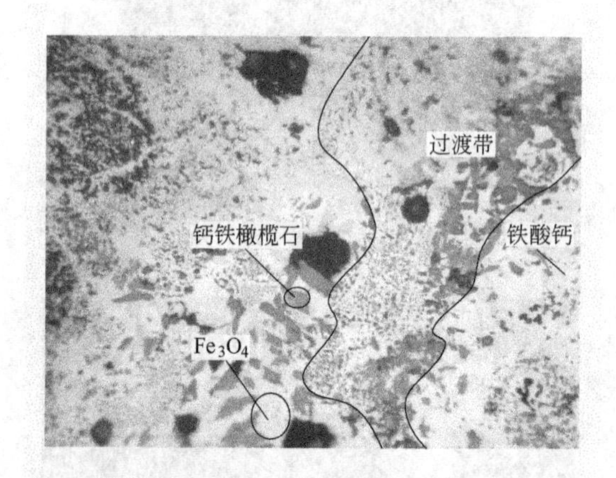

图 7-18　高碱度烧结矿与酸性球团间的过渡结构

从图 7-15 可以看出，嵌布在铁酸钙中的少量硅酸钙发育不完善，有助于抑制硅酸钙的相变，改善粉化性能。从图 7-16 可以看出，Fe_2O_3 与 Fe_3O_4 混杂，呈交织状，Fe_2O_3 晶形发育，联结成片，残余 Fe_3O_4 分布在 Fe_2O_3 中。从图 7-17 可以看出，橄榄石与 Fe_3O_4 紧密胶结，Fe_3O_4 结晶良好，晶形粗大互连，结构力好。

该工艺于 2008 年 4 月 18 日开始在内蒙古包钢钢联股份有限公司炼铁厂三烧车间和 5 号高炉同时进行工艺试验。试验烧结机的规格为 $265m^2$，整个试验持续到 8 月 31 日才结束，试验期间，先后解决了生球破损、提高生球质量、合理布料、改善料层透气性等多个问题，使其产量达到常规烧结工艺水平，冶金性能指标仍保持高碱度烧结矿的优良性能，取得了较好的工业效果。

7.3　低温烧结法

7.3.1　低温烧结法实质

大量研究表明，烧结矿质量主要与烧结矿的矿物组成和结构有关。日本和澳大利亚等国在铁酸钙理论研究的基础上指出，对于赤铁矿粉烧结，理想的烧结矿矿物组成和结构应有部分未反应的残留赤铁矿（约 40%）和以复合铁酸钙针状结晶作主要黏结相（约 40%）的非均相结构。这种烧结矿具有高还原性、良好的低温粉化性及高的冷强度。这种针状铁酸钙是在较低温度下形成的，温度升高，它将熔融分解转变为其他形态。因此，应严格控制烧结在较低的温度（小于1300℃）下进行。在这一理论指导下，日本首先提出基于复合铁酸钙理论的低温烧结法。

低温烧结法的实质：它是一种在较低温度（1250~1300℃）下进行的，生产以强度好、还原性高的针状铁酸钙为主要黏结相，同时使烧结矿中含有较高比例的还原性好的残留原矿——赤铁矿的方法。因此，在工艺操作上，低温烧结法要求控制到理想的加热曲线。也就是说，烧结料层温度不能超过1300℃，以减少磁铁矿的形成，同时要求在1250℃的时间要长，以稳定针状铁酸钙和残存赤铁矿的形成条件，使烧结料中作为黏附剂的那部分矿粉起反应，CaO和 Al_2O_3 在熔体中部分溶解，并与 Fe_2O_3 反应生成一种强度好、还原性好的较理想的矿物——针状铁酸钙，它是一种复合钙铁固溶体，并用它去黏结包裹那些未起反应的另一部分矿粉（残余赤铁矿）。

这种方法不同于过去生产熔剂性的普遍烧结法，因为熔剂性烧结虽然可在较低温度下烧结，但它仍是一种熔融型烧结，其烧结矿的还原性普遍较低，还原性指数 *RI* 小于65%。

7.3.2 低温烧结工艺的基本要求

7.3.2.1 理想的准颗粒

要使烧结反应均匀而充分地进行，烧结前的混合料混匀和制粒至关重要。在混合料制粒过程中，细小粉末颗粒黏附在核粒子的周围或相互聚集，形成所谓“准颗粒”，才能使烧结料具有良好的透气性。同时，细粒粉末相互接触可加速烧结反应速度，良好的制粒可减少台车上球粒的破损，球粒在干燥带仍保持成球状态；只有制成准颗粒，才能使核附粉层的CaO含量较高、碱度较高，从而形成理想的CaO含量分布。

对组成准颗粒的原始物料粒度分析表明，不同粒级的物料在制粒过程中的行为可区分为3种类型：

（1）核粒子，大于0.7mm，最合适为1~3mm，作球核；

（2）中间粒子，0.7~0.2mm，难黏附做核也难的粒子；

（3）黏结粒子，小于0.2mm，易黏附在核粒子上，构成黏结层。核粒子与黏结粒子要有适当比例。中间粒子难成球，不仅会影响料层透气性，而且会恶化烧结矿的低温还原粉化性（*RDI*），所以中间粒子以较少为宜。

理想的准颗粒结构以多孔的赤铁矿、褐铁矿或高碱度返矿作为成核颗粒，含石英脉石的密实矿石及能形成高 $w(CaO)/w(SiO_2)$ 比例熔体的成分适宜作黏附层，混合料中的核粉比一般为50：50或45：55。

7.3.2.2 理想的烧结矿结构

大量研究表明，原生的细粒赤铁矿比再生赤铁矿的还原度高，针状铁酸钙比柱状铁酸钙还原度高，所以，烧结工艺的目标是生产具有残余赤铁矿比例高，并同时形成具有高强度和高还原性的针状铁酸钙黏结相。理想烧结矿的矿相结构是由两种矿相组成的非均质结构，一种是属于 $CaO\text{-}Al_2O_3\text{-}SiO_2\text{-}Fe_2O_3$ 多元体系的针状铁酸钙黏结相，也可称为复合硅酸盐，另一种是被这一黏结相所黏结的残留的矿石颗粒。

多元复合型针状铁酸钙的生成条件为：

（1）碱度。提高碱度，$CaO\cdot Fe_2O_3$（铁酸一钙）生产量增加。当碱度从1.2增加到1.8时，其增长速度最快，碱度每提高0.1，$CaO\cdot Fe_2O_3$ 平均增加5.7%。而碱度从2.1增加到3.0时，碱度每提高0.1，$CaO\cdot Fe_2O_3$ 平均增长3.17%，但当碱度超过1.8~2.0时，出现2CaO ·

Fe_2O_3(铁酸二钙)，还原性开始下降。

(2) 温度。1100～1200℃时，$CaO \cdot Fe_2O_3$ 占10%～20%，晶体间尚未连接，所以烧结矿强度差。1200～1250℃时，$CaO \cdot Fe_2O_3$ 占20%～30%，晶桥连接，有针状交织结构出现，强度较好。1250～1280℃时，$CaO \cdot Fe_2O_3$ 占30%～40%，呈交织结构，强度最好。1280～1300℃时，由针状变为柱状结构，强度上升但还原性下降。

(3) 铝硅比($w(Al_2O_3)/w(SiO_2)$)。Al_2O_3 促使 $CaO \cdot Fe_2O_3$ 生成，SiO_2 有利于针状 $CaO \cdot Fe_2O_3$ 生成，控制烧结矿中 $w(Al_2O_3)/w(SiO_2)$ 有助于多元复合针状铁酸钙的生成。$w(Al_2O_3)/w(SiO_2)$ 一般为0.1～0.37。

7.3.2.3　理想烧结过程的热制度

理想的烧结矿显微结构是在理想的烧结过程热制度条件下发生一系列的烧结反应后形成的。

当混合料中的固体燃料被点燃后，随着温度升高，理想的烧结反应过程可概括为：

(1) 从700～800℃开始，随着温度升高，由于固相反应，开始生成少量铁酸钙。

(2) 接近1200℃时，生成低熔点二元系或二元系的低熔点物料：$Fe_2O_3 \cdot CaO$(1250℃)，$FeO \cdot SiO_2$(1180℃)，$CaO \cdot FeO \cdot SiO_2$(1216℃)，低熔点物料大约在1200℃左右熔化，CaO 和 Al_2O_3 很快溶于此熔体中，并与氧化铁反应，生成针状的固溶了硅铝酸盐的铁酸钙。

(3) 控制烧结最高温度不超过1300℃，避免已形成的针状铁酸钙分解成赤铁矿或磁铁矿。

(4) 低温烧结法在低于1300℃下进行，作为核粒子的粗粒矿石没有进行充分反应，而是作为原矿残留下来，因而，要求这些粗粒原矿应是还原性良好的矿石。

不同烧结过程热制度生产的烧结矿特性见表7-7，低温烧结矿性能优于普通熔融烧结矿性能。

表7-7　烧结矿特性比较

参　数		普通烧结矿（大于1300℃）	低温烧结矿（小于1300℃）
矿相特点	原生赤铁矿	少	多
	次生赤铁矿	多	少
	复合铁酸钙	少	多
	玻璃质	多	少
	磁铁矿	多	少
物理特性	冷强度	低	高
	还原粉化率	高	低
	软化开始温度	低	高
	软化期间压差	高	低
	还原度	低	高

7.3.3　实现低温烧结生产的工艺措施

实现低温烧结生产的主要工艺措施有以下几种：

(1) 进行原料整粒和熔剂细碎。要求富矿粉小于6mm；石灰石小于3mm的大于90%；焦粉小于3mm的大于85%，其中小于0.125mm的小于20%。原料化学成分稳定。

（2）强化混合料制粒。要求制粒小球中，使用还原性好的赤铁矿、褐铁矿或高碱度返矿作核粒子，并配加足够的消石灰或生石灰，增强黏附层的强度，混合料的核粉比为 50∶50 或 45∶55。

（3）生产高碱度烧结矿。碱度以 1.8～2.0 为宜，使复合铁酸钙的质量分数达到 30%～40% 以上。

（4）调整烧结矿的化学成分，尽可能降低混合料中 FeO 的质量分数，$w(Al_2O_3)/w(SiO_2)$ 为 0.1～0.35，最佳值由具体条件而定。

（5）低水低碳厚料层（大于 400mm）作业，烧结温度曲线由熔融型转变为低温型，烧结最高温度控制在 1250～1280℃，并保持在 1100℃ 以上的时间达到 5min 以上。

7.3.4 低温烧结技术的应用

在国外，日本和澳大利亚等国已将低温烧结技术用于工业生产，效果显著。1983 年，日本和歌山烧结厂在 109m^2 烧结机上进行低温烧结，结果烧结矿中 FeO 的质量分数从 4.19% 降到 3.14%，焦粉消耗从 45.2kg/t 减到 43.0kg/t，JIS 还原性从 65.9% 增加到 70.9%，低温还原粉化指数 *RDI* 从 37.6% 降低到 34.6%。高炉使用低温烧结矿后，焦比降低 7kg/t，生铁中硅的质量分数从 0.58% 降到 0.39%；炉况顺行，炉温稳定。1982 年，日本八幡钢铁厂若松 600m^2 烧结机采用低温烧结技术，生产出高还原性、低渣量的烧结矿，在 4140m^3 的高炉进行冶炼试验，在低温烧结矿配加 80% 时，焦比下降了 10kg/t(生铁)。

在国外，低温烧结法都是采用赤铁矿粉，而我国大都是采用细磨的磁铁精矿，在混合料缺少还原性高的矿石作为准颗粒的核。因此，在我国开发低温烧结技术不同于国外。我国采用往磁铁铁精矿中配加澳大利亚矿粉的方法，成功地掌握了铁精矿低温烧结的工艺及其特性。1987 年，天津铁厂在 4 台 50m^2 烧结机上进行配加 16%～20% 澳矿的低温烧结工业性试验，结果每吨烧结矿的固体燃料消耗下降了 3～7kg/t，FeO 的质量分数自 10.5% 降到 8.2%。在 550m^3 的高炉进行冶炼试验表明，焦比下降 8～14kg/t，产量增加 4%～9%。唐钢在 2 台 24m^2 烧结机上进行低温烧结生产，固体燃耗下降了 6kg/t，FeO 的质量分数降低 2%，高炉焦比降低 20kg/t。1991 年，福建龙岩钢铁厂进行不加澳矿的低温烧结研究，结果烧结还原性从 55% 提高到 65.4%，烧结机利用系数由 0.9t/(m^2·h)提高到 1.4t/(m^2·h)。

7.4 厚料层烧结技术

烧结机料层厚度作为衡量烧结技术水平的综合指标，一直是烧结工作者努力的重点。科学研究和生产实践表明，厚料层烧结不仅能改善烧结矿的质量，也能降低热量消耗。厚料层改善烧结效果主要体现在以下几个方面：

（1）改善烧结矿强度，提高成品率；

（2）利用“自动蓄热”作用节省固体燃料消耗，降低总热耗；

（3）降低 FeO 的质量分数，提高烧结矿还原性。

以宝钢为例，宝钢烧结通过 20 年的努力，分 3 个阶段将料层厚度从最初设计的 500mm 逐步提高到 700mm 以上。宝钢投产初期，设计料层厚度为 500mm。1989 年 11 月，在经过 4 年生产实践后，利用年修机会将 1 号烧结机台车挡板高度从 500mm 提高到 620mm，点火保温炉进行了抬升，相应的烧结机本体设备也进行了改动，从而将料层厚度从原设计的 500mm 级别提高到 600mm 级别，烧结矿质量改善，节能效果显著，特别是烧结矿转鼓强度提高了 2.5 个百分点。因此，后来建设的 2 号、3 号烧结机在设计中将料层厚度改成 600mm。3 号烧结机投产后，宝钢进行了新一轮提高料层的探索，开发出具有自主知识产权的磁性布料技术和梯形布料技术，使得在保持600mm台车挡板高度不变的条件下，实现了最高700mm料层的烧结生产。宝钢3号烧结机料层厚度提高对降低固体燃料消耗的影响如图7-19所示。从图7-19中可以看出，随着料层的提高，焦粉单耗有明显的降低。该阶段的生产攻关也为后来更高料层的攻关奠定了理论和操作基础。2003年10月，3号烧结机扩容改造时，将烧结机台车挡板加高到670mm，同时进行了大量的技术集成，后续两台烧结机的改造也采用了同样的设计。改造完成后，烧结机的料层厚度达到700mm以上，其中2号烧结机在2004年12月成功实现800mm，成为世界上料层最厚的大型烧结机之一。宝钢烧结平均料层厚度的历史变化情况如图7-20所示。

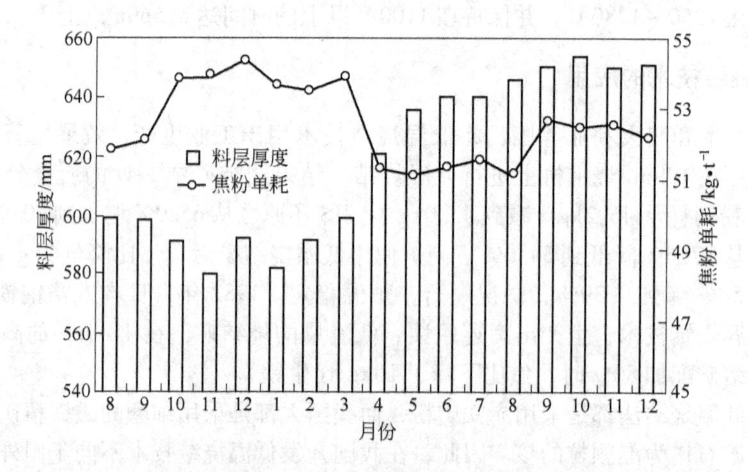

图7-19　宝钢3号烧结机料层厚度提高对降低固体燃料消耗的影响

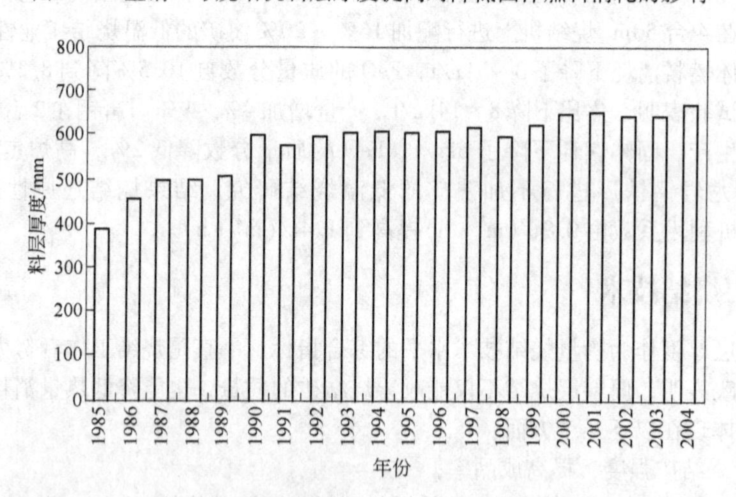

图7-20　宝钢烧结平均料层厚度的历史变化情况

强化烧结厚料层操作的主要措施有：

（1）改善烧结前物料的准备，强化混合制粒，以改变混合料的粒度组成，提高其透气性；

（2）全生石灰配加，以强化烧结过程；

（3）将混合料预热，使达到露点以上的温度，以消除烧结过程中过湿层对透气性的不利影响；

（4）使用偏析布料工艺和松料装置，改善装料粒度分布及密实度，从而提高料层的透气性；

（5）适当增大抽风机能力，以克服由于加厚料层所增加的阻力，以免导致抽风量下降而减慢烧结速度。

7.5 热风烧结工艺

7.5.1 热风烧结原理

加热通过料层气流的烧结方法统称为热风烧结，热风温度通常是300～1000℃。这种方法有利于提高烧结矿的强度和还原性。

在烧结生产中，由于布料偏析和自动蓄热作用，料层下部热量过剩，温度较高，而料层上部热量不足，温度较低；同时，上部因抽入冷风急剧冷却，使烧结矿液相来不及结晶，形成大量玻璃质，并产生较大的内应力和裂纹。因此，降低了表层烧结矿的强度。热风烧结以热风的物理热代替部分固体燃料的燃烧热，使烧结料层上、下部热量和温度的分布趋向均匀，同时，由于上层烧结矿处于高温作用时间较长，大大减轻了因急冷造成的表层强度降低，因此，热风烧结具有改善表层强度的重要作用。由于配料中固体燃料减少，固定碳分布趋于均匀，减少了形成脆性、薄壁、大孔结构的可能性，有利于烧结矿强度的提高。

对于烧结矿的还原性，因为配料中固体燃料降低，烧结时还原区域相对减少，因此降低了烧结矿中FeO的质量分数；同时，热风烧结保温时间较长，有利于FeO再氧化；又因燃料分布均匀程度提高，减少了过熔和大气孔结构，代之形成许多分散均匀的小气孔，提高了烧结矿的气孔率，增加了还原的表面积，显著地改善烧结矿的还原性。

热风烧结时，可以通过烧结热工制度的调节来控制烧结矿的强度和还原性的改变。即用热风物理热代替部分固体燃料的燃烧热，而总热耗（即生产每吨烧结矿所消耗的热量）减少不多或保持不变。热风烧结的主要作用是提高烧结矿强度，此时FeO的质量分数或还原性的变化不大，当高温热气流代替较多的固体燃料供热时，总热耗可下降。此时，在保证强度基本不变的情况下，FeO的质量分数降低较多，烧结矿还原性显著改善。

热风烧结使固体燃料减少了，灰分降低了，烧结矿品位升高了，熔剂加入量减少了，碳酸盐分解也减少了，固体燃料消耗下降了（见表7-8）。

表7-8 热风烧结指标

项 目	固体燃料消耗 /kg·t^{-1}	烧结矿中 w(FeO)/%	转鼓指数 (大于5mm)/%	利用系数 /t·(m^2·h)$^{-1}$	高炉槽下筛分 (小于5mm)/%
普通烧结	57.37	13.97	79.39	2.28	15.82
热风烧结	41.80	13.36	79.87	2.06	10.79
差 值	-15.57	-0.31	+0.48	-0.22	-5.03

在采用热风烧结使固体燃料节省的同时，烧结矿的总热耗可望节省，因为加热热风的燃料燃烧比较完全，而烧结过程中固体燃料燃烧不够完全（一般80%生成CO_2，20%生成CO）；此外，固体燃料降低可适当降低废气温度，因而改善了热量利用，使总热耗减少。一般可节省热耗5%～20%，该值与热风产生的方法和速度有关。

鞍钢二烧3号和4号烧结机采用了热风烧结，煤气用量为2390～2370m^3/t，固体燃料节省19%～20%，即1t烧结矿节省固体燃料17kg，总热耗节省13.5%，烧结矿含硫降低0.022%，还原度提高6.45%，转鼓指数提高0.9%（见表7-9）。

表 7-9 鞍钢热风烧结矿质量指标

项 目	煤耗量 /kg·t^{-1}	混合料中 w(C) /%	烧结矿化学成分/%			转鼓指数（大于5mm）/%	还原度/%
			TFe	FeO	S		
普通烧结	86.5	4.38	49.06	17.72	0.053	77.40	54.85
热风烧结	69.5	3.75	49.24	14.10	0.031	78.30	61.30
差 值	-17.0	-0.63	+0.18	-3.62	-0.022	+0.90	+6.43

7.5.2 热风烧结工艺因素分析

7.5.2.1 热风温度

不同热风温度下的烧结结果见表 7-10。

表 7-10 不同热风温度下的烧结结果

热空气温度/℃	室温	200	250	300	350	400	600	800
转鼓指数/%	59.17	63.33	60.00	60.00	61.67	58.33	58.33	56.67
成品率/%	78.81	85.38	82.01	83.78	83.33	82.97	81.42	81.08
烧结速度/mm·min^{-1}	24.90	23.23	23.61	23.48	21.26	21.60	21.28	21.08
利用系数/t·(m^2·h)$^{-1}$	1.727	1.758	1.726	1.717	1.627	1.538	1.495	1.491
w(FeO)/%	11.53	9.14	9.38	7.56	7.35	7.23	7.47	7.77
低温还原粉化指数 *RDI*/%	15.93	15.28	15.15	15.66	18.31	23.04	17.77	20.17
还原性指数 *RI*/%	62.80	69.80						
软熔开始温度/℃	1266	1294	1285	1299	1293	1288	1283	1278
熔融滴落开始温度/℃	1394	1461	1443	1472	1459	1451	1457	1438
总热量变化/%	0	-5.04	-6.33	-7.65	-9.0	-10.5	-12.00	-13.80

从表 7-10 可以看出：

（1）在热风温度不超过 400℃和总热量降低不大于 10% 时，转鼓指数有所提高；当总热量降低超过 10% 时，会因烧结温度降低过多，黏结相减少，烧结矿强度比普通烧结法低。

（2）在热空气条件下，烧结成品率均有不同程度的提高。热风烧结使烧结料层温度趋于均匀。热风烧结使上层温度提高，冷却速度降低，促使热应力有所降低，有助于提高烧结矿的成品率。同时，由于烧结上下料层温度差降低，促使上下层烧结矿的质量差别缩小。

（3）热风温度在 200～300℃区间，垂直烧结速度降低不多，超过这个范围，降低的幅度就比较大，热风烧结使高温带加宽，烧结料层阻力增加，有效风量减少。空气温度越高，对垂直烧结速度的影响就越大，如采取一些必要的改善料层透气性的措施，完全可以使热风烧结不降低垂直烧结速度。

（4）烧结利用系数在空气温度为 200℃时略有升高，低于 300℃时，基本不变化；高于 300℃时，略有降低。影响烧结利用系数的主要因素是烧结成品率和垂直烧结速度。热风温度低于 300℃时，是因为烧结成品率提高了；高于 300℃时，是因为垂直烧结速度和成品率同时降低了。

（5）在烧结矿强度不变的前提下，热风烧结的烧结矿中 FeO 的质量分数降低。热风烧结降低固体燃料消耗，还原气氛减弱；另外，高温保持时间加长，有利于 FeO 再氧化。热风温度由室温提高到200℃，风温每提高100℃，烧结矿中FeO的质量分数降低1.2%；而风温从200℃提高到400℃，风温每提高100℃，烧结矿中FeO的质量分数下降0.96%。可见在不同风温区间内，热风的效率是不一样的，热风温度越高，降低FeO的质量分数的效果越小。

(6) 低温还原粉化指数*RDI*在热风温度低于300℃时基本不变；高于300℃时略有升高，但未超出高炉操作允许的范围。热风烧结使烧结矿热应力降低，玻璃体的结晶程度提高，有利于低温还原粉化指数降低。但FeO的质量分数的降低却会使低温还原粉化指数有所升高。

(7) 提高风温降低了烧结矿中FeO的质量分数，同时改善了烧结矿的物理结构，避免了生成粗大气孔，发展了更多更细的微孔，从而改善了还原和软熔性能。

热风烧结可以降低固体燃料和总热量消耗、改善烧结矿的冶金性能。随热风温度的提高，在保证良好冶金性能的前提下，固体燃料消耗可逐步降低。考虑到高温热风的来源与输送的困难，热风温度以200~300℃为宜。

本钢二铁厂烧结料配煤量为6%，在热空气低于400℃时，每提高100℃风温，固体燃料降低5%；超过400℃时，每提高100℃风温，固体燃料降低25%。

7.5.2.2 固体燃料消耗

在热风温度为200℃的情况下，不同固体燃料配比的试验结果见表7-11。

表7-11 不同固体燃料配比的试验结果

项 目	普通烧结	热风烧结			
煤粉配比/%	6.00	6.00	5.40	5.10	4.80
转鼓指数/%	59.17	65.00	63.33	59.17	55.00
成品率/%	78.81	86.77	85.38	82.96	72.47
垂直烧结速度/mm · min^{-1}	24.90	23.35	23.23	22.96	20.77
利用系数/t · (m^2 · h)$^{-1}$	1.727	1.806	1.758	1.638	1.264
w(S)/%	0.024	0.012	0.006	0.007	0.005
w(FeO)/%	11.53	14.92	9.14	8.05	6.84
低温还原粉化指数*RDI*/%	15.93	13.54	15.28	18.72	20.70
还原性指数*RI*/%	62.80		69.80		
总热量变化/%	0	+3.34	-5.04	-9.26	-13.45

从表7-11可以看出，热风烧结固体燃料不降低时，总热量增加，烧结矿的强度和产量有所提高，但烧结矿中FeO的质量分数升高。固体燃料降低10%时，除垂直烧结速度略有影响外，其他各项冶金性能都有改善。固体燃料降低15%时，除利用系数和低温还原粉化指标略有恶化外，其他冶金性能都优于普通烧结。固体燃料降低20%时，总热量降低13.45%，烧结矿的还原性能得到改善，其他各项冶金性能都恶化。因此，在热风温度为200℃条件下，为保证各项冶金性能不降低或有所改善，固体燃料降低10%~15%较为合适。

从表7-11也可以看出，热风烧结可以大幅度降低烧结矿中硫的质量分数。热风烧结使还原气氛减弱，冷却层温度提高，这都有利于硫的去除，这对于高硫原料的烧结尤为适宜。

7.5.2.3 送热风时间

研究表明，延长送热风时间可以带来更多的物理热，烧结矿的强度会得到提高，但烧结矿中FeO的质量分数有所增加，也就是说，可以进一步降低固体燃料消耗。与普通烧结相比，送热风时间为5min时，利用系数提高了1.8%；当达到8min和11min时，利用系数分别降低了

6.6%和10.83%。因此，送热风时间不宜过长。

7.5.2.4　碱度

选取了1.6和1.8两种碱度进行烧结对比试验，烧结矿碱度由1.6提高到1.8时，热风烧结效果基本相同。也就是说，烧结矿碱度不影响热风烧结的结果。

7.5.2.5　料层厚度

在热风烧结的条件下，料层提高后，与普通烧结呈现相同的趋势。由于自动蓄热作用的加强，烧结矿中FeO的质量分数升高，热量显得富余。因此，热风烧结对厚料层还可进一步降低固体燃料消耗，但必须采取有效的技术措施，改善烧结料层的透气性，否则会降低垂直烧结速度。

7.5.3　热风烧结技术的应用

热风的来源是热风烧结能否用于工业生产的关键。由于热风产生的方法不同，热风烧结可分为热废气烧结、热空气烧结和富氧热风烧结3种工艺。

7.5.3.1　热废气烧结

热废气烧结就是利用气体或液体燃料燃烧产生的高温废气与空气混合后的热气流进行烧结。根据供热方式的不同，又可分为连续和非连续供热两种。

连续供热方式是在点火器后占机长1/3的距离上，设置专门燃烧气体（或液体）燃料的热风罩（见图7-21），两侧为烧嘴，高温的燃烧产物同两侧自然吸入的空气混合，使之达到一定的温度。首钢烧结厂使用了这种方式，获得了600℃左右的热废气，使用后烧结生产中固体燃料节省了27%，FeO的质量分数基本不变，高炉槽下小于5mm的粉末从15.04%～15.82%下降到10.79%～12.0%，利用系数从2.34t/(m^2·h)下降到2.06t/(m^2·h)。采用这种方法的缺点是废气中氧的体积分数低，影响烧结速度，而且设备庞大。

1965年，鞍钢二烧两台75m^2烧结机上进行了非连续方式（见图7-22）的热风烧结试验。煤气由ϕ200mm开有两排向下互成90°角的小孔的钢管喷出，同周围的空气进行燃烧（在3号～6号风箱上）。在管状燃烧器之间，在第一根管状燃烧器与点火器之间，均有耐火砖（或耐热混凝土）砌衬的遮热板，以防止散热。这种方式的设备比较简单，同时在管状燃烧器之间的废气含氧高，可以弥补因燃烧器下含氧低而引起的烧结速度降低。1966年，鞍钢二烧利用这种方式后，产生温度为750℃、平均氧的体积分数为15.4%的热风进行烧结，获得了良好的效果。

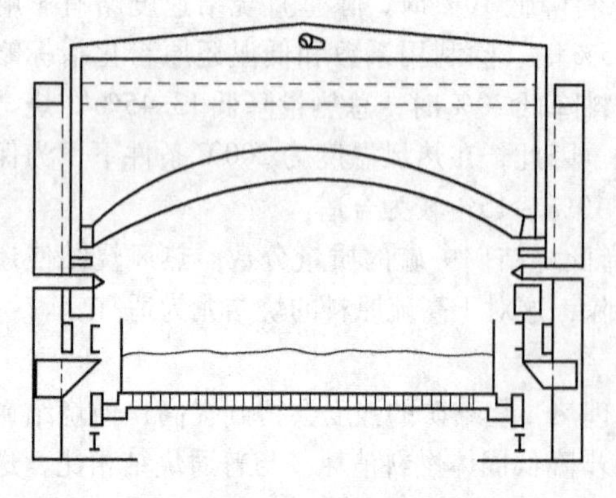

图7-21　首钢烧结厂热风烧结用热风罩断面图

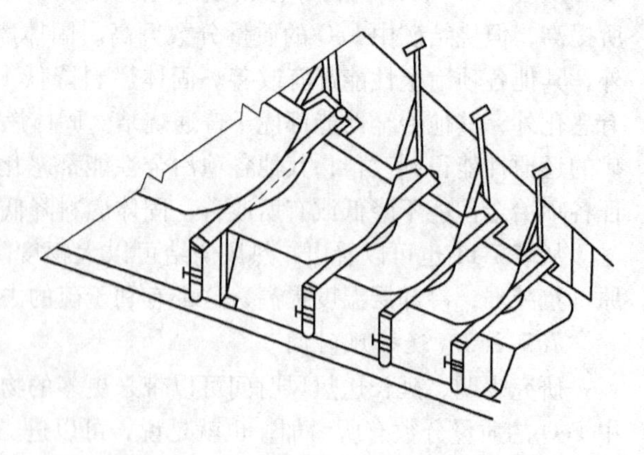

图7-22　鞍钢二烧热风烧结用管状燃烧器

应当指出，非连续供热将使烧结矿表层产生温度应力，不利于强度的提高。鞍钢试验时发现，在遮热板下温度为500～700℃，而在燃烧器下温度则达到900～1100℃，这种温度忽高忽低的变化对烧结矿表层强度带来不利影响。一些工厂为了克服这一缺陷，改用压缩空气代替自然抽风燃烧，这样燃烧完全，温度分布均匀，废气中氧的体积分数提高。

热废气烧结虽然能使烧结矿成品率提高，但由于垂直烧结速度下降，烧结生产率下降。如果采取相应的补偿措施，如改善混合料的透气性、适当增加抽风负压等，完全可以防止生产率下降，甚至有可能使生产率提高。

7.5.3.2　热空气烧结

把冷空气通过蓄热式热风炉或换热式热风炉加热到指定的温度，然后用于烧结，即是热空气烧结。图7-23所示为典型的热空气烧结流程。来自蓄热式热风炉的加热空气，经过热风总管和热风分布集聚器，送到每台烧结机的热风支管，然后到热风罩。某厂使用该流程后，加热空气温度为840℃，每吨烧结矿总热耗节省15%，固体燃料减少25%，产量提高8.3%，烧结矿中FeO的质量分数有所降低，强度有所提高。

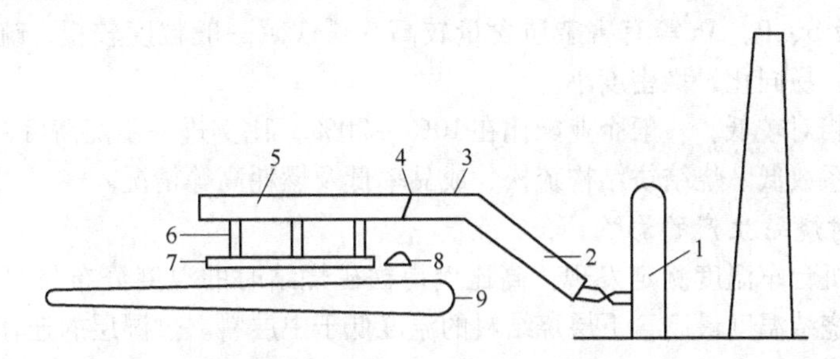

图7-23　典型的热空气烧结流程

1—热风炉；2—热风总管；3—热风分布集聚器；4—调节阀；5—热风支管；6—热风导管；7—热风罩；8—点火器；9—带式烧结机

这种热风烧结方法不仅能够获得热废气烧结达到的效果，而且克服了热废气中氧的体积分数低的缺点。如果建小型热风炉，还需考虑高炉煤气供应及其他经济合理性。

最有发展前途的方法是利用烧结工艺本身的余热。利用冷却机的高温段废气，一般风温为250～350℃，最高可达370℃，将其用于热风烧结是可行的，这样有利于提高烧结过程热利用率。

7.5.3.3　富氧热风烧结

富氧热风烧结的特点是往热废气或热空气中加入一定数量的氧气，以提高热风的氧含量。它比单用热风或单用富氧效果更佳（见表7-12）。这种方法不仅可以改善烧结矿质量，而且可以提高产量。一般情况下，热风富氧含量不超过25%，垂直烧结速度比热废气烧结要快10%～15%。烧结矿强度好，还原性也好。关键是要解决好氧气供应问题。

表7-12　富氧热风烧结与其他烧结法的比较

空气		烧结配碳/%	垂直烧结速度/mm·min^{-1}	烧结矿粒度组成/%			
温度/℃	$\varphi(O_2)$/%			>25mm	25～10mm	10～5mm	<5mm
20	20	4.0	100	56	20.0	13.2	10.5
300	20	4.0	96.2	68.5	15.5	9.3	6.7
175	18.3	4.0	100	61.8	18.6	11.7	7.9
20	24.3	4.0	117.5	56.4	20.6	12.6	10.2
200	23.4	4.0	113.0	70.8	16.4	6.6	6.2

7.6　高配比褐铁矿烧结技术

随着国内钢铁业的迅猛发展，铁矿石资源呈现货紧价扬的态势。根据目前世界铁矿石资源分布情况和烧结技术发展趋势，提高廉价褐铁矿在烧结混合料中的配比是钢铁企业降低炼铁成本、提高炼铁竞争力的有效措施之一。为了合理利用资源，适应市场的变化，采取有效措施增加褐铁矿在烧结生产中的配比已经成为各大钢铁企业的共识。目前，国内使用的主要褐铁矿品种为澳大利亚的扬迪矿、罗布河矿和 FMG 矿。

7.6.1　褐铁矿的主要特性及对烧结生产的影响

7.6.1.1　主要特性

褐铁矿是含结晶水的三氧化二铁，无磁性，它可由其他铁矿石风化形成，化学式常用 $m\mathrm{Fe_2O_3} \cdot n\mathrm{H_2O}$ 来表示。按结晶水含量多少，褐铁矿的理论铁含量可从55.2%增加到66.1%，其中大部分含铁矿物以 $2\mathrm{Fe_2O_3} \cdot 3\mathrm{H_2O}$ 形式存在。这种矿的脉石常为矿质黏土，国内有些矿石中 SiO_2、Al_2O_3 及 S、P、As 等有害杂质含量较高。褐铁矿一般粒度较粗，疏松多孔，还原性好，熔化温度低，易同化，堆密度小。

褐铁矿价格相对较低。一般企业配比在10% ~20%，比例进一步配高后，一般出现烧结速度慢、烧结利用系数低、烧结饼结构疏松、成品率低及燃耗高等情况。

7.6.1.2　对烧结生产的影响

通过对烧结机台车温度测定发现：高比例褐铁矿烧结时的温度分布与“自动蓄热”理论相反，中层料的烧结温度最高，下层烧结料的温度低于中层料。过湿层的迁移速度明显低于燃烧层的速度，最严重时会出现过湿层与燃烧层“黏结”熄火现象。宝钢曾出现过这种现象，如图7-24所示。

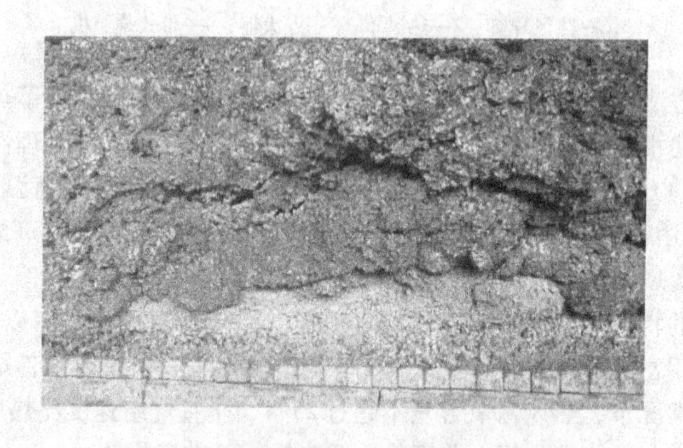

图7-24　过湿层与燃烧层“黏结”熄火现象

在高褐铁矿配比条件时的烧结过程中，透气性的变化有些不同。因为褐铁矿的脉石成分主要是泥质矿物，当褐铁矿配比较高时，混合料的原始透气性指数不会低。由于褐铁矿的同化性好，并受其热爆裂性的影响，烧结时制粒小球很快就粉碎，原有的料层骨架完全被破坏，透气性变差。所以，尽管原始透气性好，但热态透气性的恶化始终是高褐铁矿配比烧结时面临的最难解决的问题。当褐铁矿配比较高时，烧结矿带、预热干燥带对料层阻力无大的贡献，从上到下，气流首先遇到大的阻力来自于燃烧带，其次是湿料带。在实际生产中，褐铁矿制粒小球因骤然承受高温废气导致爆裂、粉碎，在高温刚开始时便高度同化，大量结晶水分解后往下迁移造成下部严重过湿。这几个过程使燃烧带和湿料带很快形成、发展，而且大部分孔隙基本被堵塞。因此，料层的透气性用这两个带的厚度来描述比用孔隙率表示容易并且更客观。若采取适当的措施控制这两个带的厚度，则在此基础上沿料层高度方向实现各带的均匀平移，可以较理想地完成烧结过程。

7.6.2 提高褐铁矿烧结比例的技术措施

高配比褐铁矿的研究生产主要在澳洲、日本、法国和中国等国家。其中，研究成果最突出的是日本钢铁公司炼铁工艺及炼铁技术研究所的肥田行博等人。日本新日铁公司为了增加烧结混合料中廉价的针铁矿的用量，开发了自致密烧结工艺（SHS 工艺）。该工艺是将针铁矿和蛇纹石及少量的细粒级焦粉在圆盘制粒机中制粒。细粒蛇纹石的包裹作用保护了针铁矿石，避免其发生熔体反应，并在1300℃左右形成致密结构。烧结杯试验结果证明，用这种烧结工艺生产的烧结矿，当新烧结料中富针状褐铁矿为12%时、蛇纹石与富针状褐铁矿的比率为0.28时，烧结机利用系数和成品率分别提高2.5%和4%。为了降低烧结矿的生产成本，韩国浦项钢铁公司光阳厂自1992年以来也大大增加了低价的针铁矿的用量。但针铁矿的主要缺点是同化作用强和结合水含量高，给烧结矿生产带来许多困难。为了防止烧结矿质量下降和减少焦粉用量，光阳厂做了下列工作：（1）调整料层下部粒度的分布；（2）使焦粉粒度结构最佳化；（3）将热矿破碎机排出的热气进行循环。为了查明石灰石粒度的分布对烧结过程的影响，光阳厂进行了烧结杯试验和工业试验。其结果表明，增大石灰石粒度可提高烧结矿的生产率，降低还原粉化率。根据这一试验结果，光阳厂把石灰石的粒度从大于3mm改为大于4mm，把石灰石的用量从22%减少到18%。光阳钢铁厂还研究了在针铁矿石混合比高的情况下的最佳制粒水分。

目前，褐铁矿已经在澳大利亚BHP钢铁公司、日本新日铁、日本住友金属小仓钢铁厂、韩国浦项钢铁公司光阳厂等企业使用，日本各大钢厂和韩国浦项的褐铁矿配比普遍在30%以上，高的达40%~45%，甚至达到50%。国内钢铁企业使用褐铁矿的企业也在逐步增多，比例在逐步提高。以宝钢为代表，宝钢20世纪90年代初开始研究褐铁矿，通过多年的工业试验，大幅度地提高了罗布河矿和扬迪矿的配比，达35%左右，生产数据显示，烧结生产正常，烧结矿质量可以满足高炉的要求，而且在烧结配矿上取得了良好的经济效益。目前，宝钢已经基本弄清了几种主要褐铁矿的特性，逐步掌握了一些工业生产上的技术对策，如水、碳的调节，机速、料层的调整，矿石品种、粒度的搭配，粉焦、熔剂粒度的改变，烧结热量的补充等，在技术上为增加褐铁矿使用比例创造了条件。

提高褐铁矿配比的主要技术措施有配加蛇纹石、减少烧结过湿层的影响、优化烧结配矿等。

7.6.2.1 配加蛇纹石

蛇纹石属于层状结构的硅酸盐矿物，其中，氧化镁以硅酸盐形式存在，其熔点低于白云石分解后形成氧化镁的熔点，可使铁酸钙含量增加，有利于铁酸钙生成、扩散和晶粒长大，且分布均匀，可以有效抑制烧结矿中玻璃相的生成。

烧结添加蛇纹石后，可改变烧结料中硅源的分布状态，减少烧结混匀料球核中的硅素，增加黏附层中硅素，以此提高硅源的有效利用率，能有效解决烧结中因低硅后烧结矿强度不足的问题，保证低硅状态下的烧结矿冷强度。但是，配加蛇纹石会使烧结矿品位降低。

7.6.2.2 利用烧结台车侧板测温方法强化褐铁矿烧结操作技术

对整个烧结工艺而言，热状态是烧结过程是否正常进行的重要标志。处于合理热状态分布的烧结过程必然能生产出优质的烧结矿，同时能使烧结机面积得到有效合理的利用，从而提高生产率。热状态在整个烧结工艺中有着“承上启下”的关键作用，它既是一定原料参数（含铁原料配比、熔剂配比、燃料配比等）、设备参数（抽风面积、风机能力、漏风率等）、操作参数（加水量、料层厚度、台车机速等）在烧结料层中的综合反映，同时它又直接影响着烧结矿转鼓强度、成品率等烧结产量和质量指标。因此，可以认为烧结过程热状态是整个烧结过程的核心，掌握烧结过程的热状态是研究烧结过程的关键所在。以宝钢烧结分厂 2 号烧结机为例，侧板温度的测量方法是：在烧结机台车侧板两侧安装非接触式红外线温度扫描仪，从 9 号风箱至 23 号风箱，每个风箱中心对应的台车侧板两侧各安装 1 个，共 30 台温度扫描仪，沿竖向连续扫描采集侧板的温度，数据经 PLC 处理后传输至上位机，其布置示意图如图 7-25 所示，每台温度扫描仪理论上从上至下可以采集无穷个温度点，可根据需要确定。而 9 号风箱之前对应的台车由于有点火保温罩封闭，无法进行测量，对于整个烧结过程来说，重要的热状态变化发生在烧结机的中后部，因此影响不大。

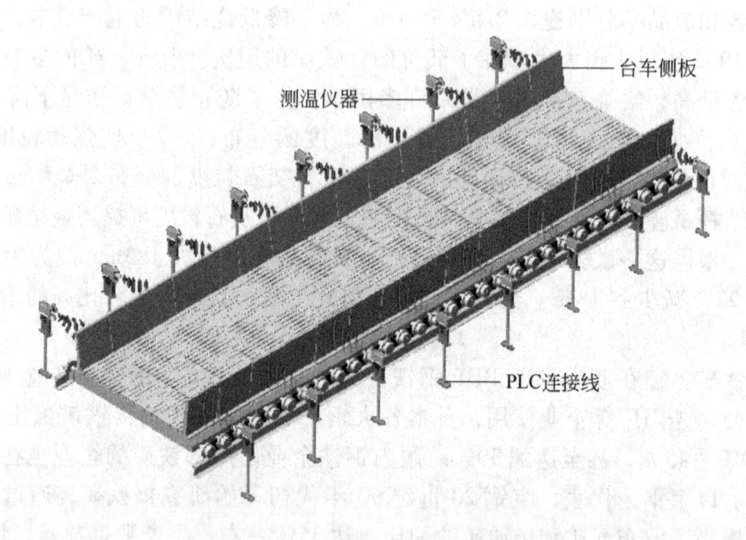

图 7-25　侧板测温系统布置示意图

对烧结机上的一块台车来说，它从机头点火炉运行到机尾卸料，其竖向侧板温度的变化经历了一次完整的烧结过程。而对于同一时间从机头到机尾的多个台车而言，它们的侧板温度的状态就体现了当前整个烧结机的烧结过程状态。当燃烧带经过料层的某一高度时，此处料层温度升高，而对应高度的侧板温度必然升高；当料层在某一高度发生过湿冷凝，温度降低，则对应高度的侧板温度也会降低。尽管热量在传递过程中有损失，侧板温度升高或者降低的幅度要低于料层温度升高或降低的幅度，但是温度的这种变化趋势是一致的。

为了验证这种变化趋势，需要对料层的实际温度进行测量。

料层温度的测量方法是：在侧板打孔，即在一块台车的侧板上沿竖向打上、中、下 3 个孔，当台车运行到 9 号风箱对应的位置时，立即将长为 1m 的热电偶套入导管直接沿横向水平插进料层，热电偶随着台车一起移动，一直跟踪到机尾防尘罩（23 号风箱对应的位置），一次性地测量料层温度，数据经 PLC 处理后传输至上位机，即获得一组数据。

料层实际温度的变化是烧结过程热状态最直接的表示，烧结料层的传热与化学反应进行的状态最终都反映为料层温度的变化。掌握了烧结过程的实际料层温度，烧结过程的“黑箱”系统将直接“透明化”。

该系统在某企业应用期间，烧结生产率提高了 1.23t/(m^2·d)，成品率提高了 1.04%，转鼓强度提高了 0.86%，有效地指导了烧结生产，使烧结矿质量得到改善，产量进一步提高。具体测试数据和结果见图 7-26、图 7-27 和表 7-13。

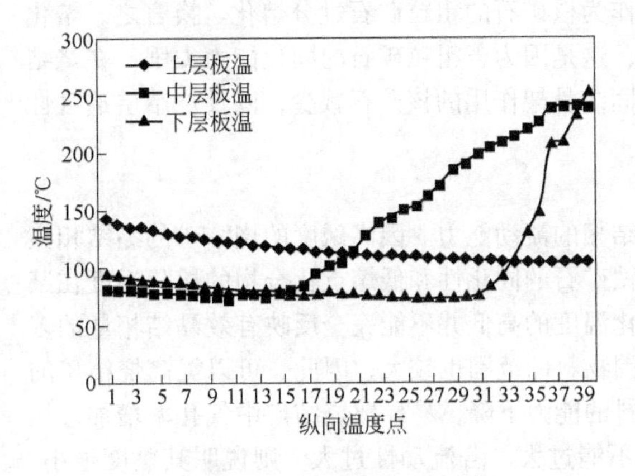

图 7-26 台车侧板温度

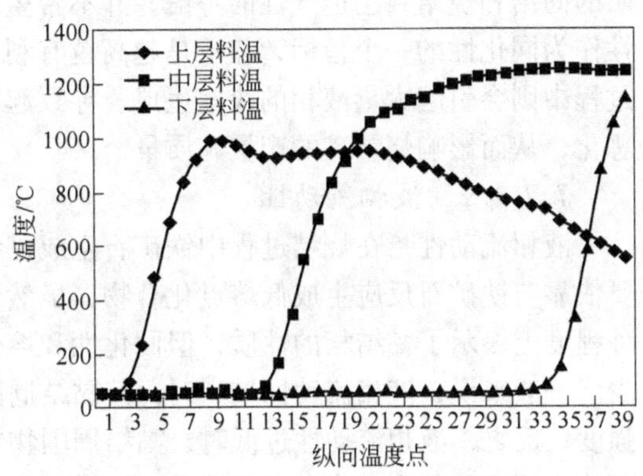

图 7-27 烧结料层温度

表 7-13 烧结侧板测温在试用期间对烧结生产的效果

试验阶段	试验时间	层厚/mm	装入密度/$t\cdot m^{-3}$	通气度 JPU	生产率/$t\cdot(m^2\cdot d)^{-1}$	成品率/%	固体燃耗/$kg\cdot t^{-1}$	转鼓强度/%
应用前	2006 年 8 月 ~10 月	673	1.463	46.7	32.84	71.74	56.50	75.68
应用后	2006 年 11 月 ~12 月	660	1.534	47.8	34.07	72.78	60.17	76.54
应用前后差异		-13	0.071	1.1	1.23	1.04	3.67	0.86

7.6.2.3 优化烧结配矿

根据不同矿石的烧结基础特性，进行烧结特性互补配矿，提高廉价褐铁矿的使用比例。

7.6.2.4 其他措施

通过压料、进行厚料层烧结、调整烧结水分和配碳等工艺参数等技术措施，对提高褐铁矿的使用比例也有一定的效果。

7.7 基于铁矿石自身烧结基础特性的烧结配矿技术

基于铁矿石自身烧结基础特性的烧结配矿技术由北京科技大学吴胜利教授首创。北科大微型烧结试验装置由以下几部分组成：（1）称量装置（1/10000 天平）；（2）压溃强度装置；（3）压样试验装置（压样前，铁矿粉、CaO 分别烘干后磨至 0.147mm(100 目)以下，平常放于干燥皿中保存）；（4）微型烧结试验装置，主要包括红外线快速高温试验炉（主要由石英保护管和红外线灯管发热件组成）、温度程序控制仪、冷却水控制器、试样台自动升降装置、炉体支架及控制系统、试验气体控制系统、温度测定及控制系统。

采用该试验装置可以测出单种铁矿石的 5 个方面的烧结特性：同化性；液相流动性；黏结相强度；连晶性能；铁酸钙生成特性。

7.7.1 理论基础

7.7.1.1 同化性

同化性指铁矿石在烧结过程中的低熔点液相生成能力，即铁矿石矿物、脉石与 CaO 的反应能力。因高碱度烧结矿在烧结过程中形成的黏结相主要始于 CaO 和 Fe_2O_3 的固相反应，最终形成以铁酸钙为主的液相。因此，铁矿石的同化性是烧结过程中液相生成的基础。一般来说，铁矿石的同化性越高，在烧结过程中越易生成液相，但是，对于非均匀矿烧结矿而言，基于烧结矿的固结和烧结料层透气性的考虑，并不希望作为核矿石的粗粒矿石过分熔化。换言之，熔化性作为同化性的一个指标，并不是越高越有利，这是因为若粗粒矿石的同化能力太强，在烧结过程中则会引起大量液相的快速生成，导致起固结骨架作用的核矿石减少，以及烧结层透气性恶化，从而影响烧结矿的产量和质量。

7.7.1.2　液相流动性

液相流动性指在烧结过程中铁矿石生成黏结相的流动能力。因高碱度的烧结矿的黏结相主要依靠与铁矿石反应生成低熔点化合物，虽然铁矿石的同化性和低熔点化合物的熔化温度在某种程度上揭示了黏结相的性质，但同化性和熔化温度的高低并不能完全反映有效黏结相量的多少。一般来说，液相流动性较高时，其黏结周围物料的范围也较大，因此，可以提高烧结矿的强度；反之，液相流动性过低时，黏结周围物料的能力下降，易导致烧结矿中气孔率增加，从而使烧结矿的强度下降。但黏结相的流动性也不能过大，若流动性过大，则说明其黏度很小，对周围物料的黏结层厚度会很薄，反而使烧结矿的强度下降。同时，若黏结相的流动性过高，烧成后烧结矿易形成薄壁大孔结构，使烧结矿整体变脆，强度降低，从而使烧结矿的还原性变差。由此可见，适当的液相流动性是确保烧结矿有效固结的基础。不同种类的铁矿石由于其自身特性的差异，在烧结过程中产生的液相的流动性不同。从烧结工艺出发，烧结温度及烧结混合料的碱度均会影响黏结相的流动性。所以，还要考察烧结温度及烧结混合料碱度对各种铁矿石液相流动性的影响。影响液相流动性的因素主要为烧结温度和矿石自身特性（化学成分、矿物组成、显微构造等）。

7.7.1.3　黏结相强度

黏结相强度指铁矿石在烧结过程中形成的液相黏结其周围核矿石的能力。烧结过程中的核矿石的固结主要由黏结相来完成，不同种类的铁矿石由于其自身特性的差异，在烧结过程中形成的黏结相的自身强度不同。低温烧结条件下形成的非匀质结构，其含铁矿物的自身强度要高于黏结相强度，所以黏结相强度就成为制约烧结矿强度的因素之一。

7.7.1.4　连晶性能

连晶性能指铁矿石在烧结过程中靠晶键连接获得强度的能力。通常认为铁矿石烧结是液相型烧结，靠发展液相来固结。但实际烧结生成中，在混料过程中不可能做到各组分分布完全均匀，即有偏析的存在，在某些区域可能 CaO 的质量分数很少，不足以产生铁酸钙液相；同时，在高碱度烧结矿的生产过程中，由于温度较低及配碳量较少，也不可能生成其他液相（如硅酸铁体系）。因此，铁矿石之间有可能通过发展连晶来获得强度。烧结过程中，燃烧层和预热层的废气中存在着还原气体 CO，特别是高温区的炭粒周围有较强的还原气氛，这样料层中的赤铁矿有可能被还原成 Fe_3O_4。当温度高于 900℃时，Fe_3O_4 晶粒可以通过扩散产生 Fe_3O_4 晶键连接，随温度的升高，发生 Fe_3O_4 再结晶和晶粒长大，使颗粒结合成一个整体。在实际烧结生成过程中，由于物料偏析，在 CaO 较少区域，有可能通过产生连晶来获得高强度，但区域较小，对烧结矿强度影响不大。

7.7.1.5　铁酸钙生成特性

铁酸钙生成特性指在烧结过程中复合铁酸钙的生成能力。铁矿粉烧结的理论和实践都表明：在烧结黏结相中，复合铁酸钙黏结相是最优的。不同种类的铁矿石由于自身的特性差异，其复合铁酸钙的生成能力也不相同。显然，利用复合铁酸钙的生成能力不同指导烧结优化配矿，可以有效地改善烧结矿的强度和还原性。

7.7.2　企业应用优化配矿实践

宝钢、济钢、鞍钢等企业均曾采用基于铁矿石自身烧结基础特性的烧结配矿技术进行优化配矿，增加了廉价矿的使用比例，有效降低了烧结配矿成本。

7.8　强化烧结添加剂（助燃剂）技术应用

钢铁工业是能源消耗的大户，烧结工序能耗约占钢铁工业总能耗的10%左右，节约能耗、不断提高烧结技术经济指标是烧结生产长期追求的目标。烧结添加助燃增效剂（简称助燃剂）是近几年开发的节能降耗、改善烧结技术经济指标的一项新技术。

烧结助燃剂是一种由多种非能源性无机化工原料按照比例配方组合而成的化学添加剂，有粉剂和水剂两种。一般的添加剂都由增氧制、助燃剂、催化剂、强化剂和晶型稳定剂等几部分组成，主要作用是降低燃料燃点，提高燃烧速度和效率，改善烧结料层透气性，提高料层厚度，使有利于传热，促进针状铁酸钙的形成，使烧结总体需求热量低，提高烧结矿的强度，抑制烧结矿在冷却和低温还原过程中的相变。

该技术已成功地在国内一些中小钢铁企业中得到应用。如杭钢在90m^2的烧结机上使用烧结催化助燃剂，添加4/10000的水溶烧结添加剂，烧结矿的转鼓提高2.06%，固体燃料消耗下降3.36kg/t，利用系数提高0.03t/(m^2·h)，粒度小于10mm的含量下降3.43%。

唐山建龙本部烧结厂采用超低温烧结矿化节能添加剂的生产实践表明，使用超低温烧结矿化节能添加剂可以提高其烧结矿产量3%~4%。

酒钢钢铁研究院、安徽工业大学与酒钢河西堡铁厂合作，根据该厂所用焦粉和烧结工艺特点，进行了添加催化助燃剂强化烧结的工业性试验。结果表明，在河西堡铁厂的原料和技术条件下，往焦粉中添加其量0.137%左右的催化助燃剂，1t烧结矿可节焦5.35kg，约节省8.06%，烧结机利用系数增加3.63%，成品率提高3.44个百分点，烧结矿的质量略有改善。

8 烧结节能与环保

8.1 烧结节能的方向与途径

在整个钢铁工业中，烧结生产的燃料消耗占10% ~15%。从烧结矿的加工成本来看，烧结工序能耗主要包括固体燃料消耗、电力消耗、点火煤气消耗等。其中，固体燃料消耗占烧结总能耗的75% ~80%，电力消耗占13% ~20%，点火热耗占5% ~10%。当前，能源供不应求，严重制约了钢铁企业的可持续发展，降低了其经济效益。因此，优化配置烧结能耗对降低烧结矿生产成本，提高钢铁企业经济效益有着深远的意义。近几年来，我国烧结能耗尽管有所下降，但还是远高于世界先进国家的能耗水平，平均每吨烧结矿能耗要高出10 ~20kg标准煤，由此可见，我国烧结节能的潜力是很大的。所以，在不降低烧结矿产量、质量的前提下，最大幅度地降低烧结过程中的能源消耗，对降低烧结矿成本将有重大意义。

烧结节能包括降低固体燃料消耗、降低点火燃料消耗、降低电能消耗及对热废气回收利用等几个方面。

8.1.1 降低固体燃料消耗

降低固体燃料消耗的措施有很多，主要有如下几种：

（1）厚料层操作。由于烧结过程的自蓄热作用，厚料层有利于降低固体燃料消耗。目前，大型烧结机烧结料层的厚度大多达到600 ~700mm，并且还有增高的趋势。如宝钢的烧结料层从500mm增加到600mm时，固体燃料消耗降低1.04kg/t。2004年12月，宝钢2号烧结机的料层高度达到800mm，成为世界上料层最厚的大型烧结机之一。

（2）回收利用部分含碳粉尘。钢铁企业产生大量的含铁、碳粉尘，其中FeO、碳含量较高，可以通过混匀矿、小球烧结等技术措施加以利用。不仅有利于“废物”资源的合理利用、有利于环保，而且可以回收部分铁、碳。如宝钢的实践表明，由于回收的粉尘含碳，回收利用后相当于替代了2.4kg/t的焦粉。但是，粉尘的利用应当注意其有害杂质（锌、钾、钠）的控制，以免对高炉冶炼产生不利的影响。

（3）改善固体燃料的燃烧性能和燃烧效果。固体燃料的燃烧特性和效果决定了烧结过程燃烧的产物比例、残碳量等。如固体燃料的不完全燃烧是固体燃料热量损失的重要原因之一，碳的不完全燃烧和完全燃烧相比，相当于损失了2/3的热量。改善固体燃料的燃烧特性主要包括控制燃料粒度和粒度分布，即控制合理的烧结过程传热和燃烧速度；选择合理的燃料结构；合理选择燃料加入方法，改善固体燃料的燃烧条件；研究行之有效的催化助燃剂，使固体燃料燃烧充分，从而降低残碳量等。

（4）强化制粒过程，保证烧结过程的透气性，从而保证烧结产量的稳定和提高。我国用于烧结生产的大部分国产精矿，由于品位较低，需要磨得很细才能选出合格品位的精矿。所以在烧结过程中必须强化制粒，否则将使烧结过程的透气性变差或气体偏流，导致产量降低，能耗增加。

（5）利用外界显热。在混合料燃烧前利用外部供热，如利用热返矿、使用生石灰、在圆筒混合机通入蒸汽、热风烧结等，可使烧结料温度提高。由于该部分显热可部分代替固体燃料的燃烧热，因而可降低固体燃料的消耗。

8.1.2 降低点火燃料消耗

点火燃料消耗大约占烧结总能耗的5% ~10%，是烧结节能的一个重要方面。降低点火燃料消耗主要包括：

（1）应用节能型点火炉。节能型点火炉是20世纪80年代烧结工艺的一项重要节能技术。在此之前，一般使用套管式烧嘴和涡流式烧嘴，特点是高、大、笨，点火燃料消耗高，普遍大于0.180GJ/t。另外，套管式烧嘴在宽度方向温度不均匀，两烧嘴之间温度较低，势必要消耗过多的煤气以保证料面温度都达到点火要求的水平（如1200℃）。80年代以来，日本相继开发成功了一系列节能型点火炉，其中线型烧嘴、多缝式烧嘴及面燃式烧嘴是日本应用最为成功的节能型烧嘴。

我国在节能型点火炉的研究和应用方面也取得了巨大的成绩。如长沙黑色冶金矿山设计院、马鞍山钢铁冶金设计研究院、鞍山黑色冶金矿山设计院等在引进、吸收和发展国外先进点火技术的基础上，相继推出了自己的节能型烧嘴。但在深层次的基础理论方面做的研究还不够，如烧嘴火焰分布状态、点火炉温度场分布等还需做更系统的研究。

（2）严格控制点火温度和点火时间。点火的目的是补充烧结料表面热量的不足，点燃表面烧结料中的燃料，使表层烧结料烧结成块。点火温度的高低和点火时间的长短应根据各厂的具体原料条件和设备情况而定，达到点火的目的即可。点火温度过高，将造成烧结料表面过熔，形成硬壳，降低料层的透气性，并使表层烧结矿FeO的含量增加，同时，点火燃料消耗升高；点火温度过低，会使表层烧结料欠熔，不能烧结成块，返矿量增加。因此，点火温度既不能过高，也不能过低，根据生产经验，点火温度一般控制在（1100 ± 50）℃。点火时间要根据点火温度而定。若点火温度较低，可适当延长点火时间；若点火温度较高，应缩短点火时间。点火时间一般在1min以内。由于无烟煤和焦粉的着火温度在700 ~1000℃，因此，在点火温度略高于1000℃，甚至更低就可以把燃料点着，满足点火的要求，同时节约了煤气消耗。近年来，很多烧结厂已普遍采用低温点火技术，在保证点火工艺的前提下降低点火温度，使点火燃料消耗大幅度下降。

（3）预热助燃空气。利用热废气作为点火炉的助燃空气或作为热源预热助燃空气，可以提高点火炉燃烧的温度，降低点火燃料消耗。根据文献，如果将助燃空气预热到300℃，理论上可以节约焦炉煤气24%。预热混合料使混合料预热到露点温度以上，可以改善烧结料层的透气性（过湿层消失），从而提高烧结机的烧结速度，提高烧结矿产量。

8.1.3 降低电能消耗

烧结过程的电能消耗占烧结工序能耗的13% ~20%，而绝大部分是抽风机的消耗。烧结节电的关键措施，是减少设备漏风、采用变频调速技术，以及减少设备空转时间等。

8.1.3.1 减少设备漏风率，降低电能消耗

主抽风机容量占烧结厂总装机容量的30% ~50%。减少抽风系统的漏风率，增加通过料层的有效风量对节约电能消耗意义重大。

烧结台车和首尾风箱（密封板）、台车与滑道、台车与台车之间的漏风占烧结机总漏风量的80%以上，因此，改进台车与滑道之间的密封形式，特别是首尾风箱端部的密封结构形式，可以显著地减少有害漏风，增加通过料层的有效风量，提高烧结矿产量，节约电能。另外，及时更换、维护台车，改善布料方式，减少台车挡板与混合料之间存在的边缘漏风等，都可以有效地减少有害漏风。

通过对烧结抽风系统研究分析，认为漏风集中在以下几点：

(1) 抽风机至风箱之间的漏风。此系统包括抽风管道（大烟道）、除尘系统、风机系统。由于管道的磨损、热胀冷缩变形、夹带灰尘气流冲刷、管理不到位等，使之出现局部缝隙或漏洞而漏风。此部分漏风因厂而异，但绝对漏风率均在5%～10%左右。

(2) 机头尾风箱处与台车横梁底面间的漏风。对此部位的漏风，目前各烧结厂普遍都安装了密封装置。这些密封装置归纳起来有以下几种：螺旋弹簧式、四连杆式、杠杆式、重锤式、弹簧板式等。这些形式的作用都是支撑活动密封板上下自由浮动。这部分的绝对漏风率在10%左右。此漏风部位漏风长期堵不住的原因不在于支撑浮动密封板的支撑系统，而在于其密封装置与被密封件之间的结构存在缺陷或不足。

(3) 台车与风箱两侧滑道间的漏风。此部位是烧结漏风的主要部位，且其绝对漏风率随烧结机的大型化而增大。对此部位的漏风，国内外烧结工作者进行了大量的研究和尝试，现在此部位的密封大都采用在台车密封槽内安装弹压式浮动游板密封装置。近年又有试用板簧式及胶条式密封。此部位的绝对漏风率约在10%以上。

(4) 相邻台车间的缝隙漏风。烧结两相邻台车间存在有较大的漏风缝隙。两相邻台车间的竖缝隙尺寸大小各不相同，小的有1～2mm，大的有3～5mm，甚至7～8mm的；各缝隙的形状也各不相同，有上下一致属长方形的，有上下不一致或上大下小，或上小下大形的，这就使得此部位的密封难以采取有效的密封。

(5) 箅条压块销孔处的漏风。箅条压块销孔处的漏风也是十分严重的，其漏风量与台车和滑道间的漏风量大体相同。绝对漏风率大约为10%左右。长期以来，烧结工作者对此部位的漏风一直忽视，也没有采取任何措施，其漏风也就一直存在。

要降低烧结漏风率，必须对现有的已采取的密封装置进行完善，对还没采取密封措施的地方必须采用有效的密封装置，总之，对所有的漏风缝隙进行全面封堵，才能把烧结漏风率降下来。否则，降低烧结漏风率只是一句空话。

8.1.3.2　采用变频调速、电容补偿降低电能消耗

变频调速技术是近年来发展的一种安全、可靠、合理的调速方法。它通过将日常生产用的确定电压、频率的交流电经变换器变换为可改变频率和电压的交流电，从而达到调整电机转速的目的。变速电机采用变频调速后，降低了平均电流，节约了电能。

实际生产中，为了追求设备作业率，加上设备质量、操作等方面的原因，往往人为地把电机功率增大，造成“大马拉小车”现象，使电机无功功率升高，浪费了电能。因此，在选用电机时，要尽量使电机的负荷率接近或达到它们的设计负荷，以提高功率因数，减少无功功率，节约电能。如安钢烧结厂近年来先后在烧结机、带冷机、圆辊布料器、配料圆盘、配料电子皮带秤等岗位安装了近40台变频器，在各配电室采用电容器补偿来提高电网功率因数，取得了良好的节能效果。据统计，变速电机采用变频调速可节电15%以上。

8.1.3.3　减少大功率设备空转时间，降低电能消耗

烧结生产中，由于主抽风机等大功率设备占烧结厂总装机容量的比例相当大，在设备停机检修完毕后，为了稳妥起见，往往提前较长时间开启风机，造成电能的浪费。据测算，1台2800m^3/min风机关风门空转1h，要浪费300kW左右的电能。因此，在生产过程中遇突发事故需较长时间停车或计划检修时，抽风机应及时停车；处理事故或检修完毕后，也不要过早地启动风机，在认真检查、维护设备的基础上，提前15min左右启动风机即可满足生产要求，也节约了大量电能。

为了降低烧结工序能耗，还应该严格控制各工段的操作时间，以便在出现生产故障时控制

好各段的运行时间，减少不必要工段的停机，这样可以减少主机的停机时间，提高了设备的运转率，提高了作业率，从而可以达到降低烧结工序能耗的目的。

8.1.4 热废气的回收利用

烧结过程的废气余热来源于烧结烟气和冷却废气，属中、低温废气余热。烧结过程产生的废气余热占钢铁生产废气余热的12%以上，其中，烧结矿的余热占8%，烧结废气余热占4%。据统计，日本钢管、住友、新日铁等钢铁公司在烧结机上设置余热回收装置，可生产蒸汽或用余热发电。从用途来看，日本烧结厂的余热回收技术可分为用于点火保温、用于预热混合料、用于产生蒸汽或发电等。

烧结余热回收减少了排往大气的烧结废气量，从而也降低了烧结废气除尘及脱硫等设施的费用。回收的热量可用于预热点火煤气、热风点火、热风烧结、生产蒸汽或余热发电等。烧结余热回收利用生产蒸汽或发电，因为方法不同及技术差异，一般可以生产蒸汽量为30~90kg/t(烧结矿)，每吨烧结矿降低工序能耗3~10kg标准煤。主要技术有：

(1) 余热锅炉的应用。利用烧结系统产生废气的余热，采用热交换器发生蒸汽（200℃左右），然后利用蒸汽发电、供热等，可以回收大量的余热。日本的许多烧结机安装了废热锅炉余热回收利用装置。目前，国内环冷机余热锅炉形式主要为翅片管式余热锅炉和热管式余热锅炉，鞍钢东烧360m^2和二烧360m^2、武钢三烧360m^2、唐钢265m^2等烧结机环冷机和首钢矿业公司90m^2烧结机机上冷却等都安装了翅片管式余热锅炉。马钢2台300m^2带式烧结机采用带冷机余热发电技术。

(2) 热废气烧结技术。热废气烧结技术可以充分利用烧结过程废气及冷却机废气带走的热量，这部分热量占烧结总热量的50%左右。热风烧结可使烧结料层温度分布较均匀，尤其是降低表面温降速度，克服普通烧结过程表层温度不足、烧结矿强度低、粉末多等缺点。同时，降低固体燃料消耗，降低烧结矿中FeO含量，改善烧结矿质量。因此，国内外都开展了这方面的研究。

8.2 烧结污染物排放及其治理

8.2.1 烧结污染物的排放

传统钢铁冶金工业工序多，工艺流程长，和化工、轻工等并称为环境污染的“大户”，而铁前系统的能源消耗大约占58%左右。另外，铁前系统一般使用的是一次能源或以一次能源为原料（如煤炭），因此，SO_2、NO_x、二噁英（Dioxin）等污染物主要产生在铁前系统。根据资料计算得出，在我国钢铁工业SO_2排放量中，焦化工序所占比例最大，占34.4%，其次为烧结工序，占33.26%，两项之和为67.66%。

烧结废气中硫的来源主要是铁矿石中的FeS_2或FeS、燃料中的硫（有机硫、FeS_2或FeS）与氧反应，生成的SO_2在烧结过程中可能与料中的CaO、MgO反应，尤其是CaO有强烈的吸硫作用。据有关资料报道，燃煤锅炉中CaO脱硫的最佳温度是800~850℃，当温度大于1200℃时，已生成的$CaSO_4$会分解成SO_2。在实际生产中，1000℃时，当CaO加入量与SO_2摩尔数比为1~4时，脱SO_2率可以从40%左右上升到近80%。而在烧结过程，一般认为硫生成SO_2的比率可以达到85%~95%。

烧结废气中NO_x来自燃料或空气中的氧与氮的反应。其中，空气中的氮气在高温下氧化而生成的称为热力型NO_x；燃料中含有的氮化合物在燃烧过程中热分解接着又氧化而生成的称为

燃料型 NO_x；燃烧时空气中的氮和燃料中的碳氢离子团（如 CH）等反应生成的称为快速型 NO_x。同时如果存在还原性气氛及适当的催化剂作用时，有的 NO_x 可能被还原成 N_2 或低价的 NO_x。

二噁英属于氯化环芳烃类化合物（氯化苯并二噁英和氯化二苯并呋喃），是目前已知化合物中毒性最大的物质之一，进入人体后不能降解和排出。不仅是致癌物质，而且具有生物毒性、免疫毒性和内分泌毒性。一般二噁英的含量为痕量，检测十分困难。如英钢联对 5 个烧结厂废气中的二噁英进行了测试，废气总毒当量为 0.4 ~ 4.4ng/m³，平均值为 1.3ng/m³。废气中粉尘所含二噁英的总毒当量为 0.004 ~ 0.06ng/m³，其平均值为 0.023ng/m³。研究发现，二噁英是在烧结料层中产生的，反应温度大约在 250 ~ 450℃；而且与原料中碳氢化合物含量有关，碳氢化合物含量高，则废气中有机碳 VOC（Volatile Organic Carbon）含量高，生成的二噁英也增加。

据统计，我国 75% 左右的高炉炉料由烧结机提供，2000 ~ 2006 年间烧结矿年产量以 20.6% 的速度递增，2007 年为 4.69 亿 t，2008 年达到 5.625 亿 t，2009 年达到 6.75 亿 t。在烧结工业蓬勃发展的同时，铁矿烧结也给环境带来了诸多问题，虽然近几年我国烧结厂在烟气粉尘治理方面取得了显著成效，但对于烟气中其他有害成分的治理进展缓慢，大部分企业至今尚未采取有效的治理措施。钢铁企业排入大气中的 SO_2 有 90%（不包括自备电厂）、NO_x 有 48% 来自烧结厂，因此，烧结厂成为钢铁企业环境治理的重中之重。2006 年，我国大中型钢铁企业吨钢 SO_2 排放量为 2.66kg，吨钢 NO_x 排放量为 2.3kg，与发达国家相比差距甚大，如日本、芬兰、美国、英国、法国的吨钢 SO_2 排放量分别为 0.6kg、1.6kg、1.48kg、1.94kg、1.65kg。

德国是钢铁企业排放标准制定比较早的国家之一，其管理钢铁公司空气质量控制的主要文件是《联邦排放物控制法》及关于空气质量控制的补充技术说明（TA Luft）。2002 年修订的标准对烧结厂排放控制要求是 $SO_2$500mg/m³，$NO_2$400mg/m³，对粉尘、重金属、有机物和二噁英也做了严格的要求。部分企业采用湿法涤气系统，二噁英排放值（标态）可小于 0.4ng I-TEQ/m³；布袋除尘器加褐煤焦尘能减 98% 以上二噁英，使排放值（标态）达到 0.1 ~ 0.5ng I-TEQ/m³。德国 TA Luft(2002 年)烧结厂的排放控制要求见表 8-1。

表 8-1　德国 TA Luft（2002 年）烧结厂的排放控制要求

排放物	限度(干基,标态)/mg · m⁻³	排放物	限度(干基,标态)/mg · m⁻³
粉　尘	电除尘 50;其他除尘 20	SO_x(以 SO_2 计)	500
As,Cd	0.05	NO_x(以 NO_2 计)	400
Pb(Pb 及其化合物)	1	VOC(以总 C 计)	75
HF	3	二噁英	0.4(ng I-TEQ/m³),最终目标 0.1(ng I-TEQ/m³)(标态)
HCl	30		

日本《大气污染防治法》规定，1979 年以后建成的烧结机尾气 NO_x 排放含量为 0.022%。日本在烧结烟气脱硫技术方面居于世界领先地位，有多套装置经过了三十多年的实际运行。日本的烧结烟气脱硫多采用湿式吸收法，脱硫率在 95% 以上，入口 SO_2 浓度在 370 ~ 940mg/m³ 之间，排放浓度可以达到 30mg/m³ 以下。

我国 2007 年 10 月 15 日颁布的《钢铁工业大气污染物排放标准烧结（球团）》（征求意见稿），明确规定了烧结厂污染物排放限制。表 8-2 是新的《钢铁工业污染物排放标准》要求现有企业自2008年7月1日起必须执行的排放限值。

表8-2 现有企业大气污染物排放限制

污染源	污染物	最高允许排放浓度（标态）/$mg \cdot m^{-3}$	吨产品排放限制/$kg \cdot t^{-1}$
烧结（球团）设备	颗粒物	90	0.50
	SO_2	600	2.00
	NO_x	500	1.40
	HF	5	0.016
	二噁英	1.0ng I-TEQ/m^3（标态）	
其他生产设备	颗粒物	70	0.50

表8-3规定了现有企业自2010年7月1日起，新建企业自标准实施之日起必须执行的排放限值。

表8-3 新建企业大气污染物排放限制

污染源	污染物	最高允许排放浓度（标态）/$mg \cdot m^{-3}$	吨产品排放限制/$kg \cdot t^{-1}$
烧结（球团）设备	颗粒物	50	0.25
	SO_2	100	0.35
	NO_x	300	0.80
	HF	3.5	0.011
	二噁英	0.5ng I-TEQ/m^3（标态）	
其他生产设备	颗粒物	30	0.25

由此可见，国家已经从排放总量与排放浓度两个方面对烧结烟气各排放物进行了限制，标准非常严格，无论是现有企业还是新建企业都应建设烟气脱硫装置，这样才能达到SO_2排放国家标准，同时应考虑其他污染物的综合减排。

8.2.2 烧结污染物的治理

发达国家对污染物的治理大致可以分为三个阶段：第一阶段是粉尘治理；第二阶段是SO_2、NO_x等污染物治理；第三阶段是CO_2、二噁英、痕量重金属等污染物治理。中国新颁布的《钢铁工业大气污染物排放标准烧结（球团）》（征求意见稿）对氮氧化物和二噁英的排放限制已经做出明确规定，这就要求脱硫之后也能够考虑脱硝及二噁英脱除，如活性炭法。当前脱硫系统应该预留脱硝和脱二噁英的节点，以备日后功能扩展时使用。

8.2.2.1 烧结工艺SO_2减排

烧结过程SO_2排放的控制方法可分为3类：过程前控制（从原料和配料抓起）；过程中控制（抑制SO_2产生）；过程后控制（排放烟气的处理）。

（1）过程前控制。通过适当配入含硫低的原料（主要是含铁料）控制烧结烟气中SO_2的排放量，这种方法简单有效，日本在20世纪70年代建设的现代化大型烧结厂大都采取这种方法。但是，低硫原料的使用会受到企业自身采购实力、地理位置和成本等诸多因素限制，就目前原料短缺的现状来看，难以全面推广应用。

（2）过程中控制。在烧结原料中配加固硫剂，与烧结过程中产生的 SO_2 反应，生成在高温不易分解的复合物或化合物，并阻止其他含硫物质的分解，达到固硫、减少 SO_2 排放的目的。这种方法与电厂的燃煤固硫剂相似，但是会增加高炉硫负荷，增大高炉渣量，造成焦比升高。还会由于添加固硫剂而带入杂质，影响烧结矿品位。

（3）过程后控制。烟气脱硫（FGD）是目前世界上已经大规模应用的脱硫方式，是控制 SO_2 排放的有效手段。常用的烟气脱硫技术有20余种，按工艺特点可分为湿法、半干法和干法3类。湿法脱硫技术包括：石灰-石膏法、氨-硫酸铵法、$Mg(OH)_2$ 法、海水法、双碱法、钢渣石膏法、有机胺法、离子液循环吸收法等。半干法脱硫技术包括：密相塔法、循环流化床法、MEROS法、NID法、ENS法、LEC法、电子束照射法（EBA）、喷雾干燥法等。干法脱硫技术包括：活性炭法等。

目前，中国已建成烧结烟气脱硫装置的企业有宝钢（石灰-石膏法）、石钢（密相塔法）、昆钢及红河分厂（密相塔法）、柳钢（氨-硫酸铵法）、三钢（循环流化床法）、济钢（循环流化床法）、马钢（MEROS法）、攀钢（循环流化床法和离子液循环吸收法）和邯钢（循环流化床法）等。

下面介绍6种典型的烧结烟气脱硫技术：

（1）石灰-石膏法。石灰-石膏法是一种典型的湿法脱硫技术，其原理是烧结烟气首先利用冷却塔进行冷却增湿，然后进入吸收塔与石灰浆液进行脱硫反应，同时向吸收塔中的浆液鼓入空气，氧化后的浆液再经浓缩、脱水，生成纯度为90%以上的石膏。石灰-石膏法技术成熟，脱硫效率高，副产物也可利用。

（2）氨-硫酸铵法。氨-硫酸铵法是一种湿法脱硫技术，是把烧结厂的烟气脱硫与焦化厂的煤气脱氨相结合的一种“化害为利”的综合处理工艺。其原理是用亚硫酸铵制成的吸收液与烧结烟气中的 SO_2 反应，生成亚硫酸氢氨。再与氨气反应，生成亚硫酸铵溶液，以此溶液为吸收液再与 SO_2 反应。往复循环，亚硫酸铵溶液浓度逐渐增高，达到一定浓度后，将部分溶液提取出来，使之氧化，浓缩成为硫酸铵被收回。该法脱硫效率高，副产物可利用。

（3）密相塔法。密相塔法是一种典型的半干法脱硫技术，其原理是利用干粉状的钙基脱硫剂，与布袋除尘器除下的大量循环灰一起进入加湿器进行增湿消化，使混合灰的水分含量保持在3%～5%，然后循环灰由密相塔上部进料口进入反应塔内。大量循环灰进入塔后，与由塔上部进入的含 SO_2 烟气进行反应。含水分的循环灰有极好的反应活性和流动性，另外塔内设有搅拌器，不仅克服了黏壁问题，而且增强了传质，使脱硫效率可达90%以上。脱硫剂不断循环使用，有效利用率达98%以上。最终脱硫产物由灰仓排出循环系统，通过气力输送装置送入存储仓。

（4）循环流化床法。循环流化床法是一种半干法脱硫技术，其原理是将生石灰消化后引入脱硫塔内，在流化状态下与通入的烟气进行脱硫反应，烟气脱硫后进入布袋除尘器除尘，再由引风机经烟囱排出，布袋除尘器除下的物料大部分经吸收剂循环输送槽返回流化床循环使用。由于循环流化使脱硫剂整体形成较大反应表面，脱硫剂与烟气中的 SO_2 充分接触，脱硫效率较高。

（5）MEROS法。MEROS法是一种半干法脱硫技术，其原理是将添加剂均匀、高速并逆流喷射到烧结烟气中，然后利用调节反应器中的高效双流（水/压缩空气）喷嘴加湿冷却烧结烟气。离开调节反应器之后，含尘烟气通过脉冲袋滤器去除烟气中的粉尘颗粒。为了提高气体净化效率和降低添加剂费用，滤袋除尘器中的大多数分离粉尘循环到调节反应器之后的气流中。其中，部分粉尘离开系统输送到中间存储筒仓。MEROS法集脱硫、脱HCl和脱HF于一身，并可以使VOC（挥发性有机化合物）可冷凝部分几乎全部去除，运行结果表明：喷消石灰脱硫效率为80%，喷$NaHCO_3$脱硫效率大于90%。

（6）活性炭法。活性炭法是一种集除尘、脱硫、脱硝与脱除二噁英4种功能于一体的干法脱硫技术。典型的活性炭法有日本新日铁于1987年在名古屋钢铁厂3号烧结机设置的一套利用活性炭吸附烧结烟气脱硫、脱硝装置，处理烟气量为$9\times10^5m^3/h$，投资55亿日元，年运行费用约10亿日元。经过多年的运行，发现该装置不仅可以同时实现较高的脱硫率（95%）和脱硝率（40%），而且能够有效脱除二噁英和具有良好的除尘效果。现在名古屋钢铁厂的1号、2号烧结机也应用该装置（烟气处理量为$1.3\times10^6m^3/h$），并于1999年7月投产使用。日本JFE福山厂的4号、5号烧结机也使用了活性炭法，烟气处理量分别达到了$1.1\times10^6m^3/h$和$1.7\times10^6m^3/h$，活性炭消耗量分别为100t/月和150t/月，脱硫率为80%，除尘率为60%，脱二噁英率为98%，二噁英排放浓度可降到0.01～0.05ng/m^3。

活性炭法的原理是烧结机排出的烟气经旋风除尘器简单除尘后，粉尘浓度从1000mg/m^3降为250mg/m^3，由主风机排出。烟气经升压鼓风机后送往移动床吸收塔，并在吸收塔入口处添加脱硝所需的氨气。烟气中的SO_2、NO_x在吸收塔内进行反应，生成的硫酸和铵盐被活性炭吸附除去。吸附了硫酸和铵盐的活性炭送入脱离塔，经加热至400℃左右即可解吸出高浓度SO_2。解吸出的高浓度SO_2可以用来生产高纯度硫黄（99.95%以上）或浓硫酸（98%以上），再生后的活性炭经冷却筛去除杂质后送回吸收塔进行循环使用。活性炭法具有脱除污染物功能强、占地面积小、副产物可利用、不产生二次污染等许多优点。

8.2.2.2 烧结NO_x减排（脱硝）

发达国家对NO_x污染的研究起步较早，已有相应的控制技术在工业上得到应用。日本和欧洲普遍采用选择性催化还原系统（SCR），其NO_x去除率达60%～80%。美国则采用选择非催化还原系统（SNCR）的改进系统，使NO_x去除率提高到80%。具体方法如下：

（1）选择性催化还原法。选择性催化还原法烧结废气脱硝技术是20世纪70年代在日本发展起来的技术。在含氧气氛下，还原剂优先与废气中NO_x反应的催化过程称为选择性催化还原。以NH_3作还原剂、V_2O_5-TiO_2-WO_3体系为催化剂来消除废气中NO_x的工艺已比较成熟，这是目前唯一能在氧化气氛下脱除NO_x的实用方法。SCR的化学反应主要是NH_3在一定温度和催化剂的作用下，把烟气中的NO_x还原为N_2，同时生成水。催化的作用是降低NO_x分解反应的活化能，使其反应温度降低至150～450℃。催化剂的外表面积和微孔特性在很大程度上决定了催化剂的反应活性。该法的NO_x脱除率可达70%。

（2）选择性非催化还原法。选择性非催化还原法也是一项比较成熟的技术，1974年在日本首次投入商业应用。SNCR法是在900～1100℃、无催化剂存在的条件下，利用氨或尿素等氨基还原剂选择性地将烟气中的NO_x还原为N_2和H_2O，而基本上不与烟气中的氧气作用。在SNCR法的应用中，选择适宜的温度区间是至关重要的，对于氨，最佳反应温度区间为870～1100℃，而尿素的最佳反应温度区间为900～1150℃。

8.2.2.3 烧结二噁英减排

二噁英的生成机理相当复杂，至今国内外的研究成果还不足以完全说明问题。根据已有研究成果，二噁英的生成主要有3种途径：

（1）由前驱体化合物经有机化合反应生成；

（2）碳、氢、氧和氯等元素通过基元反应生成，称为“从头合成”；

（3）由热分解反应生成，即含有苯环结构的高分子化合物经加热发生分解而生成，如芳香族物质（甲苯等）和多氯联苯在高温下分解可生成大量二噁英。

作为钢铁冶炼的重要工序之一的烧结，铁矿等原料混合均匀布于烧结台车上，经点火炉点燃后随着台车缓慢移动，空气自上而下通过料层，燃烧产生的热能将燃烧层中的混合料烧结或熔融。烧结具备从头合成（de novo）反应的大部分条件：

（1）氯来自于所回收的粉尘、炉渣及铁矿中的有机氯成分；

（2）碳来源于碳纤维、木质素、焦炭、乙烯基等；

（3）带有变形和缺位的石墨结构、无机氯化物、铜和铁金属离子作为催化剂；

（4）氧化性气氛，温度为250～450℃。

因此，可以认为烧结过程的二噁英主要在烧结料层生成，其生成途径主要为“从头合成”。烧结料层从上到下可分为烧结矿带、燃烧带、干燥预热带和过湿带，二噁英主要在烧结床干燥预热带通过“从头合成”生成。其碳源来自上部烟气中的有机蒸汽和碳烟粒（来自焦粉等），氯源来自一些氯化物（被加热后可生成气态 HCl、Cl_2 和少量的气态金属氯化物气体）；矿石中含有微量的铜（一般铁矿石中含铜小于 $1\times10^{-3}\%$，但也有某些矿含铜大于 $5\times10^{-3}\%$），为二噁英的生成提供了催化条件（铜为强催化剂）。同时还有迹象表明，增加烧结铺底料的厚度，二噁英生成量会明显增加。钢铁厂返回利用的除尘灰和轧钢氧化铁皮中同时存在催化物质和相对较高的氯化物，烧结烟尘及电炉烟尘中含有一定量的二噁英，其返回用作烧结混合料对二噁英的生成都会有一定的影响（生成量可增加25%左右）。

因此，二噁英减排的方法首先应从减少二噁英生成量入手，即从减少含有苯环结构的化合物、减少氯源及催化物质入手，同时对温度进行控制、缩短有机废气在二噁英易生成温度区间的停留时间，从而抑制二噁英的合成。其次，对于已生成的二噁英采取有效的减排措施，即通常所说的末端治理。目前的主要方法有：

（1）烧结原料的选择。根据烧结二噁英的产生成因可知，氯元素的存在是烧结过程中二噁英形成的重要因素之一。因此，最好采用含氯元素低的原料。由于除尘灰和轧钢氧化铁皮的氯元素含量相对较高，通过改变除尘灰和轧钢氧化铁皮掺用比例，可改变烧结混合原料中氯元素含量。另外，原料中铜元素的存在对二噁英的生成可能有催化作用，特定种类的铁矿石有可能是铜元素的主要来源，选择合适的铁矿石非常重要。采用较高硫含量的燃料和铁矿石可以使二噁英生成量明显减少，其原理一是降低铜的催化活性；二是消耗有效氯源，削弱了芳香族化合物的氯代作用，但是由于会增加 SO_2 的排放，实际采用这种方法的可能性不大。

（2）工艺过程控制。烧结过程中的二噁英主要是在料层中生成的，为减少烧结过程二噁英的生成，应改进烧结料层的条件，尽可能减少气态 HCl 的形成，抑制生产过程中飞灰的生成，防止生成二噁英的再合成物和其他前驱化合物。另外，在烧结生产中采用废气循环，可明显减少废气排放的二噁英量，同时也可减少烧结过程排放的氮氧化物气体和粉尘量。将二噁英生成量较大部位几个风箱的排气返回用作烧结助燃空气，不仅可以节约能源，同时还可以明显降低二噁英生成量，这种减排技术国外已有应用，如欧洲克鲁斯烧结机就全部采用了这一技术，50%的废气被循环利用，二噁英减排量达到了70%，颗粒物和氮氧化物气体减排放量近45%。

（3）添加抑制剂。研究结果表明，向烧结床中添加固态抑制剂——尿素颗粒，可以明显降低烧结烟气中二噁英的排放浓度，对抑制二噁英的生成具有显著效果。英国康力斯公司（Corus UK）通过试验确定了最佳的尿素添加量，可以使二噁英排放量减少50%，同时不会显著增加排放烟气的颗粒物和氨浓度，增加的成本约合每吨烧结矿0.03英镑。这一技术被认为是抑制二噁英最为经济的技术。另外，采用活性炭吸附、气体清洗装置来处理烧结废气，可以降低废气中二噁英的排放浓度，同时还能减少硫、氮氧化物气体等其他污染物。

烧结料中加入适量的氨水也可使二噁英生成量明显降低。氨水可来自炼焦系统，成本低廉。氨水可以在接近卸料端几个风箱喷入，但喷入的位置宜接近烧结料层的底部，而不是喷入风管或其附近。

韩国浦项研究表明，向烧结料层喷入碳酸氢钠可明显降低二噁英产生量，其原理可能是碳酸氢钠与烧结过程产生的气态氯化物反应，从而减少了可生成二噁英的有效氯源。此外，还可以向风箱内喷入氢氧化钠、氢氧化镁或氢氧化钙水雾，使烟气快速冷却至200℃以下，缩短烟气在二噁英易生成温度区间停留的时间，这样可以明显降低二噁英生成量，其喷入的部位是越接近烧结料层越好。

（4）末端治理技术。这是目前国内外实际应用最多的减排方法，主要有：

1）高效过滤技术。200℃以下的温度条件下，二噁英绝大部分都以固态形式吸附在烟尘表面，而且主要吸附在微细的颗粒上。研究资料表明，若采用合适的滤料，布袋除尘器后二噁英的排放浓度不到电除尘器的10%。因此，烧结机的二噁英减排应尽可能选用袋式除尘。国外不少采用袋式除尘的成功例子表明，二噁英最终的排放浓度与排放废气中的含尘浓度成正比关系，因此，必须尽最大可能降低烟尘的排放浓度，除尘效率应尽可能提高。

2）物理吸附技术。二噁英可被多孔物质（如活性炭、焦炭、褐煤等）吸附，利用这一特性可对其进行物理吸附，国外已广泛采用，一般有携流式、移动床和固定床3种形式。携流式是指在除尘器前烟道喷入吸附剂，吸附二噁英后的吸附剂被除尘器脱除从而达到减排目的。移动床是指吸附剂从吸附塔上部进入、下部排出，或者下部进入、上部排出，一般设在除尘器后。固定床中的吸附剂是不动的，烟气流过其表面时二噁英被脱除。用褐煤作吸附剂可使烧结废气中二噁英最终排放量降低80%左右，欧洲多家钢厂实测减排效果为70%。但这种方法的缺点是仅能实现二噁英毒性的物理转移，吸附后必须填埋处理，容易产生二次污染。

3）催化分解技术。日本名古屋国家工业研究所开发的二氧化钛加紫外光催化分解技术，可使二噁英去除98.6%，同时还能分解烟气中55%的氮氧化物。其基本原理是：二氧化钛在紫外光照射下产生氧化性极强的羧基自由基，可使所有的有机物氧化成二氧化碳和水，分解率高，降解速度快，其最终生成物是无害物，处理彻底，不存在二次污染。但考虑到催化剂的中毒问题，催化反应装置一般宜设在除尘器后，但此时烟气温度已低于150℃或更低，所以需对烟气进行加热。该技术设备投资比较大，运行成本也比较高。

8.2.2.4 综合减排技术

目前，烧结烟气脱硫已经得到我国相关企业与部门的广泛重视，各厂纷纷开始上脱硫项目，但脱硫效果参差不齐，而且是在国家环保要求下仅为了单一脱硫目的而建。总体情况是：建设投资普遍偏大，运行成本居高不下，设备运行不够稳定，副产物综合利用途径不畅，总体效益不佳。随着公众环境要求的日益增强，越来越多的污染因子受到关注，因此，在建设脱硫工程的同时，有必要未雨绸缪，考虑多种污染物的综合防治，例如SO_2、NO_x、二噁英等联合去除，避免重复投资，浪费资源。如果能将各种污染物的减排技术与节能措施综合考虑，就会事半功倍，就能以较少的投资换取更大的综合效益，这必将是今后烧结污染物减排研究与技术开发的重要方向，也是烧结工艺改变烧结机是钢铁厂烟粉尘主要污染源的丑陋形象，提高烧结工艺生存能力的关键所在。

目前，研究比较多的就是脱硫脱硝的综合减排技术。脱硫脱硝一体化工艺结构紧凑，投资和运行费用低。为了降低烟气净化的费用，从20世纪80年代开始，国外对联合脱硫脱硝技术的研究开发很活跃，具有实用价值的方法有活性炭法、NOXSO、SNRB、电子束法等。目前，在烧结尾气脱硫上获得应用的只有活性炭法。

活性炭法是设置有两个移动床，在一个床中以活性炭吸收 SO_2，另一个床中用活性炭作催化剂，加入 NH_3 使 NO_x 转变为 N_2。在烟气中有氧和水蒸气的条件下，脱硫反应在脱硫床中进行，使 SO_2 转变为 H_2SO_4；在脱 NO_x 床中加入 NH_3 使 NO、NO_2 转变为 N_2 和水。在再生阶段，饱和态的活性炭被送入再生器中加热到400℃，解吸出浓缩后的 SO_2 气体，1mol 再生活性炭可解吸出 2mol 的 SO_2。再生后的活性炭送回反应器中循环，而浓缩后的 SO_2 在用冶金焦炭作还原剂的反应器中被转化为硫元素。活性炭吸附工艺流程简单，投资少，占地面积小，而且能得到副产品硫酸。近年来，日本、德国和美国相继开展了用综合强度较高、比表面积较小的活性焦作为吸收剂的研究，降低了损耗，取得了比活性炭更好的效果。日本三井矿业公司开发的移动床活性焦同时脱硫脱硝工艺，于 2002 年 11 月在住友金属工业公司的 2 台烧结机上建成，每套装置处理尾气量（标态）是 $11000m^3/h$。其处理温度为 100～200℃，可达到脱硫 99.9% 以上、脱硝 80% 以上的效果。其排水很少，基本不需要排水处理。副产品为 99.95% 以上的高纯硫黄和 98% 的浓硫酸，具有较高的利用价值。

8.3　烧结的“三废”循环利用

烧结的“三废”循环利用不只包括烧结自身产生的“三废”，而是整个钢铁生产中的“三废”。在钢铁生产的工艺流程中，产生的废弃物多种多样，常见的固体废弃物有钢渣、炼铁污泥、炼钢污泥等，还有处理煤气洗涤塔的污水、动力环水车间的泥浆以及轧钢铁皮、除鳞沉泥等。这些废弃物根据其产生的源头不同，所含的元素也各有差别，但主要成分是铁的氧化物、CaO 及 MgO 等熔剂以及可以用作燃料的碳。这些废弃物黏性大，脱水困难，在生产过程中难以回收利用，所以长期以来，都是弃之不用，久而久之越积越多，不但占用场地，有碍观瞻，而且晴天风吹尘土飞扬，雨天污水横流，造成严重的二次污染；至于不同渠道产生的污水，都是直接排入河道，不但浪费了资源，而且污染环境，破坏生态平衡，损坏了企业的形象。

在以前的烧结生产工艺中，自身也产生一定量的污泥污水，但通过对原有工艺的改造及开发，最终使烧结厂成为兼具废弃物处理及转化功能的生产单位。将各种不同类别的废弃物按照不同的成分及形态分门别类，并结合现有工艺特点，从不同环节加以回收利用，一是回收的工业废弃物中，自身就含有较高的固定碳，化学分析可知，高炉重力除尘灰中的碳含量高达 25%～28%，炼铁污泥中的碳含量也在 15%～18% 左右；二是通过合理的工艺开发，使这些废弃物在生产过程中扬长避短，即因污泥自身的黏结作用及钢渣具有熔点低的特征，在烧结过程中对节能降耗既强化生产，也具有积极的促进作用。实施后，可以创造十分可观的经济效益，不仅可以回收资源，而且使工业生产形成真正的循环经济，为钢铁冶金拓宽了可持续发展之路。

8.3.1　固废的利用

如某烧结厂考虑到含铁废料中除尘灰、瓦斯灰、污泥等冶金性能较差，不利于直接参与烧结配料，必须经过初步处理后才能更好地利用，因此研发了除尘灰冷固球工艺，即将烧结除尘灰、高炉瓦斯灰、高炉除尘灰、炼钢污泥以及国内精矿按照一定比例配合，然后在造球机内添加黏结剂制成小球（冷固球），再作为烧结原料之一，配入混合料中。

铁屑主要是高炉水渣中的铁末渣，可以通过磁选收集，由于铁屑中含有较高的 FeO，烧结过程中会释放大量的热，因此，混匀矿中配加铁屑后可降低烧结燃料消耗。

钢渣中含有一定量的残钢、FeO、MgO、CaO、MnO 等有益成分，可回收利用。因其本身为熟料，且含有一定量的铁酸钙，对烧结矿强度有一定的改善作用。另外，转炉渣中的钙、镁均以固溶体形式存在，代替熔剂后，可减少烧结过程中碳酸盐分解耗热，从而降低烧结固体燃料消耗。但钢渣的品位较低，硫、磷含量较高，过多使用会造成磷等有害元素富集，而且配加转炉渣的烧结矿品位、碱度有所降低。另外，钢渣的成分波动较大，破碎和筛分也存在一定的难度，这些不利因素都影响了钢渣的回收利用。如某烧结厂要求：返回烧结利用的钢渣量小于1.5%，烧结配矿时要求钢渣中各种氧化物成分波动小于2%，粒度小于3mm。

8.3.2 液废的利用

烧结厂液废的循环利用主要体现在设备冷却水、炼钢污泥以及机械润滑油3个方面。

烧结厂设备冷却水点多量大，如何循环是一个非常复杂的问题。以某厂2台105m^2烧结机为例，其循环水系统采用常压闭路循环，循环水率为85%左右，其余15%用于一次、二次混合和生石灰消化加水。为了进一步提高水的循环率，还采用炼钢污泥取代循环水用于生石灰消化和混合料加水，使烧结机的循环水率提高到了95%左右。如烧结点火炉炉墙板冷却热水用于烧结一混添加水；烧结成品单辊破碎机冷却水用于二混添加水；烧结水封刮板机密封水通过净化站回收，用于水封刮板机；烧结主抽风机轴冷却水引入净化站中，补充水封刮板机密封水。

生产设备润滑油都有一定的使用周期，更换出来的润滑油如何处理一直是困扰企业的难题。如某烧结厂技术人员通过自行设计滤油站和滴油装置，将更换的废油全部回收处理。首先将废油进行分级过滤处理，一级用于低速运转的设备（如球团烘干机大齿轮部位），二级采用自行设计的漏斗式滴油装置将油滴洒在简单的行走轮上（如链板机走轮），全年回收废油500～600t。

对于炼钢污泥回收使用，某烧结厂将浓度为40%左右的炼钢污泥用泵送至烧结厂污泥池，在池内将浓度调配至要求浓度后，经均匀搅拌再泵送至生石灰消化器，喷洒于消化器内的螺旋搅拌输送机，进行生石灰消化。生石灰消化过程中产生的高湿含尘热废气，通过抽尘罩和除尘管道进入冲击式除尘器进行除尘处理，净化后的废气经烟囱外排。除尘污水循环进入污泥池，用于稀释高浓度的炼钢污泥。

8.3.3 气废的利用

烧结气废的利用主要是低温余热的回收，烧结带冷机和环冷机产生的热废气温度很高，通常，第一段的温度高达500℃，第二段可达400℃，第三段也能够达到300℃，是很好的余热资源，回收利用价值较高。因此，开发利用烧结矿余热，既可促进工序能耗下降，又能净化环冷机和带冷机周围的环境。某厂的做法为：一是将蒸汽直接用管道引入二混圆筒中预热混合料；二是将蒸汽引到混合料仓附近，然后用高压喷嘴打入混合料仓内，蒸汽在料仓内上行，混合料在仓内下行，两者通过逆流方式进行热交换，从而提高混合料的温度8～15℃。经过一段时间的实践，烧结固体燃料单耗下降0.5kg/t，利用系数提高0.06t/(h·m^2)。

参考文献

[1] 华长森. 论中国钢铁工业发展趋势[J]. 宽厚板，2004，10(2)：5～9.
[2] 李震. 我国钢铁工业节能降耗技术的现状和发展趋势[J]. 鞍钢技术，2005，335(5)：1～5.
[3] 韩爽，李凯. 钢铁工业国际转移问题研究[J]. 东北大学学报（社会科学版），2005，7(5)：334～337.
[4] 王国栋，刘相华，朱伏先，等. 新一代钢铁材料的研究开发现状和发展趋势[J]. 鞍钢技术，2005，334(4)：1～8.
[5] 张立宏，杜涛，蔡九菊. 建设生态化钢铁企业的必要性及其措施[J]. 中国冶金，2005，15(7)：49～53.
[6] 叶匡吾. 面对新的炼铁技术——也谈“炼铁技术”[J]. 中国冶金，2005，15(2)：14～17.
[7] 殷瑞钰. 中国炼钢技术[J]. 现代冶金，2004(3)：4～5.
[8] 陆卫平. 用前沿技术调整我国钢铁工业结构[J]. 鞍山科技大学学报，2004，27(3)：171～176.
[9] 袁宇峰. 我国钢铁工业自动化的现状和发展[J]. 钢铁研究，2004，138(3)：49～51.
[10] 张寿荣. 构建可持续发展的高炉炼铁技术是21世纪我国钢铁界的重要任务[J]. 钢铁，2004，39(9)：7～13.
[11] 孙彦广. 冶金自动化技术现状和发展趋势[J]. 冶金自动化，2004(1)：1～5.
[12] 陈许玲. 烧结过程状态集成优化控制指导系统的研究［D］. 长沙：中南大学，2006.
[13] 韩庆虹，金永龙，张军红. 人工神经网络在烧结固体燃耗预测中的应用[J]. 冶金能源，2005，24(3)：9.
[14] 金永龙. 烧结过程综合节能与环保的研究[D]. 北京：北京科技大学，2000.
[15] 何奥平，朱德庆，潘建，等. 浅谈烧结温室气体的减量化排放及节能[J]. 烧结球团，2004，29(3)：26～29.
[16] 王悦祥. 烧结矿与球团矿生产[M]. 北京：冶金工业出版社，2006.
[17] 薛俊虎. 烧结生产技能知识问答[M]. 北京：冶金工业出版社，2008.
[18] 贾艳，李文兴. 铁矿粉烧结生产[M]. 北京：冶金工业出版社，2006.
[19] 吕学伟，白晨光，邱贵宝，等. 三种优化烧结配料方法的比较[J]. 烧结球团，2006，31（4）：11～15.
[20] 李艳茹，周明顺，翟立委，等. 鞍钢烧结配加蛇纹石的实验室研究[J]. 烧结球团，2006，31(10)：1～5.
[21] 刘代飞，范晓慧，孙文东，等. 烧结通用配料计算软件系统的开发[J]. 烧结球团，2003，28(1)：5～8.
[22] 吴敏，丁雷，曹卫华. 基于混合粒子群算法的烧结配料优化[J]. 信息与控制，2008，37（2）：242～246.
[23] 任贵义. 炼铁学（上册）［M］. 北京：冶金工业出版社，2007.
[24] 王筱留. 钢铁冶金学（炼铁部分）［M］. 北京：冶金工业出版社，2006.
[25] 傅菊英，姜涛，朱德庆. 烧结球团学[M]. 长沙：中南工业大学出版社，1996.
[26] 刘竹林. 炼铁原料[M]. 北京：化学工业出版社，2007.
[27] 袁晓丽. 烧结优化配矿综合技术系统的研究［D］. 长沙：中南大学. 2007.
[28] 任允芙. 钢铁冶金岩相矿相学[M]. 北京：冶金工业出版社，1981.
[29] 田发超，张克诚. 改善厚料层烧结过程透气性的新技术研究[J]. 涟钢科技与管理，2007（3）：1～4.
[30] 石畑翚. 烧结矿 FeO 含量的研究[J]. 烧结球团，2004，29(3)：19～21.

[31] 潘逢春．浅析如何控制烧结矿中的FeO[J]．南钢科技与管理，2007(1)：19～23.
[32] 刘竹林．烧结矿FeO含量的影响因素探讨[J]．重庆科技学院学报（自然科学版）[J].2005，7(1)：8～10.
[33] 卢红军，贾春海，成飞．烧结矿中FeO含量的影响因素分析[J]．山东冶金,2007，29(2)：45～47.
[34] Cybenko G. Continuous Value Neural Networks with Two Hidden Layers are Sufficient [J]. Math. Contr. Signal & Sys. 1989 (2)：330～341.
[35] Funahashi K. On the Approximate Realization of Continuous Mappings by Neural Networks[J]. Neural Networks, 1989(2)：183～192.
[36] 周宇，许玉德．基于遗传算法的轨道综合养护计划模型设计[J]．同济大学学报（自然科学版），2005，33(11)：1464～1468.
[37] Hamada K, Matoba Y, Murai T, et al. Control System of Chemical Composition of Iron Ore Sinter[J]. Journal of the Iron and Steel Institute of Japan, 1987, 73(2)：21～25.
[38] Hamada K, Matoba Y, Murai T, et al. Systeme de Controle de la Composition Chemique de l' agglomere [J]. Revue de Metallurgie, 1987, 84(5)：409～419.
[39] 郭文军，王福利，李明忠．基于神经网络的烧结矿化学成分超前预报[J]．烧结球团，1997，22(5)：7～10.
[40] 范晓慧，杨世农．烧结矿化学成分的超前预报模型[J]．烧结球团，1993，18(4)：1～4.
[41] 范晓慧，黄天正，尹蒂，等．自适应预报在烧结中的应用[J]．钢铁，1996，31(7)：5～8.
[42] Fan Xiaohui, Wang Haidong, Chen Jin, et al. Expert System for Sinter Chemical Composition Control Based on Adaptive Prediction[J]. Transactions of Nonferrous Metal Society of China, 1996, 6(1)：47～50.
[43] 范晓慧，王海东，黄天正，等．以碱度为中心的烧结矿化学成分控制专家系统[J]．烧结球团，1997，22(4)：1～3.
[44] 申炳昕．基于神经网络的烧结矿化学成分预报模型的研究[D]．长沙：中南大学，2002.
[45] 姜波．烧结过程透气性的多级模糊综合评判和操作指导系统的研究 [D]．长沙：中南工业大学，2000.
[46] 孟建忠，党荣富．烧结热平衡与节能降耗[J]．烧结球团，1998，23(1)：18～22.
[47] 谢安国，陆钟武．神经网络BP模型在烧结工序能耗分析中的应用[J]．冶金能源，1998，17(5)：8～10.
[48] Munetake Iwamoto, Koukichi Hashimoto, et al. Application of Fuzzy Control for Iron Ore Sintering Process [J]. Transactions of Iron and Steel Institute, 1988, 28(5)：341～344.
[49] 吴为民．烧结混合料水分检测及智能控制系统[J]．烧结球团，1997，22(4)：38～40.
[50] 姜宏州，张学东，张鸿勋．基于模糊逻辑推理的烧结机尾断面图像平滑处理[J]．烧结球团，1999，24(5)：1～4.
[51] 冯建生，王秀芝．一个基于神经网络的配矿专家系统[J]．冶金自动化，1999，23(4)：7.
[52] 唐建军，李长荣，洪新．钢铁企业信息化和CIMS/ERP系统建设[J]．上海金属，2003，25(3)：24～27.
[53] 王冬生．大型钢铁企业信息化的认识和实践[J]．江苏冶金，2005，33(2)：71～74.
[54] 毕英杰．钢铁企业MES的技术特点与发展趋势[J]．中国制造业信息化，2005，34(4)：40～42.
[55] 深川卓美，井山俊司，等．烧结操业管理的に対すエキスバートシステの应用[J]．川崎制铁技报，1991，23(3)：203～209.
[56] 范晓慧，王海东，黄天正，等．以透气性为中心的烧结过程状态控制专家系统[J]．烧结球团，1998，23(20)：13～15.
[57] 李桃．烧结过程智能实时操作指导系统的研究[D]．长沙：中南大学，2000.
[58] 周传典．高炉炼铁生产技术手册[M]．北京：冶金工业出版社，2002.

[59] 袁晓丽，范晓慧等．烧结计算配矿模型的设计与应用[J]．重庆科技学院学报，2009，11(3)：73 ~ 75.
[60] 王维兴．中国炼铁技术发展评述[J]．河南冶金，2008，16(4)：4 ~ 9.
[61] 郜学．“十五”我国烧结发展和技术进步[J]．冶金信息导刊，2007(3)：10 ~ 13.
[62] 郜学．中国烧结行业的发展现状和趋势分析[J]．钢铁，2008，43(1)：85 ~ 88.
[63] 唐先觉．喜迎我国烧结行业的大发展[J]．烧结球团，2003，28(3)：1 ~ 5.
[64] 张展雷，吕娟珍．提高烧结料层透气性的实践[J]．烧结球团．2004，29(4)：52.
[65] 金永龙，张军红，徐南平，等．烧结工艺综合节能与环保的现状与意义[J]．冶金能源，2002，21(4)：12 ~ 16.
[66] 王荣成，傅菊英．高铁低硅烧结技术研究[J]．钢铁，2007，42(6)：17 ~ 20.
[67] 朱德庆，张克诚，等．强化制粒对高铁低硅混合料烧结的影响[J]．烧结球团，2003，28(1)：9 ~ 13.
[68] 绪方勋，等．近10年日本炼铁技术的进步[J]．全荣，译．鞍钢技术，2006，337(1)：46 ~ 51.
[69] Borges W，等．贝尔戈-米内拉黑色冶金公司Monlevade厂小球烧结工艺（HPS）的应用[J]．鞍钢技术，2005，334(4)：52 ~ 55.
[70] 赵彬．包钢复合造块的布料试验研究[J]．包钢科技，2009，35(2)：21 ~ 23.
[71] 龙红明，范晓慧，等．基于传热的烧结料层温度分布模型[J]．中南大学学报（自然科学版），2008，39(3)：436 ~ 442.
[72] 刘振林，温洪霞．国内外褐铁矿烧结技术发展现状[J]．中国冶金，2003，66(5)：9 ~ 11.
[73] 姜汀，隋孝利，等．褐铁矿的应用现状及承钢的实验室研究[J]．河北冶金，2005，145(1)：7 ~ 9.
[74] 罗明华，何明杰，等．烧结添加助燃剂的工业试验[J]．浙江冶金，2007(1)：25 ~ 27.
[75] 廖继勇，储太山，刘昌齐，等．烧结烟气脱硫脱销技术的发展与应用前景[J]．烧结球团，2008，33(4)：1 ~ 5.
[76] 刘征建，张建良，杨天钧．烧结烟气脱硫技术的研究与发展[J]．中国冶金，2009，19(2)：1 ~ 6.
[77] 刘文权．我国炼铁系统发展循环经济的方向[J]．炼铁，2008，27(6)：10 ~ 14.
[78] 代汝昌，孙艳红，李萍．烧结工艺开发对清洁生产的意义及应用[J]．冶金信息导刊，2004(2)：26 ~ 28.
[79] 琚红兵．烧结生产废水的综合利用改造[J]．烧结球团，2005，30(4)：34 ~ 38.
[80] 胡钢．重钢烧结发展循环经济的实践[J]．烧结球团，2008，33(4)：45 ~ 50.